国家自然科学基金项目（41867020），江西省科技支撑计划（20181BBF60024，20181BBF68010），江西省教育厅项目（GJJ190315）

环境监测处理系统方案的设计与光谱应用研究

刘雪梅　章海亮　著

University of Electronic Science and Technology of China Press

·成都·

图书在版编目（CIP）数据

环境监测处理系统方案的设计与光谱应用研究 / 刘雪梅, 章海亮著. -- 成都 : 电子科技大学出版社, 2020.6

ISBN 978-7-5647-7880-4

Ⅰ.①环… Ⅱ.①刘… ②章… Ⅲ.①环境监测系统 - 研究 Ⅳ.①X84

中国版本图书馆CIP数据核字(2020)第088616号

环境监测处理系统方案的设计与光谱应用研究

刘雪梅　章海亮　著

策划编辑　　杜　倩　李述娜

责任编辑　　李述娜

出版发行　电子科技大学出版社
　　　　　成都市一环路东一段159号电子信息产业大厦九楼　邮编　610051
主　页　　www.uestcp.com.cn
服务电话　028-83203399
邮购电话　028-83201495

印　　刷　　定州启航印刷有限公司
成品尺寸　　170mm×240mm
印　　张　　16.75
字　　数　　310千字
版　　次　　2020年6月第一版
印　　次　　2020年6月第一次印刷
书　　号　　ISBN 978-7-5647-7880-4
定　　价　　65.00元

前　言

随着工业和科学的发展，环境监测的内容也由对工业污染源的监测，逐步发展到对大环境的监测。监测对象不仅是影响环境质量的污染因子，还包括对生物、生态变化的监测。监测环境污染物，不仅要测定其成分和含量，而且需要监测形态、结构和分布规律，还要监测物理污染因素（如噪声、振动、热、光、电磁辐射和放射性等）和生物污染因素。只有这样，才能全面地、确切地说明环境污染对人群、生物的生存和生态平衡的影响程度，从而做出正确的环境质量评价。环境监测的目的是准确、及时、全面地反映环境质量现状及发展趋势，为环境管理、污染源控制、环境规划等提供科学依据。

环境保护日益被重视起来，环境监测市场也不断扩大，传统的环境监测站已经不能完全满足社会的环境监测需求，因此国家逐步开放了环境监测领域，民营力量也加入了。环境检测的过程一般为接受任务，现场调查和收集资料，监测计划设计，优化布点，样品采集，样品运输和保存，样品的预处理，分析测试，数据处理，综合评价，等等。监测和监管是生态环境保护的重要支撑和手段。

本书属于环境监测和光谱检测方面的著作，由环境监测的基本认知、水和废水监测、大气和废气监测、固体废物监测、土壤环境监测、生物污染监测以及光谱检测与应用等部分组成，阐述我国环境监测的标准，分析环境监测和光谱检测的技术和方法，运用实验和案例分析和深化学者的理解。

由于编者水平经验不足，疏漏之处在所难免，敬请读者予以指正。

目录

第一章　环境监测基本认知

第一节　环境监测的概述

一、环境监测的基本认知

（一）环境监测的概念

环境是指影响人类生存和发展的各种天然的和经过人工改造的自然因素的总体，包括大气、水、海洋、土地、矿藏、森林、草原、野生生物、自然遗迹、人文遗迹、自然保护区、风景名胜区、城市和乡村，等等。概括来讲，环境是由大气圈、水圈和土壤各圈层的自然环境与以生物圈为代表的生态环境共同构成的物质世界——自然界，包括自然界产生的和人类活动排放的各种化学物质形成的"化学圈"。环境并不是以上几个圈的零散集合，而是一个有机整体，包括以上所有物质与形态的组合及其相互关系。所谓环境也是指环绕于人类周围的所有物理因素、化学因素、生物因素和社会因素的总和。几个圈层共存于环境中，互相依赖、互相制约，并保持着动态平衡。人类与环境所构成的这样一个复杂的多元结构的平衡体系一旦被打破，必然会导致一系列的环境问题。虽然环境对一定的刺激有着调节作用和缓冲能力，可以经过一系列的连锁反应建立起新的动态平衡，但若超过了环境本身的缓冲能力，就会由量变而引起质变，从而改变环境的性质和质量，使环境受到污染和破坏。

随着环境污染的加剧，人们更加关注日趋严重的环境问题。环境监测是环境保护、环境质量管理和评价的科学依据，也是环境科学的一个重要组成部分。环境监测就是运用现代科学技术手段对代表环境污染和环境质量的各种环境要素（环境污染物）的监视、监控和测定，从而科学评价环境质量及其变化趋势的操作过程。

环境监测在对污染物监测的同时，已扩展延伸为对生物、生态变化的大环境的监测。环境监测机构按照规定的程序和有关的标准、法规，全方位、多角度连续地获得各种监测信息，实现信息的捕获、传递、解析、综合及控制。

（二）环境监测方案

环境监测的过程一般为接受任务、现场调查和收集资料、监测方案设计、样品采集、样品运输和保存、样品的预处理、分析测试、数据处理、综合评价，等等。环境监测结果的科学、准确有赖于监测过程中每一细节的把握，以及监测前有目的、有计划、有组织的充分准备工作，尤为重要的是在监测前制订切实可行的监测方案。环境监测主要由采样技术、测试技术、数据处理技术构成，在明确监测目的的前提下，监测方案由以下几方面组成：采样方案，包括设计网点、采样时间、采样频率、采样方法、样品的运输、样品的储存、样品的处理，等等；分析测定方案，包括监测方法的选择、监测操作、制定质量保证体系，等等；数据处理方案，包括数据处理方法、监测报告、综合评价，等等。

（三）环境监测的目的

环境监测的总目的是：准确、及时、全面地反映环境质量现状及发展趋势，为环境管理、污染源控制、环境规划等提供科学依据。具体包括以下几个方面。

（1）根据环境质量标准，评价环境质量。

（2）根据污染物特点、排放特征和环境条件，开展污染源监控，提供污染变化趋势，为实现监督管理、控制污染提供依据。

（3）收集本底数据，积累长期监测资料，为研究环境容量、实施总量控制和目标管理、预测预报环境质量提供数据。

（4）为环境污染事故的应急处置提供依据。

（5）为保护人类健康、保护环境，合理使用自然资源，制定环境法规、标准、规划等服务。

环境监测的意义概括起来有以下几点：

（1）通过环境监测，提供代表环境质量现状的数据，判断环境质量是否符合国家制定的环境质量标准，揭示当前主要的环境问题。

（2）查明环境污染最严重的区域及其重要的污染因子，作为主要管理对象，评价该区域环境污染防治对策和措施的实际效果。

（3）通过环境监测，评价环保设施的性能，为综合防治对策提供基础数据。

（4）通过环境监测，追踪污染物的污染特征和污染源，判断各类污染源所造成的环境影响，预测污染的发展趋势。

（5）通过环境监测，验证和建立环境污染模式，对新污染源的环境影响进行评价。

（6）积累长期监测资料，为研究环境容量、实施总量控制提供基础数据。

（7）通过积累大量的不同地区的环境监测数据，并结合当前和今后一段时间我国科学技术和经济发展水平，制定切实可行的环境保护法规和环境质量标准。

（8）通过环境监测，不断发现新的污染因子和环境问题，研究污染成因、污染物迁移和转化规律，为环境保护和科学研究提供可靠的数据。

（9）通过对污染事故的监测，快速制订处置方案，减少环境危害，保护人类健康。

（四）环境监测的分类

由于环境污染物种类复杂、性质各异，污染物在环境中的形态多样、迁移转化比较复杂，污染源具有多样性，环境介质及被污染对象复杂又多样，以及环境监测的目的与任务有多层次的要求等多种因素的存在，因此环境监测的类型也具有多样性。下面是几种常用的分类方式。

1. 按环境监测的社会属性分类

按环境监测任务来源的社会属性分类是最基本的分类方法。环境监测可分为政府授权的公益型环境监测和非政府组织的公共事务环境监测。

政府授权的公益型环境监测由国家统一组织、统一规划，严格按照程序，由各级政府所辖环保局、各级监测站执行。具体可分为监视性监测、特定目的性监测及研究性监测。非政府组织的公共事务环境监测主要包括咨询性监测，为科研机构、生产单位及个人提供服务性监测，如室内环境空气监测、生产性研究监测等。这类环境监测可以由各级环境监测站进行，或是通过严格考核得到授权的有资质的相关监测单位进行。

2. 按检测目的分类

（1）监视性监测（又称为例行监测或常规监测）。对指定的有关项 R 进行定期的、长时间的监测，以确定环境质量及污染源状况、评价控制措施的效果，衡量环境标准实施情况和环境保护工作的进展。这是监测工作中量最大、面最广的工作。

监视性监测包括对污染源的监督监测（污染物浓度、排放总量、污染趋势等）和环境质量监测（所在地区的空气、水质、噪声及固体废物等监督监测）。

（2）特定目的监测（又称为特例监测）。根据特定的目的，环境监测可分为：

①污染事故监测：在发生污染事故，特别是突发性环境污染事故时进行应急监测，往往需要在最短的时间内确定污染物的种类；对环境和人类的危害；污染因子扩散方向、速度和危及范围；控制的方式、方法；为控制和消除污染提供依据，供管理者决策。这类监测常采用流动监测（车、船等）、简易监测、低空航测、遥感等手段。

②仲裁监测：主要针对污染事故纠纷、环境法律执行过程中所产生的矛盾进行监测。仲裁监测应由国家指定的具有质量认证资质的部门来执行，以提供

具有法律责任的数据（公证数据），供执法部门、司法部门仲裁。

③考核验证监测：包括对环境监测技术人员和环境保护工作人员的业务审核、上岗培训考核；环境监测方法验证和污染治理项竣工时的验收监测等。

④咨询服务监测：为政府部门、科研机构、生产单位所提供的服务性监测。例如，建设新企业进行环境影响评价时，需要按评价要求进行监测；政府或单位开发某地区时，该地区环境质量是否符合开发要求，以及项目与相邻地区环境相容性等，可通过咨询服务监测工作获得参考意见。

（3）研究性监测（又称科研监测）。研究性监测是针对特定目的的科学研究而进行的监测。例如，对环境本底的监测及研究，对有毒有害物质对从业人员影响的研究，对新的污染因子监测方法的研究，对痕量甚至超痕量污染物的分析方法的研究，对复杂样品、干扰严重样品的监测方法的研究，环境质量的变化和预测，为监测工作本身服务的科研工作的监测，如对统一方法、标准分析方法的研究，和对标准物质的研制等。这类研究往往要求多学科合作进行。

（4）本底值监测。环境本底值是指在环境要素未受污染影响的情况下环境质量的代表值，简称本底值。本底值监测（又称背景值监测）是一类特殊的研究性监测，是环境科学的一项重要的基础工作，能为污染物阈值的确定、环境质量的评价和预测、污染物在环境中迁移转化规律的研究和环境标准的制定等提供依据。

3. 按监测介质对象分类

按监测介质对象分类，环境监测可分为水质监测、空气监测、土壤监测、固体废物监测、生物监测、噪声和振动监测、电磁辐射监测、放射性监测、热监测、光监测、卫生（病原体、病毒、寄生虫等）监测，等等。

4. 按目标污染物的性质分类

按 B 标污染物的性质分类环境监测可分为对包括无机污染物和有机污染物两大类污染物的定性、定量和形态分析的化学监测；对各种物理因子如噪声、振动、电磁辐射、热能和放射性等的强度、能量和状态进行测试的物理监测；对病毒、寄生虫及霉菌毒素等引起污染的生物监测。

5. 按环境监测的工作性质分类

环境监测按工作性质可分为环境质量监测和污染源监测。

环境质量监测分为大气、水、土壤、生物等环境要素及固体废物的环境质量的监测，主要由各级环境监测站负责，并有一系列环境质量标准及环境质量监测技术规范，等等。

污染源监测又称排放污染物监测，按污染源的类型可分为工业污染源、农业污染源、生活污染源、集中式污染治理设施和其他产生排放污染源的设施，由各级监测站和企业本身负责；按环境监测的专业部门分类，可分为气象监测、卫生监测、生态监测、资源监测，等等。

6.按污染物分布范围分类

按监测污染物的分布范围分类，环境监测可分为局部、区域及全球性的环境监测。例如，局部监测是企业、事业单位对本单位内部污染源及总排放口的监测，各单位自设的监测站主要从事这部分工作。区域监测是全国或某地区环保部门对水体、大气、流域、风景区等环境的监测。全球性的环境监测主要任务是监测全球环境并对环境组成要素的状况进行定期评价。

第二节　环境监测特点和原则

一、环境监测的特点

（一）环境污染的特点

1.时、空分布性

时间分布性是指环境污染物的排放量和污染强度随时间而变化。例如工厂排放污染物的种类、浓度因生产周期的不同而随时间变化；河流丰水期、平水期和枯水期的交替，使污染物的浓度和危害随时间而变化。空间分布性是指环境污染物的排放量和污染强度随空间位置而变化。例如进入河流的污染物下游浓度不断减小。环境污染物随时间和空间的变化而变化的时、空分布性，决定了要准确确定某一区域环境质量，单靠某一点位的监测结果是片面的，只有充分考虑环境污染的时、空分布性，才能获得科学、准确的监测结果。

2.活性和持久性

活性表明污染物在环境中的稳定程度。活性高的污染物质，在环境中或在处理过程中易发生化学反应，生成比原来毒性更强的污染物，构成二次污染，严重危害人体及生物。与活性相反，持久性则表示有些污染物质能长期地保持其危害性。

3.生物可分解性、累积性

生物可分解性是指有些污染物能被生物所吸收、利用并分解，最后生成无害的稳定物质，大多数有机物都有被生物分解的可能性。如苯酚虽有毒性，但经微生物作用后可以被分解无害化。但也有一些有机物长时间不能被微生物作用而分解，属难降解有机物，如二嗯英。生物累积性是指有些污染物可在人类或生物体内逐渐积累、富集，尤其在内脏器官中的长期积累，由量变到质变引起病变发生，危及人类和动植物健康。

如镉可在人体的肝、肾等器官组织中蓄积，造成各器官组织的损伤；水俣病则是由于甲基汞在人体内的蓄积引起的。

4.综合效应

环境中存在多种污染物，同时存在对人或生物体的某些器官的毒害作用有以下几种情况。单独作用是指多种污染物中某一部分发生的毒害作用，不存在协同作用；相加作用是指多种污染物发生的危害等于各污染物的毒害作用总和；相乘作用是指多种污染物发生的毒害作用超过各污染物毒害作用的总和；拮抗作用是指多种污染物发生的毒害作用彼此抵消或部分抵消的特性。

（二）环境监测的特点

环境污染具有污染物种类繁多、污染物浓度低、污染物随时空不同而分布、各污染因子对环境的影响具有综合效应的特点。据此，环境监测主要具有以下六个特点。

1.综合性

环境监测的综合性主要表现在以下几个方面：

（1）监测手段包括化学、物理、生物等一切可以表征环境因子的方法。

（2）监测对象包括水、大气、土壤、固体废物、生物等，只有对它们进行综合分析，才能确切描述环境质量状况。

（3）对监测数据进行统计处理、综合分析时，需涉及该地区的自然、社会发展状况，因此必须综合考虑才能科学阐明数据的内涵。

2.连续性

污染源排放的污染物或污染因子的强度随时间而变化，污染物和污染因子进入环境后，随空气和水的流动而被稀释、扩散，其扩散速度取决于污染因子的性质。污染因子的时空分布性决定了环境监测必须坚持长期连续测定。只有坚持长期测定，才能从大量的数据中揭示污染因子的分布和变化规律，进而预测其变化趋势。数据越多，连续性越好，预测的准确度越高，所以监测网络、监测点的选择一定要有科学性，而且一旦监测点的代表性和监测频次得到确认，必须坚持长期监测。

3.追踪性

环境监测是一个复杂而又内部互相联系的系统，包括监测项目的确定，监测方案的制订，样品的采集、运送、处理，实验室测定和数据处理等程序，每一步骤都将对结果产生影响。特别是区域性的大型监测项目，参与监测的人员、实验室和仪器各不相同，为使数据具有可比性、代表性和完整性，保证监测结果的准确性，必须建立一个量值追踪体系予以监督。为此，建立完善的环境监测质量保证体系是十分必要的。

4. 复杂性

环境和环境污染的特点决定了环境监测的复杂性，主要包括：

（1）监测项目繁多。这主要是由于环境体系具有多样性、复杂性、动态性，环境样品组分复杂、性质各异且呈现多种形态，监测项目繁多。

（2）待测物含量低、基体复杂。由于很多污染物阈值很低，在环境中属于微量级甚至痕量级、超痕量级，分析测定时会有基体干扰。这就要求环境监测方法具有高灵敏度、高准确度和高分辨率。

（3）不确定性。由于环境因素十分复杂，不同污染物环境行为差异很大，其不确定性与污染物的性质、浓度及排放方式有关。这些不确定性要求环境监测不仅需要对污染物进行定性、定量监测，还要对污染物的形态、变化等进行监测。

5. 时效性

无论是环境事故监测还是目前的大气环境监测，都需要及时地获取数据，向管理部门或公众及时发布环境信息，如我国目前大气污染的预报主要依据大气环境的监测数据与气象条件的变化，因此必须及时获得预报区域乃至周边的大气环境数据，才能给出预报数据。对环境事故监测更需要及时、准确，甚至需要快速，因为只有对事故中主要污染物及其造成的危害、波及的范围等都有准确的监测数据支撑，管理部门与应急处理人员才能做出正确的抉择。

6. 规范性

无论是政府授权的公益型环境监测还是非政府组织的公共事务环境监测，环境监测的数据往往具有一定的法律效力。环境监测的数据要具有代表性、准确性、完整性、可比性及精密性，而其精密性又可通过重复性、平行性及再现性得到保证。环境监测的全过程都需要严格规范。

二、环境监测的原则

（一）优先污染物

世界上已知的化学物质超过 700 万种，而进入环境的化学物质已达 10 万种。就目前的人力、物力、财力，以及污染物危害程度的差异性而言，人们不可能也没必要对每一种化学物质进行监测，只能将潜在危险性大（难降解、具有生物累积性、毒性大和三致类物质），在环境中出现频率高、残留高，检测方法成熟的化学物质定为优先监测目标，实施优先和重点监测，经过优先选择的污染物称为环境优先污染物，简称优先污染物。

美国是最早开展优先监测的国家，20 世纪 70 年代中期就规定了水和污水中 129 种优先监测污染物，其后又提出了 43 种空气优先监测污染物。"中国环境优先监测研究"亦已完成，提出了"中国环境优先污染物名单"，包括 14 种化学类别有毒化学品，见表 1-1。

表1-1 中国环境优先污染物名单

化学类别	名称
卤代（烷、烯）烃类	二氯甲烷、三氯甲烷、四氯化碳、1，2-二氯乙烷、1，1，1-三氯乙烷、1，1，2-三氯乙烷、1，1，2，2-四氯乙烷、三氯乙烯、四氯乙烯、三溴甲烷
苯系物	苯、甲苯、乙苯、邻二甲苯、间二甲苯、对二甲苯
氯代苯类	氯苯、邻二氯笨、对二氯苯、六氯苯
多氯联苯类	多氯联苯
酚类	苯酚、间甲酚、2，4-二氯酚、2，4，6-三氯酚、五氯酚、对硝基酚
硝基苯类	硝基苯、对硝基中苯、2,4-二硝基甲苯、二三硝基中苯、对硝基氯苯、2，4-二硝基氯苯
苯胺类	苯胺、二硝基笨胺、对硝基笨胺、2，6-二氯硝基苯胺
多环芳烃	萘、荧蒽、苯并 [b] 苯蒽、苯并 [k] 苯蒽、苯并 [a] 芘、茚并 [1，2，3-cd] 芘、苯并 [ghi] 芘
酞酸酯类	酞酸二甲酯、酞酸二丁酯、酞酸二辛酯
农药	六六六、滴滴涕、敌敌畏、乐果、对硫磷、甲基对硫磷、除草醚、敌百虫
丙烯腈	丙烯腈
亚硝胺类	$N-$亚硝基二丙胺
氰化物	氰化物
重金属及其化合物	砷及其化合物、铍及其化合物、镉及其化合物、铬及其化合物、铜及其化合物、铅及其化合物、汞及其化合物、镍及其化合物、铊及其化合物

（二）优先监测原则

对优先污染物进行的监测称为优先监测，环境监测应遵循优先监测的原则。环境监测要遵循符合国情、全面规划、合理布局的方针，其准确性往往取决于监测过程的最薄弱环节。

三、环境监测的要求

环境监测是为环境保护、评价环境质量，制定环境管理、规划措施，为制定各项环境保护法规、法令、条例提供资料、信息依据。为确保监测结果准确可靠、正确判断并能科学地反映实际，环境监测要满足下面要求。

（一）代表性

代表性主要是指取得具有代表性的能够反映总体真实状况的样品，则样品必须按照有关规定的要求、方法采集。

（二）完整性

完整性主要是指监测过程中的每一细节，尤其是监测的整体设计方案及实施，监测数据和相关信息无一缺漏地按预期计划及时获取。

（三）可比性

可比性主要是指在监测方法、环境条件、数据表达方式等相同的前提下，实验室之间对同一样品的监测结果相互可比，以及同一实验室对同一样品的监测结果应该达到相关项目之间的数据可比，相同项目没有特殊情况时，历年同期的数据也是可比的。

（四）准确性

准确性主要指测定值与真实值的符合程度。监测数据的准确性，不仅与评价环境质量有关，而且与环境治理的经济问题也有密切联系，不准确的测定数据无法评价和保证环境质量，还会导致浪费资金，造成的后果反而比没有监测数据更坏。

（五）精密性

精密性主要指多次测定值有良好的重复性和再现性。

准确性和精密性是监测分析结果的固有属性，必须按照所用方法使之正确实现。

第三节 环境标准

一、环境标准的作用

环境标准是标准中的一类，它是为了保护人群健康、防治环境污染、促使生态良性循环，同时又为了合理利用资源、促进经济发展而制定的，它依据环境保护法和有关政策，对环境的各项工作（如有害成分含量及其排放源规定的限量阈值和技术规范）做出规定。环境标准是环境法规的具体体现。

（一）环境标准体系

由于世界各国国情不同，各个国家的环境标准的组成和分级体系也不完全相同。我国的环境标准主要有：环境质量标准、污染物排放标准（或污染控制标准）、环境方法标准、环境标准物质标准、环境基础标准、环保仪器、设备标准六类。

1. 环境质量标准

该标准为了保护人类健康，维持生态良性平衡和保障社会物质财富，并考虑技术条件，对环境中有害物质和因素所做的限制性规定。

2. 污染物排放标准

该标准为实现环境质量目标，结合经济技术条件和环境特点，对排入环境的有害物质或有害因素所做的限制性规定。

3. 环境方法标准

该标准在环境保护工作范围内，以全国普遍适用的实验、检查、分析、抽样、统计、作业等方法为对象而制定的标准。

4. 环境标准物质标准

该标准是在环境保护工作中，用来标定仪器、验证测量方法，进行量值传递或质量控制的材料或物质，对这类材料或物质必须达到的要求所做的规定。它是检验方法标准是否准确的主要手段。

5. 环境基础标准

该标准在环境保护工作范围内，对有指导意义的符号、指南、导则等的规定，是制定其他环境标准的基础。

6. 环保仪器、设备标准

该标准为了保证污染治理设备的效率和环境监测数据的可靠性及可比性，对环保仪器、设备的技术要求所做的规定。

在环境标准体系中，环境质量标准和污染物排放标准是环境标准的核心，环境方法标准和环境标准物质标准是环境标准体系的支持系统，环境基础标准是环境标准体系的基础。我国环境标准体系的分级有三级：国家标准、行业标准和地方标准。环境基础标准、环境方法标准和环境标准物质标准等只有国家标准，并尽可能与国际标准接轨。

（二）环境标准的作用

（1）环境标准是环保法规的重要组成部分和具体体现，具有法律效力，是执法的依据。

（2）环境标准是推动环境保护科学进步及清洁生产工艺的动力。

（3）环境标准是环境监测的基本依据。

（4）环境标准是环境保护规划目标的体现。

（5）环境标准具有环境投资导向作用。

（6）环境标准在提高全民环境意识，促进污染治理方面具有十分重要的作用。

二、环境标准制定的基本原则

（一）遵循法律依据和科学规律

环境标准的制定应以国家环境保护大政方针、法律、法规为依据，以保护人类健康和改善环境质量为目标，促进环境效益、经济效益和社会效益三者之间的统一。环境标准值中，指标值的确定是以科学研究的结果作为依据的。制定监测方法标准要确保方法的准确度及精密度，并对干扰因素及各种方法的比较进行实验。制定控制标准的技术措施和指标，要考虑它们的成熟度、可行性和预期效果等。

（二）区别对待原则

制定环境标准要具体分析环境功能、企业类型及污染物的危害程度等因素。例如，按环境功能不同，对自然保护区、饮用水源保护地等地区的标准制定必须严格，对一般功能环境，可放宽标准限制。按照污染物危害程度的不同，标准的严格程度也不同，对剧毒物要从严控制，而制定污染物排放标准则是以环境保护优化经济增长为原则，依据环境容量和产业政策的要求，确定标准的适用范围和控制项目，并对标准中的排放限制进行成本效益分析。

（三）可行性与适用性原则

环境标准的制定不仅要依据生物生存和发展的需要，同时也要考虑经济上是否合理及技术上的可行性；适用性则要求标准的内容有针对性、能够解决实

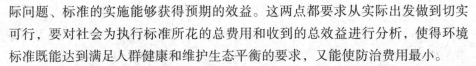

际问题、标准的实施能够获得预期的效益。这两点都要求从实际出发做到切实可行，要对社会为执行标准所花的总费用和收到的总效益进行分析，使得环境标准既能达到满足人群健康和维护生态平衡的要求，又能使防治费用最小。

（四）环境标准协调配套原则

环境质量标准与污染物排放标准、污染物排放标准与排污收费标准、国内环境标准与国际环境标准之间，以及相关的环境标准、规范、环保制度之间应该相互协调和配套。协调配套的原则使相关部门的执法工作有法可依，统一管理。

（五）时效性原则

环境标准并不是一成不变的，它要与一定时期的技术经济水平及环境污染与危害的状况相适应，它须随着经济技术的发展、环境保护要求的提高、环境监测技术的不断进步及仪器普及程度的提高及时进行调整，通常几年修订一次。修订时，标准的标准号不变，只有标准的年号和内容变化，如《地表水环境质量标准》（GB 3838—2002）替代了《地面水环境质量标准》（GB 3838—1988）。

（六）与国际接轨

一个国家的标准能够综合反映国家的技术、经济和管理水平。在国家标准的制定、修改或更新时，积极逐步采用或等效采用国际标准，是我国重要的技术经济政策，也是技术引进的重要部分，它能体现当前国际先进技术水平和发展趋势。逐步做到环境保护基础标准和通用方法标准与国际相关标准的统一，也可以避免国际合作等过程中执行标准时可能产生的责任不明确事件的发生。

三、环境标准简介

（一）环境质量标准

环境质量标准是制定环境政策的目标和环境管理工作的依据，也是制定污染物的控制标准的依据，是评价我国各地环境质量的标尺和准绳。环境质量标准按环境要素分，有水质量标准、大气质量标准、土壤质量标准和生物质量标准四类，每一类又按不同用途或控制对象分为各种质量标准，下面主要介绍前三类标准。

1.水质量标准

水质量标准是对水中污染物或其他物质的最大容许浓度所做的规定。水质量标准按水体类型分为地表水质量标准、海水质量标准和地下水质量标准等；按水资源的用途分为生活饮用水水质标准、渔业用水水质标准、农业用水水质标准、娱乐用水水质标准和各种工业用水水质标准等。由于各种标准制定的目的、适用范围和要求的不同，同一污染物在不同标准中规定的标准值也是不同的。例如，铜的标准值在中国的《生活饮用水卫生标准》《工业企业设计卫生标准》和《渔业水质标准》中分别规定为 1.0mg/L、0.1mg/L 和 0.01mg/L。

《地表水环境质量标准》（GB 3838—2002）含物理、化学、微生物指标共24 项，适用于全国江河、湖泊、水库等具有使用功能的地表水水域。依据地表水水域使用目的和保护目标将其划分为五类：

Ⅰ类：主要适用于源头水、国家自然保护区。

Ⅱ类：主要适用于集中式生活饮用水地表水源地一级保护区、珍稀水生生物栖息地、鱼虾类产卵场、仔稚幼鱼的索饵场等。

Ⅲ类：主要适用于集中式生活饮用水地表水源地二级保护、鱼虾类越冬场、洄游通道、水产养殖区等渔业水域及游泳区。

Ⅳ类：主要适用于一般工业用水区及人体非直接接触的娱乐用水区。

Ⅴ类：主要适用于农业用水区及一般景观要求水域。

《生活饮用水卫生标准》（GB 5749—2006）是从保护人群身体健康和保证人类生活质量出发，对饮用水中与人群健康的各种因素（物理、化学和生物），以法律形式做的量值规定，以及为实现值所做的有关行为规范的规定，经国家有关部门批准，以一定形式发布的法定卫生标准。水质指标由 GB 5749—1985版的 34 项指标增加到 GB 5749—2006 版的 106 项，主要增加了水中有机污染物的种类，其中 42 项常规和 64 项非常规指标，规定了生活饮用水水质卫生要求、生活饮用水水源水质卫生要求、集中式供水单位卫生要求、二次供水卫生要求、涉及生活饮用水卫生安全产品卫生要求、水质监测和水质检验方法。《海水水质标准》（GB 3097—1997）是指为贯彻《中华人民共和国环境保护法》和《中华人民共和国海洋环境保护法》、防止和控制海水污染、保护海洋生物资源和其他海洋资源、有利于海洋资源的可持续利用、维护海洋生态平衡、保障人体健康而制定的水质标准，海水水质根据用途分为 4 类，指标共 35 项。《渔业水质标准》（GB 11607—1989）是为了防止和控制渔业水域水质污染，保证鱼、贝、藻类正常生长、繁殖和水产品的质量制定的标准。《农田灌溉水质标准》（GB 5084—2005）是为了防止土壤、地下水和农产品污染，保障人体健康，维护生态平衡，促进经济发展而制定的标准。

回用水标准主要根据生活杂用、行业和生产工艺要求来制定，在美国有近30 种回用水水质标准，我国已经制定颁布的回用水标准有《城市污水再生利用景观环境用水水质》（GB/T 18921—2002）、《城市污水再生利用城市杂用水水质》（GB/T 18920—2002）和《城市污水再生利用工业用水水质》（GB/T 19923—

2005）等。

2.大气质量标准

目前世界上已有 80 多个国家颁布了大气质量标准。世界卫生组织（WHO）1963 年提出二氧化硫、飘尘、一氧化碳和氧化剂的大气质量标准。大气环境质量标准分为三级：

一级标准：为保护自然生态和人群健康，在长期接触情况下，不发生任何危害影响的空气质要求。

二级标准：为保护人群健康和城市、乡村的动植物，在长期和短期接触情况下，不发生伤害的空气质量要求。

三级标准：为保护人群不发生急、慢性中毒和城市一般动植物（敏感者除外）正常生长的空气质量要求。

我国根据各地区的地形地貌、气候、生态、政治、经济和大气污染程度，于 1982 年颁布了《大气环境质量标准》（GB 3095—82），列入的污染物包括总悬浮微粒（TSP）、飘尘、二氧化硫、氮氧化物、一氧化碳和光化学氧化剂（臭氧），后经几次修订，最新修订的《环境空气质量标准》（GB 3095—2012）中将二氧化硫、二氧化氮、一氧化碳、臭氧和 PM2.5 等列入环境空气质量污染物基本项目，并将环境空气功能区由原先的三类变成两类：

一类区：为自然保护区、风景名胜区和其他需要特殊保护的区域。

二类区：为居住区、商业交通居民混合区、文化区、工业区和农村地区。

标准规定一类区适用一级浓度限值；二类区适用二级浓度限值。

2002 年 12 月由中华人民共和国国家质量监督检验检疫总局、中华人民共和国国家环境保护总局、中华人民共和国卫生部制定了我国第一部《室内空气质量标准》（GB/T 18883—2002），适用于已投入使用的建筑物，并于 2003 年 3 月 1 日正式实施，标准中包括物理、化学、生物和放射性污染物的指标，共 19 项。此外，还有一种大气质量标准是规定工厂企业生产车间或劳动场所空气中有害气体或污染物的最高容许浓度的。这类标准是为了保护劳动者在间歇（只在 T 作时间内）的长期暴露中不发生急性或慢性中毒。美国、俄罗斯等国家对不同行业的劳动生产场所的空气中污染物规定有最高容许浓度。中国《工业企业设计卫生标准》（GBZ 1—2010）规定了生产及作业地带空气中有毒气体、蒸汽和粉尘的最高容许浓度，列有氨、苯等项目。

3.土壤质量标准

土壤质量标准是土壤中污染物的最高容许浓度。污染物在土壤中的残留积累，以不致造成作物的生育障碍、在籽粒或可食部分中的过量积累（不超过食品卫生标准）或影响土壤、水体等环境质量为界限。土壤中污染物主要通过水、食用植物、动物进入人体，因此土壤质量标准中所列的主要是在土壤中不易降解和危害较大的污染物。

我国 1995 年制定的《土壤环境质量标准》（GB 15618–1995）主要根据土壤应用功能和保护目标，把土壤环境质量划分为三类，分别规定了土壤中污染物的最高允许浓度指标值及相应的监测方法。

随着我国社会经济与城镇化的发展，土壤质量的管控日显必要，因此中华人民共和国生态环境部于 2018 年颁布了《土壤环境质量农用地土壤污染风险管控标准（试行）》（GB 15618—2018）与《土壤环境质量建设用地土壤污染风险管控标准（试行）》（GB 36600–2018）替代《土壤环境质量标准》，以满足我国对农用地与建设用地的土壤污染控制需求。具体而言，农用地土壤在监测项目中仍为基本项目与选测项目，但项目内容有所增加；关键是根据土壤土地利用类型（如水田、果园等）的 pH 给出了风险筛选值，特别是对 5 种元素（镉、汞、砷、铅、铬）给出了风险管控值。对建设用地土壤监测项目特别增加了多项挥发性有机污染物的风险筛选值与管控值，并把建设用地分为与人居住密切相关的第一类用地和工业、广场等第二类用地，以便于精准管控。

（二）污染物排放标准

污染物排放标准也称污染物控制标准，是为实现环境质量目标，结合经济技术条件和环境特点，对人为污染源排入环境的有害物质或有害因素所做的控制规定。其目的是通过控制污染源排污量的途径来实现环境质量标准或环境目标。

污染物排放标准按污染物形态分为：液态污染物排放标准，规定废水（废液）中所含的油类、有机物、有毒金属化合物、放射性物质和病原体等的容许排放量；气态污染物排放标准，规定二氧化硫、氮氧化物、一氧化碳、硫化氢、氯、氟及颗粒物等的容许排放量；固态污染物排放标准，规定填埋、堆存和进入农田等的固体废物中的有害物质的容许含量。

污染物排放标准按适用范围分为综合排放标准和行业排放标准。

1. 综合排放标准

污染物综合排放标准规定一定范围（全国或一个区域）内普遍存在或危害较大的各种污染物的容许排放量，适用于各个行业。有的综合排放标准按不同排向（如水污染物安排入下水道、河流、湖泊、海域）分别规定容许排放量。综合排放标准有《污水综合排放标准》（GB 8978—1996）、《大气污染物综合排放标准》（GB 16297—1996）和《一般工业固体废物贮存、处置场污染控制标准》（GB 18599—2001）等。

2.行业排放标准

行业的污染物排放标准规定某一行业所排放的各种污染物的容许排放量，只对该行业有约束力。因此，同一污染物在不同行业中的容许排放量可能不同。行业的污染物排放标准还可以按不同生产工序规定污染物容许排放量，如钢铁工业的废水排放标准可按炼焦、烧结、炼铁、炼钢、酸洗等工序分别规定废水中 pH、悬浮物总量和油等的容许排放量。

在污水排放标准体系中，造纸工业执行《制浆造纸工业水污染物排放标准》（GB 3544—2008），船舶执行《船舶水污染物排放控制标准》（GB 3552—2018），海洋石油开发工业执行《海洋石油勘探开发污染物排放浓度限值》（GB 4914—2008），纺织染整工业执行《纺织染整工业水污染物排放标准》（GB 4287—2016），肉类加工工业执行《肉类加工工业水污染物排放标准》（GB 13457—2013），合成氨工业执行《合成氨工业水污染物排放标准》（GB 13458-2013），钢铁工业执行《钢铁工业水污染物排放标准》（GB 13456-2012），航天推进剂使用执行《航天推进剂水污染物排放标准》（GB 14374—1993），兵器工业执行《兵器工业水污染物排放标准》（GB 14470.1 ~ 14470.2—2001 和 GB 14770.3—2011），磷肥工业执行《磷肥工业水污染物排放标准》（GB 15580—2011），烧碱、聚氯乙烯工业执行《烧碱、聚氯乙烯工业污染物排放标准》（GB1 5581—2016），其他水污染物排放均执行污水综合排放标准。

中国现有的国家大气污染物排放标准体系中，行业性排放标准主要有《锅炉大气污染物排放标准》（GB 13271—2014），《工业炉窑大气污染物排放标准》（GB 9078—1996）、《火电厂大气污染物排放标准》（GB 13223—2011）、《炼焦化学工业污染物排放标准》（GB 16171—2012）、《水泥工业大气污染物排放标准》（GB 915—2013）、《恶臭污染物排放标准》（GB 14554—1993）、《轻型汽车污染物排放限值及测量方法（中国第五阶段）》（GB 18352.5—2013）、《摩托车和轻便摩托车排气污染物排放限值及测量方法（双怠速法）》（GB 14621—22011），其他大气污染物排放均执行大气污染物综合排放标准。

（三）标准应用

环境质量标准、污染物排放或控制标准，都是环境管理的重要依据，各种标准中的限值，就是管理的尺度。通常是按照计划实施监测后获得准确的监测数据后，与执行的标准进行比较评价，看其是否超标，超标多少。通常超标多少以超标倍数表达。除溶解氧、pH 值外，监测项目超标倍数值按式（1-1）计算。

$$E_L = \frac{C}{C_s} - 1 \qquad\qquad (1-1)$$

式中，E_L——监测项目超标倍数；C——监测项目测定浓度值；C_s——相应监测项目的质量（或排放、控制）标准中某一级别的标准值。

计算过程注意测定浓度与标准值浓度单位的一致性。

pH 值的超标倍数按式（1–2）、式（1–3）计算。

当测量值 pH ≤ 7 时，$E_L = \dfrac{7-pH}{7-pH_s} - 1$ （1–2）

当测量值 pH > 7 时，$E_L = \dfrac{pH-7}{pH_s-7} - 1$ （1–3）

式中，pH_s 为质量（或排放、控制）标准中某一级别下限值。

当超标倍数计算值为负数时，说明该监测项目在此标准级别上不超标。当被监测的环境要素中所有监测项目都不趋同一级别的标准时，才能够说该环境要素满足某质量（或排放、控制）标准该级别的要求。

第四节　环境监测技术与发展

一、环境监测技术

（一）环境监测技术的发展

随着科技进步和环境监测的需要，环境监测在发展传统的化学分析技术基础上，发展高精密度、高灵敏度，适用于痕量、超痕量分析的新仪器、新设备，同时研制发展了适用于特定任务的专属分析仪器。计算机在监测系统中的普遍使用，使监测结果快速处理和传递，使多机联用技术广泛采用，扩大仪器的应用、使用效率和价值。发展大型、连续自动监测系统的同时，发展小型便携式仪器和现场快速监测技术。广泛采用遥测遥控技术，逐步实现监测技术的智能化、自动化和连续化。

（二）常用的环境监测技术

一般来说，环境监测技术包括采样技术、测试技术和数据处理技术。按照测试技术的不同，可将环境监测技术分为现场快速监测技术、采样后实验室分析监测技术、连续自动监测技术和遥测监测技术；按照采样技术的不同，可以将环境监测技术分为手工采样 – 实验室分析技术、自动采样 – 实验室分析技术和被动式采样 – 实验室分析技术；按照监测技术原理的不同，可以将环境监测技术分为物理监测、化学监测、生物监测和生态监测等。

1. 实验室分析技术

在实验室，对污染物的成分、结构及形态分析主要采用化学分析法和仪器分析法。化学分析法主要包括滴定分析法和重量法两类，其中滴定分析法又包括氧化还原滴定法、酸碱滴定法、沉淀滴定法和配位滴定法。滴定分析法用于水中酸度、碱度、溶解氧、硫化物、氰化物的测定；重量法则常用于降尘、油类、残渣及硫酸盐化速率等的测定。化学分析法具有仪器简单、准确度高、分析成本低等优点，目前仍被广泛使用。仪器分析法是以物理和化学方法原理为基础的分析方法，主要包括光谱分析法，如可见光分光光度法、紫外分光光度法、原子吸收光谱法、原子发射光谱法、荧光分析法及化学发光分析法等；色谱分析法，如气相色谱法、高效液相色谱法、离子色谱法、薄层色谱法、色谱－质谱联用法等；电化学分析法，如溶出伏安法、电导分析法、电位分析法、库仑分析法等；放射分析法，如同位素稀释法、中子活化分析法；以及流动注射分析法等。仪器分析法目前被广泛用于环境中污染物的定量及定性分析。

除了物理和化学分析技术，近年来，生物监测技术在环境监测领域的应用得到了长足发展。生物监测技术是利用植物和动物在污染的环境中所产生的各种反应信息来评价环境质量的一种最直接的综合方法，包括生物的生理生化反应、生物体污染物含量的测定、生物群落结构和种类变化等，如利用指示植物在环境中的受害症状来判断空气和水中污染物的种类和水平。

2. 现场快速监测技术

现场快速监测技术主要有试纸法、速测管法、化学测试组件法及便携式分析仪器测试法等。现场快速监测技术主要用来进行污染事故应急监测。

3. 连续自动监测技术

连续自动监测技术是以在线自动分析仪器为核心，运用自动采样、自动测量、自动控制、数据处理和传输等现代技术，对环境质量或污染源进行24h连续监测。目前，已应用于地表水水质连续自动监测、污水连续自动监测、环境空气质量连续自动监测、固定污染源烟气排放连续自动监测、大气酸沉降连续自动监测、沙尘暴连续自动监测，等等。

4. 生物监测技术

生物监测技术就是利用植物、动物在污染环境中产生的反应信息来判断环境质量的方法。常采用的手段包括：生物体污染物含量的测定，观察生物体在环境中的受害症状，生物的生理生化反应，生物群落结构和种类变化，等等。

5. "3S" 技术

环境遥感（Environmental Remote Sensing, ERS）、地理信息系统（Geographical

Infor-mation System, GIS) 和全球定位系统 (Global Positioning System, GPS) 称为 "3S" 技术。

环境遥感是利用遥感技术探测和研究环境污染的空间分布、时间尺度、性质、发展动态、影响和危害程度，以便采取环境保护措施或制定生态环境规划的遥感活动。可以分为摄影遥感技术、红外扫描遥测技术、相关光谱遥测技术、激光雷达遥测技术。如通过 FTIR 遥测大气中 CO_2 浓度、VOC 的变化，用车载差分吸收激光雷达遥测 SO_2 等。

采用卫星遥感技术可以连续、大范围对不同空间的环境变化及生态问题进行动态观测，如海洋等大面积水体污染、大气中臭氧含量变化、环境灾害情况、城市生态及污染等。全球定位系统可提供高精度的地面定位方法，用于野外采样点定位，特别是海洋等大面积水体及沙漠地区的野外定点。地理信息系统是一种功能强大的对各种空间信息在计算机平台上进行装载运送、处理及综合分析的工具。三种技术相结合，形成了对地球环境进行空间观测、空间定位及空间分析的完整技术体系，为扩大环境监测范围和功能、提高其信息化水平以及对环境突发灾害事件的快速监测和评估等提供了有力的技术支持。

二、环境监测技术的发展

（一）环境监测技术发展趋势

伴随着各个领域科学技术的发展，环境监测技术也得到了快速的发展，许多新技术在环境监测过程中已经广泛应用。被动采样技术和连续自动采样技术发展迅速。高效快速样品前处理技术，如加速溶剂萃取、自动索氏提取、固相微萃取技术得到了快速发展。在无机污染物的监测方面，电感耦合等离子体原子发射光谱能够同时分析几十种元素；离子色谱的应用范围从开始分析少数几种阴离子，发展到不仅能分析大多数无机阴离子，而且能分析许多有机化合物。在有机污染物的分析方面，色谱－质谱联用技术用于各类有机污染物，特别是持久性有机污染物（POPs）的分析；离子色谱应用于水中可吸附有机卤素（AOX）、总有机卤素（TOX）的分析；化学发光分析应用于超痕量物质的分析。在生物监测技术方面，发光菌、流式细胞术、基于生物标志物检测的生物传感器都已经在环境监测领域得到应用。

对于污染事故的监测，需要发展简便快速的监测技术，主要包括试纸法、化学测试组件法、速测管法及便携式、车载式分析仪器测试法等。

对于区域甚至全球范围的监测和管理，其监测网络及布点的研究，监测方法的标准化、连续自动监测系统，数据传送和处理的信息化、可视化的研究应用也发展很快。这种技术以在线自动分析仪器为核心，主要运用自动采样、自动测量、自动控制、数据传输和处理等技术，对环境质量或污染源进行连续监测。这种技术已应用于环境空气质量连续自动监测、固定污染源烟气排放连续自动监测、大气酸沉降连续自动监测、沙尘暴连续自动监测、污水连续自动监测、地表水水质连续自动监测等。此外，基于坏境遥感技术（FRS）、地理信息系统（GIS）和全球定位系统（GPS）的"3S"技术形成了对地球环境空间观测、空间定位及空间分析的完整技术体系，为扩大环境监测范围和功能、提高其信息化水平及对环境突发事件的快速监测和评估提供了强大的技术支持。

（二）我国环境监测技术现状

我国的环境监测技术从整体上来讲起步相对较晚，但是发展较快，目前不管是在环境监测管理、监测能力方面，还是在物质基础等方面，都有了质的飞跃，在技术水平方面也取得了较大的成就。总的来讲，我国环境监测技术已经逐渐形成了物理监测、化学监测、生物监测、遥感、生态监测及卫星监测等多项监测技术的监测体系。同时，我国的环境监测仪器在生产规模及技术水准上也达到了较高的水平。除了加大对一些监测仪器的投资生产规模以外，我国在这方面的生产管理及控制水平也日益加强，如电磁波监测仪器与油分测定仪等监测仪器。就当前情形而言，我国重点开发的环境监测仪器主要包括空气或废气监测仪器、环境水质监测仪器、污染源及便携式现场应急监测仪器等。除此之外，我国的环境监测系统也逐渐由以往的间歇性操作转变成自动连续性监测的信息化系统操作，从而显著提高了环境监测的效率。

然而，尽管我国环境监测技术水平有了很大的发展，但是在许多方面依旧存在着不足，从而制约着我国环境监测工作的有效性，还不能够有效地满足当今日益严峻的环境问题及环境保护亟待加强的重大需求。总的来说，主要体现在以下几个方面：首先是我国的环境监测技术水平跟发达国家相比有一定的差距，其次是缺少熟练掌握监测技术及其应用的专业化监测队伍，难以满足社会发展的需求，最后是环境监测仪器的质量有待提高。

第二章　水和废水监测与应用

第一节　水和废水监测基本知识

一、水体与水污染

水是自然界最普通的物质，是生命存在和发展的必要条件，没有水就没有生命。地球的 3/4 被水覆盖，水广泛分布于海洋、江、河、湖、地下、大气、冰川等。其中海水占 97.3%，淡水占 2.7%，可被利用的淡水不足总水量的 1%。水是人类赖以生存的主要物质之一，随着世界人口的不断增长和工农业生产的迅速发展，一方面用水量快速增加，另一方面污染防治不力，水体污染严重，使淡水资源更加紧缺。我国属于贫水国家，人均占有淡水资源量仅约 2300m³，低于世界人均量。因此，加强水资源保护的任务十分迫切。

（一）水质污染主要分为以下三种类型

（1）化学型污染。指污染物排入水体后改变了水的化学特征，如酸碱、有机物和无机物等造成的污染

（2）物理型污染。指污染物进入水体后改变了水的物理特性，如热、放射性物质、悬浮固体、油、泡沫等造成的污染。

（3）生物型污染。指病原微生物排入水体，直接或间接地传染各种疾病，主要由医院污水、生活污水等造成的污染。

（二）水体自净和水体环境容量

污染物进入水体后首先被稀释，随后经过复杂的物理、化学和生物转化，使污染物浓度降低、性质发生变化，水体自然地恢复原样的过程称为自净。

自净能力决定着水体的环境容量（洁净水体所能承载的最大污染物量）。

含有淀粉、蛋白质、脂肪等的生活污水，被水解酶分解成氨基酸、脂肪酸、甘油和低分子糖，再进一步被水中的好氧菌分解成 CO_2、H_2O、无机盐。

二、水体监测对象和目的

（一）水体监测的对象

水体监测就是用科学的方法监视和检测代表水环境质量及其发展变化趋势的各种标志数据的全过程。

水体是指地表被水覆盖区域的自然综合体，水体的范畴包括水、水中悬浮物、底泥及水生生物等。

区分"水"和"水体"的概念十分重要，因为水环境污染一方面反映在"水"中；另一方面又反映在底质和水生生物中，在某些情况下，底质较"水"更为精确地反映了水环境的污染，特别是一些微有害的重金属污染物，"水"中的浓度往往极低，而在底质中则往往有较高的浓度。如果我们仅仅着眼于"水"，似乎水质未被污染，而实际上这些污染物因生成沉淀或被吸附和螯合，由"水"中转移到底质中去了。造成底质的累积性污染，当水环境条件发生变化时，这些有毒有害物质往往又被底质"释放"出来，形成二次污染。因此对底质的监测，应是水体监测系统中不容忽视的一部分，也是水体概念中包含底质的重要原因。水体监测包括环境水体监测及废水监测两部分。水体监测是环境监测的一个重要组成部分。实际工作中，水体监测的具体对象包括各类天然水、工农业废水、饮用水和生活污水，等等。

（二）水体监测目的

水质监测目的是及时、准确和全面地反映水环境质量现状及发展趋势，为水环境的管理、规划和污染防治提供科学的依据。具体可概括为以下几个方面：

（1）对江、河、湖、库、渠、海水等地表水和地下水中的污染物进行经常性的监测，掌握水质现状及其变化趋势。

（2）对生产和生活废水排放源排放的废水进行监视性监测，掌握废水排放量及其污染物浓度和排放总量，评价是否符合排放标准，为污染源管理提供依据。

（3）对水环境污染事故进行应急监测，为分析判断事故原因、危害及制订对策提供依据。

（4）为国家政府部门制定水环境保护标准、法规和规划提供有关数据和资料。

（5）为开展水环境质量评价和预测、预报及进行环境科学研究提供基础数据和技术手段。

（6）对环境污染纠纷进行仲裁监测，为判断纠纷原因提供科学依据。

三、水体监测项目与方法

（一）水体监测项目

水体检测项目是依据水体功能、水体被污染情况和污染源的类型等因素确定的。受人力、物力和经费等各种条件限制，一般选择环境标准中要求控制的危害大、影响广，并已有可靠的测定方法的项目。水体的常规监测项目见表2-1，海水的常规监测项目见表2-2，污水的常规监测项目见表2-3。

表2-1 水体的常规监测项目

水体	必测项目	选测项目
河流	水温、pH、溶解氧、高锰酸钾指数、电导率、生化耗氧量、氨氮、汞、铅、挥发酚、石油类	化学耗氧量、总磷、铜、锌、氟化物、硒、砷、六价铬、镉、氰化物、阴离子表面活性剂、硫化物、大肠菌群
湖泊、水库	水温、pH、溶解氧、高锰酸钾指数、电导率、生化耗氧量、氨氮、汞、铅、挥发酚、石油类、总氮、总磷、叶绿素 a、透明度	化学耗氧量、铜、锌、氟化物、硒、砷、六价铬、镉、氰化物、阴离子表面活性剂、硫化物、大肠菌群、微囊藻毒素 –LR
饮用水源地	水温、pH、溶解氧、高锰酸钾指数、氨氮、挥发酚、石油类、总氮、总磷、大肠菌群	化学耗氧量、总磷、铜、锌、氟化物、铁、锰、硝酸盐 氮、硒、砷、铅、汞、六价铬、氰化物、阴离子表面活性剂、镉、硫化物、硫酸盐
地下水	pH、总硬度、溶解性固含量、氨氮、硝酸盐氮、亚硝酸盐氮、挥发酚、氰化物、高锰酸钾指数、砷、汞、镉、六价铬、铁、锰、大肠菌群	色度、臭和味、浑浊度、氯化物、硫酸盐、重碳酸盐、石油类、细菌总数、锡、铍、钡、镍、六六六、滴滴涕、总放射性、铅、铜、锌、阴离子表面活性剂

表2-2 海水的常规监测项目

水体	常规监测项目
海水	水温、漂浮物、悬浮物、色、臭味、pH、溶解氧、化学需氧量、五日生化耗氧量、汞、镉、铅、六价铬、总铬、铜、锌、硒、砷、镍、氰化物、硫化物、活性磷酸盐、无机氮、非离子态氮、挥发酚、石油类、六六六、滴滴涕、马拉硫磷、甲基对硫磷、苯并 [a] 芘、阴离子表面活性剂、大肠菌群、病原体、放射性核素

表2-3 污水的常规监测项目

类型	必测项目	选测项目
黑色金属矿山（包括磁铁矿、赤铁矿、锰矿等）	pH、悬浮物、重金属	硫化物、锑、铋、锡、氯化物
钢铁工业（包括选矿、烧结、炼、焦、炼铁、炼钢、轧钢等）	pH、悬浮物、COD、挥发酚、油类、氰化物、铬（六价）、锌、氨氮	硫化物、氟化物、BOD$_5$、铬

类型	必测项目	选测项目
选矿药剂	COD、BOD_5、悬浮物、氰化物、重金属	
有色金属矿山及冶炼（包括选矿、烧结、电解、精炼等）	pH、COD、氰化物、悬浮物、重金属	硫化物、铍、铝、钒、钴、锑、铋
非金属矿物制品业	pH、悬浮物、COD、BOD_5	油类
煤气生产和供应业	pH、悬浮物、COD、BOD_5、油类、重金属、挥发酚、硫化物	苯并[a]芘、挥发性卤代烃
火力发电（热电）	pH、悬浮物、硫化物、COD	BOD_5
电力、蒸汽、热水生产和供应业	pH、悬浮物、硫化物、COD、挥发酚、油类	BOD_5
煤炭采造业	pH、悬浮物、硫化物	砷、油类、汞、挥发酚、COD、BOD_5
焦化	COD、悬浮物、挥发酚、氨氮、氰化物、油类、苯并[a]芘	总有机碳
石油开采	COD、BOD_5、悬浮物、油类、硫化物、挥发性向代烃、总有机碳	挥发酚、总铬

（二）水体监测方法

1.选择监测方法的原则

由于水质监测样品中污染物含量的差距大、试样的组成复杂，且日常监测工作中试样数量大、待测组分多、工作量较大，因此选择分析方法时应综合考虑以下几方面因素。

（1）为了使分析结果具有可比性，应尽可能采用标准分析方法。如因某种原因采用新方法时，必须经过方法验证和对比实验，证明新方法与标准方法或统一方法是等效的。在涉及污染物纠纷的仲裁时，必须用国家标准分析方法。

（2）对于尚无"标准"和"统一"分析方法的检测项目，可采用国际标准化组织（ISO）、美国环境保护署（EPA）和日本工业标准（JIS）方法体系等其他等效分析方法，同时应经过验证，且检出限、准确度和精密度能达到质控要求。

（3）方法的灵敏度要满足准确定量的要求。对于高浓度的成分，应选择灵敏度相对较低的化学分析法，避免高倍数稀释操作而引起大的误差。对于低浓度的成分，则可根据已有条件采用分光光度法、原子吸收法或其他较为灵敏的仪器分析法。

（4）方法的抗干扰能力要强。方法的选择性好，不但可以省去共存物质的预分离操作，而且能提高测定的准确度。

（5）对多组分的测定应尽 LIANG 选用同时兼有分离和测定的分析方法，如气相色谱法、高效液相色谱法等，以便在同一次分析操作中同时得到各个待测组分的分析结果。

（6）在经常性测定中，或者待测项目的测定次数频繁时，要尽可能选择方法稳定、操作简便、易于普及、试剂无毒或毒性较小的方法。

2. 监测方法的类别

污染物分析监测技术可按使用的方法分为化学法、物理法、物理化学法和生物法。

化学法（主要是滴定分析法）是以化学反应为其工作原理的一类方法。其特点是准确度较高，相对误差一般小于 1%；灵敏度较低，仅适用于样品中常量组分的分析；选择性较差，在测定前常需对样品作反复的前处理；方法简便，操作快速，所需器具简单，分析费用较低。

物理法和物理化学分析法都是使用仪器进行监测的方法，前者如温度、电导率、噪声、放射性、气溶胶粒度等项目的测定需要具备专用的仪器和装置，后者（又通称仪器分析法）适用于定性和定量分析大多数化学物质，这两类方法的优缺点正好与化学法相反：表现在准确度相对较低、灵敏度很高、选择性尚佳，以及仪器成本高、维护保养较复杂等。物理化学分析法种类繁多，大体上可分为光学分析法、电化学分析法和色谱分析法三类。光学分析法是利用光源照射试样，在试样中发生光学的吸收、反射、透射、折射、散射、衍射等效应或在外来能量激发下使试样中被测物发光，最终以仪器监测器接收到的光的强度与试样中待测组分含量间存在对应的定量关系而进行分析。环境分析中常用的有分光光度法、原子吸收分光光度法、化学发光法、非分散红外法。紫外—可见分光光度法是环境监测中最广泛应用的方法。原子吸收分光光度法则是对环境样品中痕量金属分析最常用的方法。

电化学分析法是仪器分析法中的另一个类别，是通过测定试样溶液电化学性质而对其中被测定组分进行定量分析的方法，这些电化学性质系在原电池或电解池内显示出来，包括电导、电位、电流、电量，等等。环境分析中常用的电化学分析法有电导分析法、离子选择性电极法。色谱法可用于分析多组分混合物试样，系利用混合物中各组分在两相中溶解－挥发、吸附－脱附或其他乘和作用性能的差异，当作为固定相和流动相的两相做相对运动时，使试样中各待测组分在两相中反复受上述作用而得以分离后进行分析。在环境分析中常用的有气相色谱法、高效液相色谱法（包括离子色谱法）、色谱－质谱联用法等。色谱分析法承担着对大多数有机污染物的分析任务，也是对环境试样中未知污染物做结构分析或形态分析的最强力的工具。

为了更好地解决环境监测中繁难的分析技术问题，近来已越来越多地采用仪器联用的方法。例如气相色谱仪是目前最强力的成分分析仪器，质谱仪是目前最强力的结构分析仪器，将二者合在一起再配上电子计算机组成气相色谱－质谱－计算机联用仪（GC-MS-COM），可用于解决环境监测中有关污染物特别是有机污染物分析的大量疑难问题。

此外，还可将监测方法按权威性或成熟程度的高低分为标准法、参考法和试行法，等等。

3. 水质监测分析基本方法

按照监测方法所依据的原理，水质监测常用的方法有化学法、电化学法、原子吸收分光光度法、离子色谱法、气相色谱法、液相色谱法、等离子体发射光谱法，等等。其中化学法（包括重量法、滴定法）和分光光度法是目前国内外水环境常规监测普遍采用的，各种仪器分析法也越来越普及，各种方法测定的项目列于表2-4。

表2-4　常用水环境监测方法测定项目

方法	测定项目
重置法	悬浮物、可滤残液、矿化度、油类、SO_4^{2-}、Cl^-、Ca^{2+}，等等
滴定法	酸度、碱度、溶解氧、总硬度、氨氮、Ca^{2+}、Mg^{2+}、Cl^-、F^-、CN^-、SO_4^{2-}、S^{2-}、Cl_2、COD、BOD_5（五日生化需氧量）、挥发酚，等等
分光光度法	Ag、Al、As、Be、Ba、Cd、Co、Cr、Cu、Hg、Mn、Ni、Pb、Sb、Se、Th、U、Zn、NO_2-N、氨氮、凯氏氮、PO_4^{3-}、F^-、Cl^-、S^{2-}、SO_4^{2-}、Cl_2、挥发酚、甲醛、三氯甲烷、苯胺类、硝基苯类、阴离子表面活性剂，等等

方法	测定项目
荧光分光光度法	Se、Be、U、油类、BaP，等等
原子吸收法	Ag、Al、Be、Ba、Bi、Ca、Cd、Co、Cr、Cu、Fe、Hg、K、Na、Mg、Mn、Ni、Pb、Sb、U、Zn，等等
冷原、子吸收法	As、Sb、Bi、Ge、Sn、Pb、Se、Te、Hg，等等
原子荧光法	As、Sb、Bi、Se、Hg，等等
火焰光度法	La、Na、K、Sr、Ba，等等
电极法	Eh、pH、DO、F^-、Cl^-、CN^-、S^{2-}、NO_3^-、K^+、Na^+、NH_4^+
离子色谱法	F^-、Cl^-、Br^-、NO_2^-、NO_3^-、SO_3^{2-}、SO_4^{2-}、$H_2PO_4^-$、K^+、Na^+、NH_4^+
气相色谱法	Be、Se、苯系物、挥发性卤代烃、氯笨类、六六六、滴滴涕、有机磷农药、三氯乙醛、硝基苯类、PCB，等等
液相色谱法	多环芳烃类
ICP-AES	用于水中基体金属元素、污染重金属及底质中多种元素的同时测定

第二节 水和废水监测方案的制订

监测方案是完成一项监测任务的技术路线总体设计，在明确监测目的和实地调查基础上，确定监测项目，布设监测网点，合理安排采样时间和采样频率，选定采样方法和分析测定方法，并提出监测报告要求，制定质量控制和保证措施及实施细则等。

一、地表水监测方案制订

（一）资料收集和实地调查

1.资料收集

在制订监测方案之前，应全面收集目标监测水体及所在区域的相关资料，主要有：

（1）水体的水文、气候、地质和地貌等自然背景资料，如水位、水量、流速及流向的变化；降水量、蒸发量及历史上的水情；河流的宽度、深度、河床结构及地质状况；湖泊沉积物的特性、间温层分布、等深线，等等。

（2）水体沿岸城市分布、人口分布、工业布局、污染源及其排污情况，等等。

（3）水体沿岸资源情况和水资源用途，饮用水源分布和重点水源保护区，等等。

（4）地面径流污水排放、雨污水分流情况，以及水体流域土地功能、农田灌溉排水、农药和化肥施用情况，等等。

（5）历年水质监测资料，等等。

2.实地调查

在基础资料收集基础上，要进行目标水体的实地调查，更全面地了解和掌握水体以及周边环境信息的动态及其变化趋势。当目标水体为饮用水源时，应开展一定范围的公众调查，必要时还要进行流行病学的调查，并与历史数据和文献资料信息综合分析，为科学制订监测方案提供重要依据。

（二）监测断面的设置

在对调查结果和有关资料进行综合分析的基础上，根据监测目的和监测项目，同时考虑人力、物力等因素确定监测断面。

1.监测断面的设置原则

在总体和宏观上反映水系或所在区域水环境质量状况，各断面的位置能反映所在区域环境的污染特征；尽可能以最少断面获得足够有代表性的环境信息；同时考虑采样时的可行性和方便性。所设置的断面应包括：

（1）废水流入口，工业区的上、下游；

（2）湖泊、水库、河口的主要出、入口；

（3）饮用水源区、水资源集中的水域、主要风景游览区、水上娱乐区及重大水力设施所在地等功能区；

（4）主要支流汇入口；

（5）河流、湖泊、水库代表性位置。

2.河流监测断面的设置

对于江、河水系或某一河段，要求设置四类断面，即背景断面、对照断面、控制断面和削减断面，见图2-1。

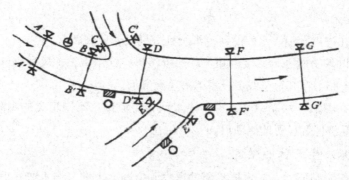

$A-A'$ 对照断面；$G-G'$ 削减断面；$B-B'$、$C-C'$、$D-D'$、$E-E'$、$F-F'$ 控制断面

图 2-1　河流监测断面设置示意图

（1）背景断面：设在未受污染的清洁河段上，用于评价整个水系的污染程度。

（2）对照断面：为了解流入监测河段前的水体水质状况而设置。对照断面应设在河流进入城市或工业区之前的地方，避开各种废水、污水流入或回流处。一个河段一般只设一个对照断面，有主要支流时可酌情增加。

（3）控制断面：为评价、监测河段两岸污染源对水体水质影响而设置。控制断面的数目应根据城市的工业布局和排污口分布情况而定。断面的位置与废水排放口的距离应根据主要污染物的迁移、转化规律，河水流量和河道水力学特征确定，一般设在排污口下游 500 ～ 1000m 处。因为在排污口下游 500m 横断面上 1/2 宽度处重金属浓度一般出现高峰值。对特殊要求的地区，如水产资源区、风景游览区、自然保护区、与水源有关的地方病发病区、严重水土流失区及地球化学异常区等的河段上也应设置控制断面。

（4）削减断面：是指河流受纳废水和污水后，经稀释扩散和自净作用，使污染物浓度显著下降，其左、中、右三点浓度差异较小的断面，通常设在城市或工业区最后一个排污口下游 1500m 以外的河段上。水量小的小河流应视具体情况而定。

3. 湖泊、水库监测断面的设置

对不同类型的湖泊、水库应区别对待。根据湖泊、水库是单一水体还是复杂水体，考虑汇入湖泊、水库的河流数量，水体的径流量、季节变化及动态变化，沿岸污染源分布及污染物扩散与自净规律、生态环境特点等，在以下地段设置监测断面：

（1）在进出湖泊、水库的河流汇合处分别设置监测断面。

（2）以各功能区（如城市和工厂的排污口、饮用水源、风景游览区、排灌站等）为中心，在其辐射线上设置弧形监测断面。

（3）在湖泊、水库中心，深、浅水区，滞流区，不同鱼类的洄游产卵区，水生生物经济区等设置监测断面。

（三）采样点位的确定

设置监测断面后，应根据水面的宽度确定断面上的采样垂线，再根据采样垂线的深度确定采样点位置和数目。

1. 地表水采样点确定

对于江、河水系的每个监测断面，当水面宽小于 50m 时，只设一条中私线；水面宽 50 ～ 100m 时，在左右近岸有明显水流处各设一条垂线；水而宽为 100 ～ 1000m 时，设左、中、右三条垂线（中泓、左、右近岸有明显水流处）；水面宽大于 1500m 时，至少要设置 5 条等距离采样垂线；较宽的河口应酌情增加垂线数。

在一条垂线上，当水深小于或等于 5m 时，只在水面以下 0.3 ～ 0.5m 处设一个采样点；水深 5 ～ 10m 时，在水面以下 0.3 ～ 0.5m 处和河底以上约 0.5m 处各设一个采样点；水深 10 ～ 50m 时，设三个采样点，即水面以下 0.3 ～ 0.5m 处一点，河底以上约 0.5m 处一点，1/2 水深处一点；水深超过 50m 时，应酌情增加采样点数。

2. 湖泊、水库采样点确定

垂线上采样点位置和数目的确定方法与河流相同。如果存在间温层，应先测定不同水深处的水温、溶解氧等参数，确定成层情况后再确定垂线上采样点的位置，如图 2-2 所示。

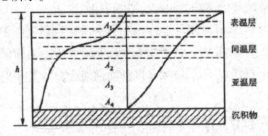

图 2-2　各温层采样点设置示意图

A_1 —表温层中；A_2 —间温层 T；A_3 —亚温层中；A_4 —沉积物与水介质交界面上约 1m 处；

h —水深

监测断面和采样点的位置确定后，其所在位置应该固定明显的岸边天然标志。如果没有天然标志物，则应设置人工标志物，如竖石柱、打木桩等。每次采样要严格以标志物为准，使采集的样品取自同一位置上，以保证样品的代表性和可比性。

3. 饮用水源水质生物监测采样垂线（点）的确定

当饮用水源受到污染而发生水质改变时，可以根据水生生物的反应，对水体污染程度作出判断，这已成为饮用水源保护区不可或缺的水质监测内容。实施饮用水源地水质生物监测的程序与一般水质监测程序基本相同，此处重点介绍在饮用水源各级保护区布设生物监测采样垂线（点）应遵循的原则：

（1）根据各类水生生物生长与分布的特点布设采样垂线（点）。

（2）在饮用水源各级保护区交界处水域，应布设采样垂线（点），并与水质监测采样垂线尽可能一致。

（3）根据实地勘查或调查掌握的信息，确定各代表性水域采样垂线（点）布设的密度与数量。

（4）在对浮游生物、微生物进行监测时，采样点布设要求如下：

①当水深小于3m、水体混合均匀、透光可达到水底层时，在水面以下0.5m布设采样点。

②当水深为3～10m，水体混合较为均匀、透光不能达到水底层时，分别在水面以下和水底以上0.5m处布设采样点。

③当水深大于10 m时，在透光层或温跃层以上的水层，分别在水面以下0.5m和最大透光深度处布设采样点，另在水底以上0.5m处布设采样点。

④为了解和掌握水体中浮游生物、微生物的垂向分布，可每隔1.0m水深布设采样点。

对底栖动物、着生生物和水生维管植物进行监测时，在每条采样垂线上设一个采样点。采集鱼类样品时，应按鱼类的食性和栖息特点，如肉食性、杂食性和草食性，表层栖息和底层栖息等在监测水域范围内采集。

（四）采样时间和采样频率的确定

为使采集的水样具有代表性，能够反映水质在时间和空间上的变化规律，必须确定合理的采样时间和采样频率。一般原则是：

（1）对于较大水系的干流和中、小河流全年采样不少于6次；采样时间为丰水期、枯水期和平水期，每期采样两次。流经城市工业区、污染较重的河流、游览水域、饮用水源地全年采样不少于 12 次，采样时间为每月一次或视具体情况选定。底泥每年在枯水期采样一次。

（2）潮汐河流全年在丰水期、枯水期、平水期采样，每期采样两天，分别在大潮期和小潮期进行，每次应采集当天涨、退潮水样分别测定。

（3）排污渠每年采样不少于 3 次。

（4）设有专门监测站的湖泊、水库，每月采样 1 次，全年不少于 12 次。其他湖泊、水库全年采样两次，枯水期、丰水期各 1 次。有废水排入、污染较重的湖泊、水库，应酌情增加采样次数。

（5）背景断面每年采样 1 次。

二、地下水监测方案制订

储存在土壤和岩石空隙（孔隙、裂隙、溶隙）中的水统称为地下水。地下水具有流动缓慢、水质参数相对稳定的基本特征。《地下水环境监测技术规范》（HJ/T 164—2004）对地下水监测网点布设、采样、样品管理、监测项目和检测方法、实验室分析，以及监测数据的处理和质量保证等环节都做了明确规定。

（一）资料收集和实地调查

（1）收集、汇总监测区域内的水文、地质方面的资料和以往的监测资料，包括地质图、剖面图、测绘图、水井资料和地下水质类型，以及作为地下水补给水源的地理分布及其水文特征、地下水径流和排泄方向等。

（2）调查区域内城市发展规划、工业布局、地下水资源开发和土地利用等情况；了解化肥和农药的施用面积与施用量；查清污水灌溉、排污、纳污及地表水的污染现状。

（3）基于前期的监测资料，确定污染源类型和监测项目。

（4）对地下水位和水深进行实际测量，明确采水器和采水泵的类型、所需费用，确定水文地质单元划分和采样程序。

（二）采样点的设置

通过对基础资料、实地测量结果的综合分析，应根据饮用水地下水源监测要求和监测项目、水质的均一性、水质分析方法、环境标准法规，以及人力物力等因素综合考虑，布设采样井并确定采样深度。一般布设两类采样井，用于背景值监测和污染监测；必要时可构建合理的采样井监测网络。

1. 背景值监测点的设置

背景值监测点应设在污染区的外围不受或少受污染的地方。新开发区应在

引入污染源之前设置背景值监测点。

2.监测井（点）的布设

监测井布点时，应考虑环境水文地质条件、地下水开采情况、污染物的分布和扩散形式，以及区域水的化学特征等因素。对于工业区和重点污染源所在地的监测井（点）布设，主要根据污染物在地下水中的扩散形式确定。例如，渗坑、渗井和堆渣区的污染物在含水层渗透性较大的地区易造成条带状污染，而含水层渗透小的地区易造成点状污染，前者监测井（点）应设在地下水流向的平行和垂直方向上，后者监测井（点）应设在距污染源最近的地方。沿河、渠排放的工业废水和生活污水因渗漏可能造成带状污染，宜用网状布点法设置监测井（点）。

一般监测井在液面下 0.3 ～ 0.5m 处采样。若有间温层或多含水层分布，可按具体情况分层采样。

（三）采样时间和采样频率的确定

（1）每年应在丰水期和枯水期分别采样监测；有条件的地方按地区特点分四季采样；对长期观测点可按月采样监测。

（2）通常每一采样期至少采样监测 1 次；对饮用水源监测点，要求每一采样期采样监测两次，其间隔至少 10 天；对有异常情况的监测井（点），应适当增加采样监测次数。

为反映地表水与地下水的联系，地下水的采样频次与时间尽量与地表水一致。

三、水污染源监测方案的制订

水污染源包括工业废水源、生活污水源、医院污水源等。工业生产过程中排出的水称为废水，包括工艺过程用水、机器设备冷却水、烟气洗涤水、漂白水、设备和场地清洗水等。由居民区生活过程中排出物形成的、含公共污物的水称之为污水。污水中主要含有洗涤剂、粪便、细菌、病毒等，进入水体后，大量消耗水中的溶解氧，使水体缺氧，自净能力降低，其分解产物具有营养价值，引起水体富营养化，细菌病毒还可能引发疾病。

废水和污水采样是污染源调查和监测的主要工作之一。而污染源调查和监测是监测工作的一个重要方面，是环境管理和治理的基础。

（一）采样前的调查研究

要保证采样地点、采样方法可靠并使水样有代表性，必须在采样前进行调查研究工作，包括以下几个方面的内容。

1. 调查工业用水情况

工业用水一般分生产用水和管理用水。生产用水主要包括工艺用水、冷却用水、漂由用水等。管理用水主要包括地面与车间冲洗用水、洗浴用水、生活用水等。

需要调查清楚工业用水量、循环用水量、废水排放量、设备蒸发量和渗漏损失量。可用水平衡计算和现场测量法估算各种用水量。

2. 调查工业废水类型

工业废水可分为物理污染废水、化学污染废水、生物及生物化学污染废水三种主要类型以及混合污染废水。

通过生产工艺的调查，计算出排放水量并确定需要监测的项目。

3. 调查工业废水的排污去向

调查内容有：（1）车间、工厂或地区的排污口数量和位置；（2）直接排入还是通过渠道排入江、河、湖、水库、海中，是否有排放渗坑。

（二）采样点的设置

水污染源一般经管道或沟、渠排放，水的截面积比较小，不需设置断面，可直接确定采样点位。

1. 工业废水

（1）在车间或车间设备出口处应布点采样测定第二类污染物。所谓第一类污染物即毒性大、对人体健康产生长远不良影响的污染物，这些污染物主要包括汞、镉、砷、铅和它们的无机化合物，六价铬的无机化合物，有机氯和强致癌物质等。

（2）在工厂总排污口处应布点采样测定第二类污染物。所谓第二类污染物即除第一类污染物之外的所有污染物，这些污染物有：悬浮物、硫化物，挥发酚，氰化物，有机磷，石油类，铜、锌、氟及它们的无机化合物，硝基苯类，苯胺类等。

（3）有处理设施的工厂应在处理设施的排出口处布点。为了解对废水的处理效果，可在进水口和出水口同时布点采样。

（4）在排污渠道上，采样点应设在渠道较直、水量稳定、上游没有污水汇入处。

（5）某些第二类污染物的监测方法尚不成熟，在总排污口处布点采样监测因干扰物质多而会影响监测结果。这时，应将采样点移至车间排污口，按废水排放量的比例折算成总排污口废水中的浓度。

2.生活污水和医院污水

采样点设在污水总排放口，对污水处理厂，应在进、出口分别设置采样点采样监测。

（三）采样时间和频率的确定

1.监督性监测

地方环境监测站对污染源的监督性监测每年不少于1次，如被国家或地方环境保护行政主管部门列为年度监测的重点排污单位，应增加到2～4次。因管理或执法的需要所进行的抽查性监测或企业的加密监测由各级环境保护行政主管部门确定。

生活污水每年采样监测2次，春夏季各1次，医院污水每年采样监测4次，每季度1次。

2.企业自我监测

工业废水按生产周期和生产特点确定监测频率。一般每个生产日至少3次。

排污单位为了确认自行监测的采样频次，应在正常生产条件下的一个生产周期内进行加密监测。周期在8h以内的，1h采1次样；周期大于8h的，每2h采1次样，但每个生产周期采样次数不少于3次，采样的同时测定流量，根据加密监测结果，绘制污水污染物排放曲线（浓度－时间，流量－时间，总量－时间）并与所掌握资料对照，如基本一致，即可据此确定企业自行监测的采样频率。根据管理需要进行污染源调查性监测时，也按此频率采样。

排污单位如有污水处理设施并能正常运转使污水能稳定排放，则污染物排放曲线比较平稳，监督监测可以采瞬时样；对于排放曲线有明显变化的不稳定排放污水，要根据曲线情况分时间单元采样，再组成混合样品。正常情况下，混合样品的单元采样不得少于两次。如排放污水的流量、浓度甚至组分都有明显变化，则在各单元采样时的采样量应与当时的污水流量成比例，以使混合样品更有代表性。

3.其他

对于污染治理、环境科研、污染源调查和评价等工作中的污水监测，其采样频率可以根据工作方案的要求另行确定。

四、沉积物监测方案的制订

沉积物是沉积在水体底部的堆积物质的统称，又称底质，是矿物、岩石、土壤的自然侵蚀产物，是生物活动及降解有机质等过程的产物。

由于我国部分流域水土流失较为严重，水中的悬浮物和胶态物质往往吸附或包藏一些污染物质，如辽河中游悬浮物中吸附的 COD_c 值达水样的 70% 以上，此外还有许多重金属类污染物。由于沉积物中所含的腐殖质、微生物、泥沙及土壤微孔表面的作用，在底质表面发生一系列的沉淀吸附、释放、化合、分解、配位等物理化学和生物转化作用，对水中污染物的自净、降解、迁移、转化等过程起着重要作用。因此，水体底部沉积物是水环境中的重要组成部分。

（一）采样点位的确定

底质监测断面的设置原则与水质监测断面相同，其位置尽可能和水质监测断面重合，以便于将沉积物的组成及其物理化学性质与水质监测情况进行比较。

（1）底质采样点应尽量与水质采样点一致。底质采样点位通常在水质采样点位垂线的正下方。当正下方无法采样时，如水浅时，因船体或采泥器冲击搅动底质，或河床为砂卵石时，应另选采样点重采。采样点不能偏移原设置的断面（点）太远。采样后应对偏移位置做好记录。

（2）底质采样点应避开河床冲刷、底质沉积不稳定、水草茂盛表层及底质易受搅动之处。

（3）湖（水库）底质采样点一般应设在主要河流及污染源排放口与湖（水库）水混合均匀处。

（二）采样时间与频率的确定

由于底质比较稳定，受水文、气象条件影响较小，故采样频率远较水样低，一般每年枯水期采样一次，必要时，可在丰水期加采一次。

第三节 水样的采集过程和预处理方法

一、水样的采集

保证样品具有代表性，是水质监测数据具有准确性、精密性和可比性的前提。为了得到有代表性的水样，就必须选择合理的采样位置、采样时间和科学的采样技术。对于天然水体，为了采集有代表性的水样，应根据监测目的和现场实际情况选定采集样品的类型和采样方法；对工业废水和生活污水，应根据监测目的、生产工艺、排污规律、污染物的组成和废水流量等因素选定采集样品的类型和采样方法。

（一）水样的类型

1. 瞬时水样

瞬时水样是指在某一时间和地点从水体中随机采集的分散水样，适用于水质稳定，组分在相当长的时间或相当大的空间范围内变化不大的水体。当水体组分及含量随时间和空间变化时，应按照一定时间间隔进行多点瞬时采样，并分别进行分析，绘制出浓度－时间关系曲线，计算平均浓度和峰值浓度，掌握水质的变化规律。

2. 混合水样

混合水样是混合几个单独样品，可减少分析样品、节约时间、降低消耗。

混合水样分等比例混合水样和等时混合水样。等比例混合水样指在某一时段内，在同一采样点位所采水样量随时间或流量成比例的混合水样。等时混合水样指在某一时段内，在同一采样（断面）按等时间间隔所采等体积水样的混合水样。

混合样品提供组分的平均值，因此在样品混合之前，应验证此样品参数的数据，以确保混合后样品数据准确性。样品在混合时，其中待测成分或性质发生明显变化，则不能采用混合水样，要采用单样储存方式。

3. 周期水样

在固定时间间隔或在固定排放量间隔下不连续采集的样品，称为周期样品。在固定时间间隔下采集周期样品时，时间间隔的大小取决于待测参数。在固定排放量间隔下采集周期样品时，所采集的体积取决于流量。

连续水样在固定流速或可变流速下采集的连续样品，称为连续水样。在固定流速下采集的连续样品，可测得采样期间存在的全部组分，但不能提供采样期间各参数浓度的变化。在可变流速下采集流量比例样品代表水的整体质量，即便流量和组分都在变化，而流量比例样品同样可以揭示利用瞬时样品所观察不到的变化。因此，对于流速和待测污染物浓度都有明显变化的流动水，采集流量比例样品是一种精确的采样方法。

4. 综合水样

综合水样是指在不同采样点同时采集的各个瞬时水样混合后所得到的水样，也可为特定采样点分别采集的不同深度水样经混合后得到的水样，也常需要把代表断面上各采样点或几个废（污）水排放口采集的水样按流量比例混合，获得反映流量比例的综合水样的平均结果。综合水样是获得监测项目平均浓度的重要方式。

（二）采样前的准备

1. 制订采样计划

在监测方案的指导下，制订科学的采样计划，包括采样方法、容器洗涤、交通工具、样品保存及运输、安全措施、采样质量保证措施，等等，并进行任务分解、责任落实。

2. 采样器的准备

采样前，要根据监测项目的性质和采样方法的要求，选择适宜材质和功能的采样器。采样器在使用前，应先用洗涤剂洗去油污，并用自来水清洗干净，晾干待用。采样器的材质和结构应符合 HJ/T 372—2007《水质自动采样器技术要求及检测方法》中的规定。

3. 容器的材料

常用储样容器材料有聚四氟乙烯、聚乙烯塑料、石英玻璃和硼硅玻璃，其稳定性依次递减。通常测定有机污染物项目及生物项目的储样容器应选用硬质（硼硅）玻璃容器；测定金属、放射性及其他无机污染物项目的储样容器可选用高密度聚乙烯或硬质（硼硅）玻璃容器；测定溶解氧及生化需氧量应使用专用储样容器。

4. 容器的洗涤

容器在使用前应根据监测项目和分析方法的要求，采用相应的洗涤方法洗涤。清洗的目的是避免残留物对水样的污染，洗涤方法应根据待测组分性质和样品组成确定。《地表水和污水监测技术规范》（HJAT 91—2002）对不同监测项目的容器材质提出了明确要求，同时对洗涤方法也做了统一规定。一般先用洗涤剂将瓶洗净，经自来水冲洗后，用 10% 硝酸或盐酸浸泡数小时，再用自来水冲洗，最后用蒸馏水洗净。对于储存测定磷酸盐、总磷和阴离子表面活性剂水样的容器，先用铬酸洗液洗涤，再用自来水和蒸馏水冲洗。

（三）地表水样的采集方法

（1）采集地表水样：常借助船只、桥梁、索道或涉水等方式，并选择合适的采样器采集水样。表层水样可用桶、瓶等盛水容器直接采集。一般将其沉至水面下 0.3 ～ 0.5m 处采集。

（2）采集深层水样：必须借助采样器，可用简易采样器、急流采样器、溶解气体采样器等。

①简易采样器：采集深层水时，可使用带重锤的简易采样器沉入水中采集（图 2-3）。将采样容器沉降至所需深度（可从绳上的标度看出），上提细绳打

开瓶塞，待水样充满容器后提出。

②急流采样器：对于水流急的河段，宜采用急流采样器（图2-4）。急流采样器是将一根长钢管固定在铁框上，管内装一根橡胶管，上部用夹子夹紧，下部与瓶塞上的短玻璃管相连，瓶塞上另有一长玻璃管通至采样瓶底部。采样前塞紧橡胶塞，然后沿船身垂直伸入要求水深处，打开上部橡胶管夹，水样即沿长玻璃管流入样品瓶中，瓶内空气由短玻璃管沿橡胶管排出。由于采集的水样与空气隔绝，这样采集的水样也可用于测定水中溶解性气体。

③溶解气体采样器（也称双瓶采样器）可采集测定溶解气体（如溶解氧）的水样，常用专用的溶解气体采样器采集（图2-5）。将采样器沉入要求的水深处后，打开上部的橡胶管夹，水样进入小瓶（采样瓶）并将空气驱入大瓶，从连接大瓶短玻璃管的橡胶管排出，直到大瓶中充满水样，提出水面后迅速密封。

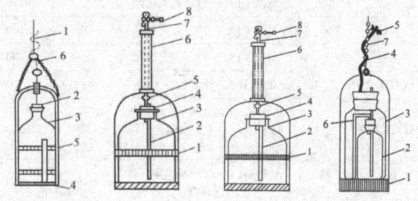

图2-2 简易采集器　图2-3 急流采集器　图2-4 溶解气体采样器

图2-2：1.绳子；2.带有软绳的橡胶管；3.采样瓶；4.铅择；5.铁框；6.挂钩

图2-3：1.铁框；2.长玻璃管；3.采样瓶；4.橡胶塞；5.短玻璃管；6.钢管；7.橡胶行；8.夹子

图2-4：1.带重锤的铁框；2.小瓶；3.大瓶；4.橡胶管；5.夹子；6.塑料管；7.绳子

④其他采样器：此外，还有多种结构较复杂的采样器，如深层采水器、电动采水器、自动采水器、连续自动定时采水器等。

（3）采样量：在地表水质监测中所需水样量参见表3-5。此采样量已考虑重复分析和质量控制的需要。

表2-1 盛水容器、采样量与监测项目的关系[①]

监测项目	容器材质[①]	保存方法	保存期	采样量/mL[②]
温度	G	现场测定		
浊度	G、P	尽量现场测定	12h	250
色度	G、P	尽量现场测定	12h	250
pH	G、P	尽量现场测定	12h	250
电导率	G、P	尽量现场测定	12h	250
悬浮物	G、P	低温（1℃～5℃）避光保存	14d	500
硬度	G、P	低温（1℃～5℃）避光保存	7d	250
碱度	G、P	低温（1℃～5℃）避光保存	12h	500
酸度	G、P	低温（1℃～5℃）避光保存	12h	500
COD_{cr}[③]	G	加入 H_2SO_4 酸化至 pH ≤ 2	2d	500
高锰酸盐指数[③]	G	加入 H_2SO_4 酸化至 pH ≤ 2，低温（1℃～5℃）冷藏，尽快分析	2d	500
DO	溶解氧瓶	加入 $MnSO_4$+KI 现场固定，避光保存	24h	250
BOD_5[③]	溶解氧瓶	低温（1℃～5℃）避光保存	12h	250
TOC[③]	G	加入 H_2SO_4 酸化至 pH ≤ 2	7d	250
F^-	P		14d	250
Cl^-	G、P	低温（1℃～5℃）避光保存	30d	250
Br^-	G、P		14h	250
I^-	G、P	加入 NaOH 调 pH=12，低温（0℃～4℃）冷藏	14h	250
余氯	G、P	加入 NaOH 固定	6h	250

① 奚旦立.环境监测［M］.北京：高等教育出版社，2019，01.

监测项目	容器材质[①]	保存方法	保存期	采样量/mL[②]
SO_4^{2-}	G、P	低温（1℃～5℃）避光保存	30d	250
PO_4^{3-}[③]	G、P	加入 NaOH 或 H_2SO_4 调 pH=7，$CHCl_3$ 0.5%	7d	250
总磷	G、P	加入 HCl 或 H_2SO_4 酸化至 pH ≤ 2	24h	250
氨氮	G、P	加入 H_2SO_4 酸化至 pH ≤ 2	24h	250
NO_2^--N	G、P	低温（1℃～5℃）避光保存	24h	250
NO_3^--N[③]	G、P	低温（1℃～5℃）避光保存	24h	250
总氮	G、P	加入浓 H_2SO_4 酸化至 pH < 2	7d	250
硫化物	G、P	加入 NaOH 调 pH = 9；加入 5% 抗坏血酸、饱和 EDTA 试剂，滴加饱和 Zn(AC)₂ 至胶体产生，常温蔽光保存	24h	250
总氰化物	G、P	加入 NaOH 调 pH ≥ 12	24h	250
Mg、Ca	G、P	加入浓 HNO_3，酸化至 pH < 2	14d	250
B、K、Na	P			
Be、Mn、Fe、Pb、Ni、Ag、Cd	G、P	加入浓 HNO_3，酸化至 pH < 2	14d	250
Cu、Zn	P	加入浓 HNO_3，酸化至 pH < 2	14d	250
Cr(VI)	P	加入 NaOH，调 PH 为 8～9	24h	250
总 Cr	G、P	加入浓 HNO_3，酸化至 pH < 2	14d	250
As	G、P	加入浓 HNO_3 或 HCl，酸化至 pH < 2	14d	250
Se、Sb	G、P	加入 HCl，酸化至 pH < 2	14d	250
Hg	G、P	加入 HCl，酸化至 pH < 2	14d	250
硅酸盐	P	酸化滤液至 pH < 2，低温（1℃～5℃）保存	24h	250

续　表

监测项目	容器材质①	保存方法	保存期	采样量/mL②
总硅	P		数月	250
油类	G	加入浓 HCl，酸化至 pH < 2	7d	500
农药类	G	加入抗坏血酸 0.01 ~ 0.02 g，除去残余氯，低温（1℃~ 5℃）避光保存	24h	1000
除草剂类				
邻苯二甲酸酯类				
挥发性有机物	G	用（1+10)HC1 调至 pH=2，加入 0.01 ~ 0.02g 抗坏血酸，除去残余氯，低温（1℃~ 5℃）避光保存	12h	1000
甲醛	G	加入 0.2 ~ 0.5g/L 硫代硫酸钠，除去残余氯，低温（1℃~ 5℃）避光保存	24h	250
酚类	G	用 H_3PO_4 调至 pH=2，用 0.01 ~ 0.02g 抗坏血酸除去残余氯，低温（1℃~ 5℃）避光保存	24h	1000
阴离子表面活性剂	G、P	加入 H_2SO_4，酸化至 pH ≤ 2，低温（1℃~ 5℃）保存	48h	250
非离子表面活性剂	G	加 4% 甲醛使其含量达 1%，充满容器，冷藏保存	30d	
微生物	灭菌容器	加入硫代硫酸钠至 0.2 ~ 0.5g/L，除去残余物，4℃保存	尽快	
生物	G、P	不能现场测定时用甲醛固定	12h	

注：①G 为硬质玻璃瓶；P 为聚乙烯瓶（桶）。

②为单项样品的最少采样量。

③指标也可以用塑料瓶存放，在 −20℃条件下冷冻保存 1 个月。

④微生物及生物指标的最少采样量取决于待分析的指标的数量及类型，具体可参考出 HJ 493-2009。

（四）地下水样采集

地下水可分为上层滞水、潜水和承压水。上层滞水的水质与地表水的水质基本相同；潜水层通过包气带直接与大气圈、水圈相通，因此潜水水质和水量具有季节性变化；而承压水地质条件不同于潜水，受水文、气象因素和季节变化直接影响小，水质不易受人为活动污染。

1. 监测井采样

专用的地下水监测井，井口比较窄（5～10cm），但井管深度视监测要求不等（1～20m），多采用抽水设备或虹吸管采样方式。开始采集水样前，先将井中滞留的水排出，待新水更替之后再采集有代表性的水样；采样时采样器放下与提升时动作要轻，避免搅动井水及底部沉积物。

2. 泉水、自来水

对于喷泉水，可在涌水口处直接采集水样；采集不自喷泉水时，可采用监测井的水样采集方法。

采集自来水龙头水样时，应先将水龙头完全打开，放水3～5min，使积留在水管中的陈旧水排出，再采集水样。

（五）废（污）水样采集

废（污）水的采样种类和采样方法取决于生产工艺、排污规律和监测目的。由于工业废水大多是流量和浓度都随时间变化的非稳态流体，可根据能反映其变化并具有代表性的采样要求，采集合适的水样。

1. 浅层废（污）水

以沟渠形式向水体排放废（污）水时，应设适当的围堰，可用长柄采水勺从堰溢流中直接采样。在排污管道或渠道中采样时，应在液体流动的部位采集水样。

2. 深层废（污）水

适用于废水或污水处理池中的水样采集，可使用专用的深层采样器采集。

3. 自动采样

自动采样器有瞬时自动混合采样器和定时自动分配混合采样器之分。前者可在一个生产周期内，将按时间间隔采集的多个水样混合，也可将按流量比采集的水样混合，结果以平均值形式表达；后者则可连续自动定时采集水样，并分配于不同的容器中，可获得监测指标浓度与时间关系，为研究水质时间变化趋势提供保证。

（六）采样注意事项

（1）采样时应保证采样点的位置准确，采样时不可搅动水底的沉积物。

（2）在污染源监测中，采样时应除去水面的杂物及垃圾等漂流物，但随污水流动的悬浮物或细小固体微粒，应看成是污水样的一个组成部分，不应在测定前滤除。

（3）测定油类、BOD_5、DO、硫化物、余氯、粪大肠菌群、悬浮物、放射性等项目要单独采样；测定油类的水样，应在水面至水面下 300mm 采集柱状水样，并单独采样，全部用于测定，且采样瓶（容器）不能用采集的水样冲洗；测溶解氧、BOD_5 和有机污染物等项目时，水样必须注满容器，并有水封口；测定湖、库水的 COD、高锰酸盐指数、叶绿素 a、总氮、总磷时，水样静置 30min 后，用吸管一次或几次移取水样，吸管进水尖嘴应插至水样表层 50mm 以下位置，再加保存剂保存。

（4）采样时同步测定水文参数和气象参数。

（5）认真填写"水质采样记录表"，每个样品瓶上都要贴上标签，注明采样点编号、采样日期和时间、测定项目、采样人姓名及其他有关事项等。采样结束前，应核对采样计划，如有错误或遗漏，应立即补充或重采。

（6）凡需现场监测的项目，应进行现场监测。

（七）流量的测量

计算水体污染负荷、是否超过环境容量和评价污染控制效果，掌握污染源排放污染物总量和排水量等，都必须明确相应水体的流量。

1. 地表水流量测量

对于较大的河流，应尽量利用水文监测断面。若监测河段无水文测量断面，应选择一个水温参数比较稳定、流量有代表性的断面作为测量断面。水文测量应按《河流流量测验规范》（GB 50179—93）进行。河流、明渠流量的测定方法有以下两种。

（1）流速 – 面积法。首先将测量断面划分为若干小块，然后测量每一小块的面积和流速并计算出相应的流量，再将各小断面的流量累加，即为测量断面上的水流量，计算公式如式（2-1）：

$$Q = S_1 \overline{v_1} + S_2 \overline{v_2} + \cdots + S_n \overline{v_n} \tag{2-1}$$

式中，Q 为水流量，m^3/s；$\overline{v_n}$ 为各小断面上水平均流速，m/s；S_n 为各小断面面积，m^2。

（2）浮标法。浮标法是一种粗略测量小型河流、沟渠中流速的简易方法。

测量时，选择一平直河段，测量该河段 2m 间距内起点、中点和终点三个水流横断面的面积并求出平均横断面面积。在上游投入浮标，测量浮标流经确定河段（L）所需时间，重复测量几次，求出所需时间的平均值 t，即可计算出流速（L/t），再按式（2-2）计算流量：

$$Q = K \cdot \bar{v} \cdot S \tag{2-2}$$

式中，$\bar{v}$ 为浮标平均流速，m/s，S 为水流横断面面积，m^2；K 为浮标系数，K 与空气阻力、断面上水流分布的均匀性有关，一般需要流速仪对照标定，其范围为 $0.84 \sim 0.90$。

2. 废水、污水流量测量

（1）流量计法。用流量计直接测定，有多种商品流量计可供选择。流量计法测定流量简便、准确。

（2）容积法。将污水导入已知容积的容器或污水池、污水箱中，测量流满容器或池、箱的时间，然后用受纳容器的体积除以时间获得流量。本法简单易行，测量精度较高，适用于测量污水流量较小的连续或间歇排放的污水。

（3）溢流堰法。在固定形状的渠道上，根据污水量大小可选择安装三角堰、矩形堰、梯形堰等特定形状的开口堰板，过堰水头与流量有固定关系，据此测量污水流量。溢流堰法精度较高，在安装液位计后可实行连续自动测量。该法适用于不规则的污水沟、污水渠中水流量的测量。对任意角 θ 的三角堰装置，流量 Q 计算公式：

$$Q = 0.53K(2g)^{0.5}\left(\tan\frac{\theta}{2}\right)H^{2.5} \tag{2-3}$$

式中，Q 为水流量，为流量系数，约为 0.6；θ 为堰口夹角；g 为重力加速度，$9.808 m/s^2$；H 为过堰水头高度，m。当 $\theta = 90°$ 时，为直角三角堰，在实际测量中较常应用。

当 $H = 0.002 \sim 0.2m$ 时，流量计算公式可以简化为

$$Q(m^3/s) = 1.41H^{2.5} \tag{2-4}$$

此式称为汤姆逊（Tomson）公式。

利用该法测定流量时，堰板的安装可能造成一定的水头损失，且固体沉积物在堰前堆积或藻类等物质在堰板上黏附均会影响测量精度。

（4）量水槽法。在明渠或涵管内安装量水槽，测量其上游水位可以计量污水量，常用的有巴氏槽。与溢流堰法相比，用量水槽法测量流量同样可以获得较高的精度（$\pm2\% \sim \pm5\%$），并且可进行连续自动测量。该方法有水头损失

小、壅水高度小、底部冲刷力大、不易沉积杂物的优点，但其造价较高，施工要求也较高。

二、水样的运输和保存

（一）水样运输

水样采集后需要送至实验室进行测定，从采样点到实验室的运输过程中，由于物理、化学和生物的作用会使水样性质发生变化。因此，有些项目必须在采样现场测定，尽可能缩短运输时间和尽快分析测定。在运输过程中，特别需要注意以下几点。

（1）防止运输过程中样品溅出或震荡损失，盛水容器应塞紧塞子，必要时用封口胶、石蜡封口（测定油类的水样不能用石蜡封口）；样品瓶打包装箱，并用泡沫塑料或纸条挤紧减震。

（2）需冷藏、冷冻的样品，须配备专用的冷藏、冷冻箱或车运输；条件不具备时，可采用隔热容器，并放入制冷剂，达到冷藏、冷冻的要求。

（3）冬季应采取保温措施，以免样品瓶冻裂。

（二）水样保存方法

采集水样后，可在现场监测的项目要求在现场测定，如水中溶解氧、温度、电导率、pH，等等。但由于各种条件所限（如仪器、场地等），大多数监测项目需及时送往实验室测定。有时因人力、时间不足，还需在实验室内存放一段时间后才能分析。为降低水样中待测成分的变化程度或减缓变化的速率，应采取适宜的保护措施，延长水样的保质期。可采取的保护性措施有：

1. 冷藏或冷冻保存法

低温能抑制微生物的活动，减缓物理挥发和化学反应速率。

2. 加入化学试剂保存法

在水样中加入合适的保存试剂，能够抑制微生物活动，减缓氧化还原反应速率。化学试剂可以在采样后立即加入，也可以在水样分样时分瓶分别加入。

（1）加入生物抑制剂

在水样中加入适量的生物抑制剂可以抑制微生物作用。如对于测定苯酚的水样，用 H_3PO_4 调节水样的 pH 为 4，并加入适量 $CuSO_4$ 时，可抑制苯酚菌的分解活动。

（2）调节 pH

加入酸或碱调节水样的 pH，可使一些处于不稳定态的待测组分转变成稳定态。如测定水样中的金属离子，常加酸调节水样 pH ≤ 2，防止金属离子水解沉淀或被容器壁吸附。测定氰化物的水样用 NaOH 调节 pH ≥ 11，其使生成稳定的钠盐。

（3）加入氧化剂或还原剂

在水样中该类试剂可以阻止或减缓某些组分发生氧化还原反应。如在水样中加入抗坏血酸可防止硫化物被氧化；在测定溶解氧的水样中加入少量硫酸锰和碘化钾试剂可改变 O_2 的存在形态，使其不易逸失。

值得注意的是，在水样中加入任何试剂都不应对后续的分析测试工作带来影响。加入的保存试剂最好是优级纯试剂。当添加试剂相互有干扰时，建议采用分瓶采样、分别加入保存剂。

3.过滤与离心分离

水样浑浊也会影响分析结果，还会加速水质的变化。如果测定溶解态组分，采样后用 0.45 μm 微孔滤膜过滤，除去藻类和细菌等悬浮物，提高水样的稳定性。如果测定不可滤金属，则应保留滤膜备用。如果测定水样中某组分的总含量，采样后直接加入保存剂保存，分析时充分摇匀后再取样。

4.水样的保存期

原则上采样后应尽快分析。水样的有效保存期的长短依赖于待测组分的性质、待测组分的浓度和水样的清洁程度等因素。稳定性好的组分，如 F^-、Cl^-、SO_4^{2-}、Na^+、K^+、Ca^{2+}、Mg^{2+} 等的保存期较长；稳定性差的组分，保存期短，甚至不能保存，采样后应立即测定。一般待测物质的浓度越低，保存时间越短。水样的清洁程度也是决定保存期长短的一个因素，一般清洁水样保存时间不超过 72h，轻度污染水样不超过 48h，严重污染水样不超过 12h 为宜。

由于天然水体、废水（或污水）样品成分不同和采样地点不同，同样的保存条件难以保证对不同类型样品中待测组分都是可行的，迄今为止还没有找到适用于一切场合和情况的绝对保存准则。综上，保存方法应与使用的分析技术相匹配，应用时应结合具体工作检验保存方法的适用性。我国现行的水样保存技术见表 2-1，可作为水质监测样品保存的一般条件。

三、水样的预处理

水样的预处理是环境监测中一项重要的常规工作，其目的是去除组分复杂的共存干扰成分，将含量低、形态各异的组分处理成适合于监测的含量及形态。常用的水样预处理方法有消解、富集和分离等方法。

（一）水样的消解

水样的消解是将样品与酸、氧化剂、催化剂等共置于回流装置或密闭装置中，加热分解并破坏有机物的一种方法，金属化合物的测定多采用此方法进行预处理。处理的目的一是排除有机物和悬浮物的干扰，二是将金属化合物转变成简单稳定的形态，同时消解还可达浓缩之目的。消解后的水样应清澈、透明、无沉淀。

1. 湿式消解发

（1）硝酸消解法，适用于较清洁的水样；

（2）硝酸 – 高氯酸消解法，适用于含有机物、悬浮物较多的水样；

（3）硫酸 – 高锰酸钾消解法，常用于消解测定汞的水样；

（4）硝酸 – 硫酸消解法，不适用于处理测定易生成难溶硫酸盐组分（如铅、钡、锶）的水样；

（5）硫酸 – 磷酸消解法，适用于消除 Fe^{3+} 等离子干扰的水样，因硫酸和磷酸的沸点都比较高，硫酸氧化性较强，磷酸能与一些金属离子配合。

（6）多元消解方法：为提高消解效果，在某些情况下需要采用三元及以上酸或氧化剂消解体系。例如，处理测量总铬含量的水样时，采用硫酸 – 磷酸 – 高锰酸钾三元消解体系。

（7）碱分解法：当用酸体系消解水样造成易挥发组分损失时，可用碱分解法。

2. 干灰化法

干灰化法又称干式分解法或高温分解法，多用于底泥、沉积物等固态样品的消解，但不适用于处理测定易挥发组分（如砷、汞、镉、硒、锡等）的水样。

3. 微波消解法

微波消解是将高压消解和微波快速加热相结合的一项消解新技术。其原理是以水样和消解酸的混合液为发热体，从内部对样品进行激烈搅拌、充分混合和快速加热，显著提升了样品的分解速率，缩短了消解时间，提高了热氧化效率。在微波消解过程中，水样处于密闭容器中，也避免了待测元素的损失和可能造成的污染。在我国发布的《水质金属总量的消解微波消解法》（HJ 678—2013）中，消解步骤分为三步：

（1）取 25 mL 水样于消解罐中，先加入适量过氧化氢，再根据待测元素加入适量消解液 1（5mL 浓硝酸）或消解液 2（4mL 浓硝酸 –1mL 浓盐酸混合液），置于通风橱中观察溶液，待氧化反应平稳后加盖旋紧；

（2）将消解罐放在微波消解仪中，按推荐的升温程序（即 10min 升温至

180℃并保持 15min）进行消解；

（3）微波程序运行结束后，将消解罐取出并置于通风橱内冷却至室温，放气开盖，转移消解液至 50mL 容量瓶中，定容备用。

（二）水样的富集和分离

当水样中待测组分含量低于分析方法的检测限时，就必须进行富集或浓缩；当有共存干扰组分时，就必须采取分离或掩蔽措施。富集和分离住住是不可分割、同时进行的。常用的方法有过滤、挥发、蒸馏、溶剂萃取、离子交换、吸附、共沉淀、色谱分离、低温浓缩等。重点介绍挥发、蒸馏、溶剂萃取和离子交换、共沉淀。

1. 挥发

挥发分离法是利用某些污染组分易挥发，用惰性气体带出而达到分离目的的方法。例如，用冷原子荧光法测定水样中的汞时，先将汞离子用氯化亚锡还原为原子态汞，再利用汞易挥发的性质，通入惰性气体将其带出并送入仪器测定；用分光光度法测定水中的硫化物时，先使其在磷酸介质中生成硫化氢，再用惰性气体载入乙酸锌－乙酸钠溶液中吸收，从而达到与母液分离的目的。

2. 蒸馏

蒸馏法是利用水样中各组分具有不同的沸点而使其彼此分离的方法。测定水样中的挥发酚、氰化物、氟化物、氨氮时，均需在酸性（或碱性）介质中进行预蒸馏分离。蒸馏具有消解、富集和分离三种作用。

3. 溶剂萃取

根据物质在不同的溶剂相中分配系数不同，从而达到组分的分离与富集的目的，常用于水中有机化合物的预处理。根据相似相溶原理，用一种不溶于水的有机溶剂与水样一起混合振荡，然后放置分层，此时有一种或几种组分进入到有机溶剂中，另一些组分仍留在水相中，从而达到分离、富集的目的。该法常用于常量组分的分离及痕量组分的分离与富集；若萃取组分是有色化合物，可直接用于测定吸光度。

4. 离子交换法

该法是利用离子交换剂与溶液中的离子发生交换反应进行分离的方法。离子交换剂分为无机离子交换剂和有机离子交换剂，其中有机离子交换剂应用广泛，也称为离子交换树脂。离子交换树脂一般为可渗透的三维网状高分子聚合物，在网状结构的骨架上含有可电离的或可被交换的阳离子或阴离子活性基团，与水样中的离子发生交换反应。强酸性阳离子树脂含有活性基团—SO_3H、—SO_3Na 等，一般用于富集金属阳离子。强碱性阴离子交换树脂含有—N（CH_3）$_3^+$X$^-$基团，其中 X$^-$ 为 OH$^-$、Cl$^-$、NO$_3^-$ 等，能在酸性、碱性和中性溶液中与强酸或弱酸阴离子交换。离子交换技术在富集和分离微量或痕量元素方面得到较广泛地应用。

5. 共沉淀法

共沉淀是指溶液中两种难溶化合物在形成沉淀过程中，将共存的某些痕量组分一起载带沉淀出来的现象。共沉淀的原理是基于表面吸附、包藏，形成的混晶和异电核胶态物质相互作用，等等。

（1）利用吸附作用的共沉淀分离

该方法常用的无机载体有 Fe（OH）$_3$、Al（OH）$_3$、Mn（OH）$_2$ 及硫化物等。例如，分离含铜溶液中的微量铝，加氨水不能使铝以 Al（OH）$_3$ 沉淀析出，若加入适量 Fe^{3+} 和氨水，则利用生成的 Fe（OH）$_3$ 沉淀作载体，吸附 Al（OH）$_3$ 转入沉淀，达到与溶液中的 Cu（NH$_3$）$_4^{2+}$ 分离的目的。用分光光度法测定水样中的 Cr（VI）时，当水样有色、浑浊、Fe^{3+} 含量低于 200mg/L 时，可于 pH 为 8 ～ 9 条件下用 Zn（OH）$_2$ 作共沉淀剂吸附分离干扰物质。

（2）利用生成混晶的共沉淀分离

当欲分离微量组分及沉淀剂组分生成沉淀时，若具有相似的晶格，就可能生成混晶而共同析出。例如，PbSO$_4$ 和 SrSO$_4$ 的晶形相同，如分离水样中的痕量 Pb^{2+}，可加入适量 Sr^{2+} 和过量可溶性硫酸盐，则生成 PbSO$_4$–SrSO$_4$ 的混晶，将 Pb^{2+} 共沉淀出来。

（3）利用有机共沉淀剂进行共沉淀分离

有机共沉淀剂的选择性较无机沉淀剂多，得到的沉淀也较纯净，并且通过灼烧可除去有机共沉淀剂。例如，在含痕量 Zn^{2+} 的弱酸性溶液中，加入 NH$_4$SCN 和甲基紫，由于甲基紫在溶液中电离成带正电荷的阳离子 B$^+$，它们之间发生如下的共沉淀反应：

$$Zn^{2+} + 4SCN^- = Zn(SCN)_4^{2-}$$

$$2B^+ + Zn(SCN)_4^{2-} = B_2Zn(SCN)_4 \text{(形成缔合物)}$$

$$B^+ + SCN^- = BSCN \text{(形成载体)}$$

$B_2Zn(SCN)_4$ 与 BSCN 发生共沉淀，将痕量 Zn^{2+} 富集于沉淀中。

第四节　废水中 Cr 的吸附效果的影响分析

一、水体中铬的污染概况

（一）水体中铬的污染危害

铬是一种典型的重金属元素，主要通过铬盐生产行业、电镀、油漆与颜料、采矿冶炼、皮革鞣制、纺织印染、铝转化膜操作、植物无机工业化学品生产、木材处理设备及大型化工企业废渣和废水的排放等人类活动进入环境当中。铬在水体中主要以 Cr（Ⅲ）和 Cr（Ⅵ）的形式存在，其中 Cr（Ⅵ）的毒性是 Cr（Ⅲ）的 500 倍[①]。Cr（Ⅵ）更易为人体吸收并在体内蓄积，与皮肤接触产生过敏，造成遗传性基因缺陷，甚至致癌。例如，随着生物链进入到人身体内部的铬主要集中在肺部，易刺激呼吸道，引起咽喉和支气管不适；小剂量的六价铬即可破坏肠胃功能，导致胃痛；铬对环境而言危害极大，并具有持久危险性。Cr（Ⅵ）的在细胞代谢中通过氧化和非氧化形式可引起 DNA 损伤。最常见的 DNA 损伤类型是因 Cr–DNA 结合物造成。结合物在体外还原反应中能被检测到并且可能导致细胞染色体断裂，Cr（Ⅵ）会破坏精子和雄性生殖系统。

（二）水体中 Cr（Ⅵ）的治理方法

由于铬在许多行业都广泛存在，对铬的处理也日趋成熟，主要分为物理法、化学法、生物法三大类。处理含 Cr（Ⅵ）废水的方法主要有：化学沉淀法、氧化还原法、离子交换法、膜分离法、吸附法和电化学处理等，其中吸附法因具有设备简单、适应范围广、处理效果好、吸附剂可再生、成本低、操作简便等优点在治理重金属废水中得到了广泛的应用。

1. 化学法

（1）化学沉淀法

化学沉淀是有效且迄今为止最广泛使用的工业流程用于重金属初级净化，因为它是相对的操作简单且便宜在此过程中，与之反应化学试剂（例如，石灰，氢氧化物和硫化物）导致形成不溶性颗粒[②]。通过简单的沉淀去除。这个的主要

① Aydin Y A, Aksoy N D. Adsorption of chromium on chitosan: Optimization, kinetics and thermodynamics[J]. Chemical Engineering Journal, 2009, 151(1–3): 188–194.

② 王利军. 蔗渣半纤维素化学改性及其吸附重金属的研究 [D]. 广西大学, 2013.

优点该方法价格低廉，操作简单，反应时间较快。然而，主要缺点是重金属浓度未达到排放可接受的范围，要求额外的后处理。反应后产物不太稳定，容易发生脱稳现象。

（2）氧化还原法

加入氧化还原剂，使高价态的六价铬被氧化成低价态的三价铬，亚硫酸还原法就是其中一种典型的方法，反应一般在 pH < 7 的情况下进行，调节废水的 pH，使三价铬与 OH^- 生成 $Cr(OH)_3$ 沉淀达到去除的效果[1]。当废水量较大时，处理效果较差，但处理成本低，处理效果较好，受外界条件约束较小。如 Zhang[2] 等研究发现磁铁矿去除废水中六价铬时，六价铬与磁铁矿中的三价铁发生氧化还原反应，将六价铬固定在磁铁矿表面达到去除的目的。

（3）化学浮选法

先将铬离子从废水中析出，在废水表面加入表面活性剂，使析出物疏水化，析出物随着气泡的上升而上浮，利用自流或者刮板将其取出，适用于废水量较小的情况，处理成本较低，效果较好且处理效果稳定。Hoseinian F S[3] 等研究表明利用化学浮选法去除废水中的 Ni（Ⅱ）时，pH 对实验的影响很大，在 pH5.5 ~ 8 的 pH 水平下发生泡沫分级，并且在 pH 为 9.7 下发生离子浮选。

（4）铁氧体法

铁氧体法指铬离子形成铁氧晶体沉淀析出达到去除的效果，铁氧晶体表达式是 Cr_2FeO_4，一种复合的金属氧化物，是一种尖晶石状的立体结构物，发生反应原理主要是亚铁离子使六价铬被氧化成三价铬，形成 Cr_2FeO_4 晶体结构，达到净化水体的目的，此种方法可去除多种重金属离子，颗粒物较大容易去除，不会产生二次污染，但需要的反应温度较高，有的甚至高达 70℃，周期较长，消耗的能量较高。

2. 生物法

（1）植物修复法

利用植物的吸收和运输系统及其根部系统，使废液中六价铬离子浓度降低，或者使六价铬离子转换成毒性较低的三价铬，成本低，处理周期较长，不

---

① 王姝凡. 平菇改性生物吸附剂对六价铬的吸附性能研究 [D]. 湖南大学，2016.

② Zhang J Z C W G. Reduction removal of hexavalent chromium by zinc-substituted magnetite coupled with aqueous Fe(II) at neutral pH value[J]. Journal of Colloid and Interface Science, 2017, 500: 20–29.

③ Hoseinian F S R B K E. Kinetic study of Ni(II) removal using ion flotation: Effect of chemical interactions[J]. Minerals Engineering, 2018, 119: 212–221.

易造成二次污染，但是处理效率较低。Cheng[1] 等研究蘑菇基质对含镉和锌污染土壤中蓖麻植物修复实验的影响，发现大量的 Cd 和 Zn 通过代谢适应被吸收并与细胞壁结合，形成稳定的化合物，减少了对蓖麻植物的影响。

（2）生物絮凝法

生物絮凝法是指利用微生物或者微生物产生的代谢物利用氢键、离子键和范德华力作用与离子胶体形成三维网状结构沉淀达到去除铬离子的目的，没有二次污染，活性较高，絮凝范围较广。Rinanti A[2] 等研究发现用使用一种絮凝微藻（即斜生栅藻）浓缩在非絮凝微藻上进行生物絮凝，与明矾作为化学絮凝剂相比，通过生物絮凝方法收获微藻细胞成为经济上有竞争力的收获方法，对重金属有良好的去除效果。

（3）生物吸附法

生物吸附法是指生物吸附剂和溶剂之间所发生的传质过程，吸附类型由主动吸附和主动吸附两种组成。去除废水的重金属的机理如下，微生物细胞外的—NH_2，—OH 等基团与重金属离子发生络合反应或者静电吸附等达到去除重金属的效果。生物吸附法对铬离子的吸附主要过程如下，首先六价铬附着在生物体表面，然后活体生物细胞对六价铬进行主动吸附，第二个阶段是活体生物细胞对 Cr^{6+} 的主动吸附。生物吸附法可以选择性去除重金属离子，可以回收利用重金属离子，适应的 pH 范围较广。Mullick A[3] 等研究发现以稻壳为原材料的生物质炭对 Cr（Ⅵ）的去除率达到 91.23%。通过不同的动力学模型研究发现准二级动力学模型符合吸附剂吸附动力学，Langmuir 等温模型与吸附等温线拟合的最好。

3. 物理法

（1）膜分离法

利用特殊的半透膜，不改变水体中的任何化学形态，在外界施加的压力的

① Cheng X C H S Z. Effect of spent mushroom substrate on strengthening the phytoremediation potential of Ricinus communis to Cd- and Zn-polluted soil[J]. International Journal of Phytoremediation, 2019: 1-11.

② Rinanti A P R. Harvesting of freshwater microalgae biomass by\r, Scenedesmus\r, sp. as bioflocculant[J]. IOP Conference Series: Earth and Environmental Science, 2018, 106: 12087.

③ Mullick A M S B S. Removal of Hexavalent Chromium from Aqueous Solutions by Low-Cost Rice Husk-Based Activated Carbon: Kinetic and Thermodynamic Studies[J]. Indian Chemical Engineer, 2017: 1-14.

条件下，使铬离子和溶剂得以浓缩或者分离。适合水量较小的水体，处理周期短，但成本较高。去除重金属时，膜分离法相对于别的方法处理，不需要额外的化学添加剂或热输入，不涉及相变，操作简单，易于控制，这些的分离机制膜包括尺寸筛分，溶液扩散等。膜分离技术具有选择透过性和低渗透率的特点，膜分离技术进一步分为超滤，纳滤，反转渗透，纳米杂化膜和电渗析[①]。

（2）反渗透法

反渗透法属于膜分离法的一种，通过外界压力使溶剂通过半透膜，而溶质被阻留下来，反渗透法不需要投加试剂，不改变废水本身的理化性质，能耗较低，容易实现自动化，且过滤的重金属可以回收利用，但是实际中铬离子废水的 pH 较低，氧化性较高，因此，半透膜需具有强氧化性和强耐酸性。

（3）电渗析法

电渗析法属于膜分离法的一种，外界通直流电，通过阴、阳离子交换膜实现对阴离子和阳离子的选择透过性，达到与溶剂水分离的目的。交换膜是利用吸引异性电荷，排斥同性电荷的原理来实现对阴阳离子的去除。对离子交换膜的要求为电阻低、选择性高、机械强度和化学稳定性好。但因要外加直流电，所以电能消耗大，运行费用高，适合处理高浓度的重金属污染废水。

4. 电解法

电解法是指在外界加压电流的条件下，使铬离子向电极的一段移动，使铬全都富集到一端，达到从废水中分离的效果。涉及在阴极表面上镀金属离子并且可以回收元素金属状态的金属。容易受客观条件的约束，适合浓度较低的水体，容易改变水体本身的环境。电解过程简单且环境友好，需要较少的劳动力，并且可以比其他过程节省大量能量。

5. 离子交换法

用离子交换剂（比如螯合树脂和离子交换树脂）的交换基团与铬离子发生交换反应，将铬离子交换到离子交换剂上达到去除的效果，其中螯合树脂具有一般离子树脂的优点同时又有选择性较高的特点，离子交换树脂是一种新问世的纤维树脂状的材料，吸收和分离能力较强，且速率较快，处理铬离子废水时，铬离子先被吸附到树脂表面，而后发生离子交换反应，根据废水中的阴阳离子来选择阴离子或者阳离子交换树脂。成本较高，且要求对废水先进行预处理。

---

① Bolisetty S P M M R. Sustainable technologies for water purification from heavy metals: review and analysis[J]. Chemical Society Reviews, 2019.

6. 吸附法

吸附法通常与吸附剂表面的官能团、孔容、比表面积有关，吸附剂的选择对重金属离子的吸附至关重要，常见的吸附剂有农林废弃物类材料，如甘蔗渣、稻草等秸秆类材料。吸附剂的回收以及防止重金属的二次污染已经成为近些年需要解决的问题。吸附法在实际中，当 pH，投加量等较优时，对重金属去除率较高。自然吸附剂周期长，效率较低，但改性后的吸附剂去除效果较为理想，周期会大大缩短。

由以上分析可知，生物吸附剂在重金属去除领域中的应用越来越重要，吸附法因具有设备简单、适应范围广、处理效果好、吸附剂可再生、成本低、操作简便等优点在治理重金属废水中得到了广泛的应用。

二、炭化后甘蔗渣对废水中 Cr(Ⅵ) 的吸附效果

以甘蔗渣（OB）为原料，分别制备了氮气氛围下甘蔗渣炭（NB）；空气氛围下甘蔗渣炭（AB）；真空氛围下甘蔗渣炭（VB）。这里通过对影响吸附效果的因素进行优化，初步探讨了吸附机理，结合 SEM、BET、FTIR 等对材料进行更深一步的研究。

（一）实验材料和方法

1. 实验所需试剂与仪器

主要试剂和仪器见表 2-1 和表 2-2。

表2-1　本实验中主要使用的试剂

试剂名称	丙酮	重铬酸钾	二苯基碳酰二肼	浓盐酸	氢氧化钠
纯度	分析纯	分析纯	分析纯	分析纯	分析纯
厂家	南昌勇前贸易	江西赣仪	江西赣仪	长城化工	南昌勇前贸易

表2-2　本实验主要使用仪器

仪器名称	仪器型号	仪器生产厂家
紫外可见分光光度计	L5S	上海精科
电子分析天平	AL204	梅特勒
pH 计	pHS-3E	上海仪电

仪器名称	仪器型号	仪器生产厂家
数显测速恒温摇床	SHZ-82A	上海知楚
扫描电子显微镜	quanta 200F	美国 FEI
傅里叶变换红外光谱仪	Vertex70	德国布鲁克
全自动气体吸附系统	ASAP 2020	美国麦克
超纯水器	UPT-1140	成都优普
电热鼓风干燥箱	DHG-9023A	上海精密实验设备有限公司
马弗炉	MF-2.5-10A	上海笃特

2.NB 的制备

甘蔗经破碎机粉碎，过 100 目筛，以去离子水反复清洗，80℃干燥备用。将处理好的甘蔗渣置于坩埚中，放入箱式气氛炉中，在氮气氛围下进行炭化，室温以 5℃/min 上升温度到 600℃，在 600℃下烘 1h 后冷却至室温取出，放入干燥皿中备用。

3.VB 的制备

甘蔗经破碎机粉碎，过 100 目筛，以去离子水反复清洗，80℃干燥备用。将处理好的甘蔗渣置于坩埚中，放入箱式气氛炉中，在真空下进行炭化，室温以 5℃/min 上升温度到 600℃，在 600℃下烘 1h 后冷却至室温取出，放入干燥皿中备用。

4.AB 的制备

甘蔗经破碎机粉碎，过 100 目筛，以去离子水反复清洗，80℃干燥备用。将处理好的甘蔗渣置于坩埚中，放入箱式气氛炉中，在普通空气下进行炭化，室温以 5℃/min 上升温度到 600℃，在 600℃下烘 1h 后冷却至室温取出，放入干燥皿中备用。

5.Cr（Ⅵ）的测量方法

做吸附实验前，对 Cr（Ⅵ）的测量方法进行了探究，探究了三种方法测定水体中 Cr（Ⅵ）。

（1）显色剂 1：准确称取二苯碳酰二肼（$C_{13}H_{14}N_4O$）0.20g 溶于 100mL 丙酮，置于棕色瓶中，并放入冰箱保存。

（2）显色剂 2：准确称取二苯碳酰二肼（$C_{13}H_{14}N_4O$）0.20g 于 100mL 乙醇

（95%）中，完全溶解。将25mL浓硫酸和25mL浓磷酸分别加到400mL蒸馏水中，混匀冷却。将上述配制的乙醇溶液缓慢加入上述的酸性溶液中，缓慢搅拌至均匀，移入棕色试剂瓶中于冰箱中密闭保存。

（3）1+1硫酸。

（4）1+1磷酸。

（5）1+7硫酸。

（6）铬标准储备液（0.10mg/mL）。

（7）铬标准使用液（1.00μg/mL）。

方法一：根据《水质六价铬的测定——二苯碳酰二肼分光光度法》（GB 7467—1987），向50mL比色管中分别加入0、0.20、0.50、1.00、2.00、4.00、6.00、8.00、10.00、20mL铬标准使用液，用蒸馏水稀释至刻度线。加入1+1硫酸溶液0.5mL及1+1磷酸溶液0.5mL，摇匀。加入2mL显色剂1，完全混匀后静置10min，于540nm波长处以蒸馏水为参比测定吸光度，并绘制标准曲线。

方法二：向一系列50mL比色管中分别加入0、0.20、0.50、1.00、2.00、4.00、6.00、8.00、10.00、20mL铬标准使用液，用蒸馏水稀释至标线。加入1+7硫酸溶液2.5mL，加入2mL显色剂1，完全混匀后静置10min，于540nm波长处以蒸馏水为参比测定吸光度，并绘制标准曲线。

方法三：向一系列50mL比色管中分别加入0、0.20、0.50、1.00、2.00、4.00、6.00、8.00、10.00、20mL铬标准使用液，用蒸馏水稀释至标线。加入2.5ml显色剂2，完全混匀后静置10min，于540nm波长处以蒸馏水为参比测定吸光度，并绘制标准曲线。

从准确度比较和方差分析得出，方法一和方法三较方法二精确度更高，方法一和方法三较方法二准确度更高，三种方法检出限近似相等。本实验选用方法一作为Cr（Ⅵ）的检测方法。

（二）实验结果与讨论

1.初始废水pH对吸附效果的影响分析

在吸附温度为25℃、将投加量为0.9g（即18g/L）的NB、VB和AB分别将吸附剂加到20mL的浓度为50mg/L的六价铬溶液中，转速为120r/min，放入数显恒温摇床中震荡24h，水样的初始pH为1.0、2.0、4.0、6.0、8.0和10.0，共计6组水样，研究初始废水pH对Cr（Ⅵ）去除率的影响。

由图2-1可知，无论pH为何值，三种炭化后的甘蔗渣对Cr（Ⅵ）去除率都远大于普通甘蔗渣对Cr（Ⅵ）去除率。在pH为1～2时，随着pH的增加，四种吸附剂对 Cr（Ⅵ）去除率的变化幅度很小，初始废水 pH 为 2.0 时，三种炭化后的甘蔗渣对 Cr（Ⅵ）的吸附效果都达到最大，NB 对 Cr（Ⅵ）去除率最高达到 93.8%；VB 对 Cr（Ⅵ）去除率最高达到 90.1%；AB 对 Cr（Ⅵ）去除率最高达到 87.7%；OB 对 Cr（Ⅵ）去除率最高达到 57.16%。pH 为 2 ～ 10 时，随着 pH 的增加，四种吸附剂对 Cr（Ⅵ）去除率的都迅速减小，其中 NB 去除率降至 31% 左右，VB 去除率降至 31% 左右，AB 去除率降至 36.8% 左右，在四种吸附剂中，AB 是受 pH 影响最小的吸附剂。随着 pH 的增大，吸附剂对 Cr（Ⅵ）的吸附容量都在不断减小，但减小的速率不断降低。由此可见，酸性环境下有利于四种吸附剂对 Cr（Ⅵ）的吸附。由于在不同的 pH 的条件下，铬离子的形态不同，在酸性环境下，氢离子与四种吸附剂上的官能团发生质子化反应，铬与吸附剂表面的阳离子发生交换反应，以及静电吸附作用，有利于对铬的吸附。例如下面质子化反应：

$$H^+ + —CH \rightarrow —CH_2^+$$
$$H^+ + —OH \rightarrow —OH_2^+$$

随着 pH 的增大，发生去质子反应，OH^- 增加，与铬发生竞争吸附，阻碍了吸附反应的进行，且会发生静电排斥，在双重作用下，吸附效率大大降低。因为炭化后的甘蔗渣官能团的量的增大及种类的增多，例如含氧的增加，质子化时，所带正电荷较多，且和 Cr（Ⅵ）发生氧化还原反应及络合作用，对 Cr（Ⅵ）的吸附效果远大于普通甘蔗渣 Cr（Ⅵ）的吸附效果。从吸附效果来看，NB > VB > AB > OB。

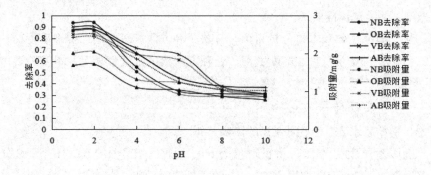

图 2-1　废水初始 pH 对吸附效果的影响

2. 吸附剂投加量对吸附效果的影响分析

在初始废水 pH=2.0、吸附温度为 25℃、转速为 120r/min 的条件下，将不同量的吸附剂分别加到 20mL 的浓度为 50mg/L 的六价铬溶液中，放入数显恒温摇床中震荡 24h，吸附剂的投加量分别从 0.1，0.2，0.3，0.5，0.6，0.7，0.9 和 1.0g。研究吸附剂投加量对 Cr（Ⅵ）去除率的影响。

　　由图 2-2 可知，随着吸附剂的添加量的增加，吸附剂活性位点不断增加，四种吸附剂对 Cr（Ⅵ）吸附效果都不断增强，但投加量到一定量时，四种吸附剂 Cr（Ⅵ）去除率均不再改变。而四种吸附剂对 Cr（Ⅵ）的吸附量随着投加量的增大而减小，这是由于吸附剂较多时，吸附剂本身会颗粒黏附，碰撞概率加大，或 Cr（Ⅵ）与吸附剂表面的官能团反应时受到了阻力作用（活性位点排斥），因此发生吸附抑制。0 ～ 1.0g 范围内，NB 对 Cr（Ⅵ）吸附量从 12.8mg/g 降低到 2.34mg/g；VB 对 Cr（Ⅵ）吸附量从 12.75mg/g 降低到 2.25mg/g；AB 投加量对 Cr（Ⅵ）吸附量从 12.525mg/g 降低到 2.19mg/g；OB 对 Cr（Ⅵ）吸附量从 11.54mg/g 降低到 1.43mg/g。

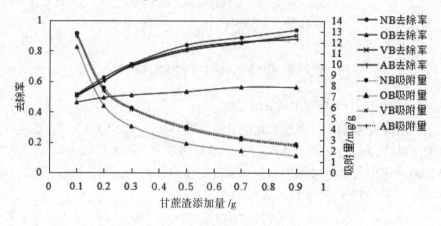

图 2-2　吸附剂投加量对吸附效果的影响

3. 初始废水浓度对吸附效果的影响分析

　　在吸附温度为 25℃、将投加量为 0.9g（即 18g/L）的 NB、VB 和 AB 分别将吸附剂加到 20mL 的浓度为 50mg/L 的六价铬溶液中，转速为 120r/min，放入数显恒温摇床中震荡 24h，初始浓度分别为 10，30，50，70 和 100mg/L，研究初始浓度对 Cr（Ⅵ）去除率的影响。

　　由图 2-3 可知，当废水初始浓度为 10 ～ 50mg/L 时，三种炭化后甘蔗渣对 Cr（Ⅵ）去除率变化幅度很小；当废水初始浓度在 50 ～ 100mg/L 时，三种炭化后甘蔗渣对 Cr（Ⅵ）去除率迅速减小，而普通甘蔗渣在废水初始浓度为 10 ～ 100mg/L 时，对 Cr（Ⅵ）去除率在缓慢上升，但是幅度非常小。原因是

Cr（Ⅵ）浓度较低时，吸附剂提供的活性位点数量远大于 Cr（Ⅵ）的数量，故随着 Cr（Ⅵ）浓度增大时，吸附剂对 Cr（Ⅵ）的去除率也越高。而当 Cr（Ⅵ）浓度超过一定值，此时活性位点数少于 Cr（Ⅵ）被吸附量，出现竞争吸附。吸附剂去除 Cr（Ⅵ）时，都选择 50mg/L 的 Cr（Ⅵ）溶液。

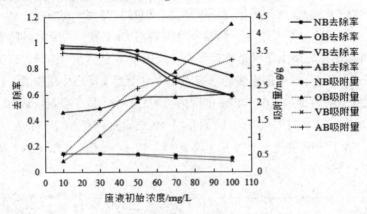

图 2-3　废水初始浓度对吸附效果的影响

4. 吸附时间对吸附效果的影响分析

吸附温度为 25℃、将投加量为 0.9g（即 18g/L）的 NB、VB 和 AB 分别将吸附剂加到 20mL 的浓度为 50mg/L 的六价铬溶液中，转速为 120r/min，放入数显恒温摇床中震荡，吸附时间从 10min 变为 30min，60min，90min，120min，150min，研究吸附时间对 Cr（Ⅵ）去除率的影响。

由图 2-4 可知，随着振荡时间的延长，四种吸附剂对 Cr（Ⅵ）去除率都不断提高。在 10～60min 范围内时，吸附速率较快；60～150min 范围内时，吸附效率变慢，但当吸附时间到达一定量时，随着吸附时间的增加，吸附效果基本不变，此时吸附反应已经结束。因为刚开始 Cr（Ⅵ）的浓度较高，吸附发生在吸附剂表面，随着 Cr（Ⅵ）浓度降低，吸附发生在吸附内部，受阻力影响，吸附效率变低，最后 Cr（Ⅵ）较低，吸附基本结束，吸附效率不再发生变化。当吸附时间在 10～150min 范围内，NB 对 Cr（Ⅵ）吸附量从 1.514mg/g 增加到 2.6mg/g；VB 对 Cr（Ⅵ）吸附量从 1.847mg/g 增加到 2.503mg/g；AB 投加量对 Cr（Ⅵ）吸附量从 1.538mg/g 降低到 2.431mg/g；OB 对 Cr（Ⅵ）吸附量从 1.61mg/g 增加到 2.05mg/g。

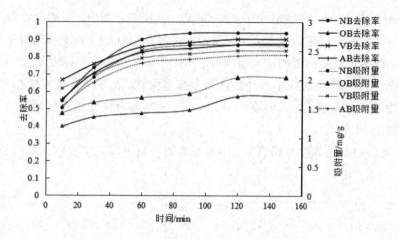

图 2-4　吸附时间对吸附效果的影响

5. 吸附等温分析

在 pH=2、废水转速为 120r/min、温度为 25℃的条件下，量取 50mL 质量浓度依次为 10、30、50、70、100mg/L 的 Cr（Ⅵ）水样于锥形瓶中，吸附时间都为 24h，并在 pH=2 的条件下，向内分别投加 0.9g（即 8g/L）的 NB、VB 和 AB 进行吸附等温实验。

采用式 3-1 和式 3-2 分别对 Langmuir 等温方程和 Freundlich 等温方程进行拟合。

$$C_e\Big/q_e = 1\Big/(b*q_m) + C_e\Big/q_m \qquad （3-1）$$

$$\ln q_e = \ln K + \frac{\ln C_e}{n} \qquad （3-2）$$

式中，q_e 为平衡吸附量，mg/g；q_m 为吸附剂的最大吸附量，mg/g；b 为 Langmuir 常数；q_m，b 分别与结合位点的汞和力有关；C_e 为平衡质量浓度，mg/L；k 为 Freundlich 常数；$1/n$ 为吸附指数，n 是吸附强度。

Langmuir 吸附的吸附效率可以使用等式计算，可用分离因子 R_L 描述其基本特征，表达式如下：

$$R_L = \frac{1}{1+bC_0} \qquad （3-3）$$

由图2-5（c）可知，三种吸附剂对Cr(Ⅵ)的吸附过程中，吸附量和Cr(Ⅵ)的质量浓度之间有一定的联系，可以看出三种吸附剂对Cr（Ⅵ）的吸附量随着Cr（Ⅵ）的平衡质量浓度的增大而增大。由图中曲线的斜率都随着Cr（Ⅵ）的平衡质量浓度的增大而减小，且最终斜率基本为0，故三种吸附剂对Cr（Ⅵ）吸附速率都在逐渐减小，最终变为0。但Cr（Ⅵ）在相同平衡质量浓度下，吸附量表现为 NB > VB > AB。

采用 Langmuir 等温方程和 Freundlich 等温吸附方程对实验数据进行拟合，由图 2-5（b）和（c）可知，拟合情况见表 2-3。

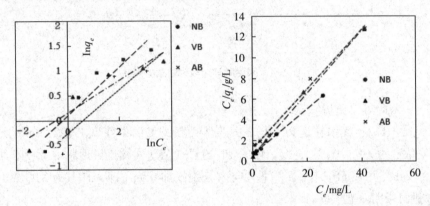

（a）Freundlich 等温方程　　　　（b）Langmuir 等温方程

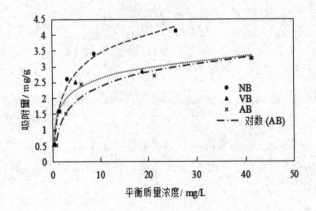

（c）吸附量与平衡质量浓度的关系

图 2-5　吸附等温模型

表2-3　三种吸附剂的等温模型参数

吸附剂	Langmuir 等温吸附方程			Freundlich 等温吸附方程		
	q_m /mg · g^{-1}	b/L · mg^{-1}	R^2	K	n	R^2
NB	4.5725	0.3475	0.9992	1.0889	2.047	0.8946
VB	3.3378	0.5628	0.9972	1.1515	3.045	0.887
AB	3.5088	0.2384	0.9931	0.763	2.273	0.858

由表 2-3 可知，Langmuir 吸附等温线模型拟合最好，langmuir 等温模型基于吸附剂表面均匀的假设之上，且认为所有吸附位点都具有相同的能量，当吸附剂表面上吸收的分子形成饱和层时，金属离子发生最大单层吸附，故表明三种吸附剂对 Cr（VI）的吸附主要为单层吸附，且达到饱和吸附后，被吸附的铬离子之间作用力可忽略不计[1]。此外，分离因子 R_L 通常用作确定吸附过程的有利性和可行性。吸附过程为非优惠（$R_L > 1$），为线性（$R_L = 1$），为优惠（$0 < R_L < 1$）[2]。经计算得 R_L 均介于 0 ~ 1 之间，故 Cr（VI）在三种吸附剂上的吸附为优惠吸附。Freundlich 等温模型描述的是发生在非均匀表面上的非理想的多层吸附。由表可知，计算所得 $1/n$ 值介于 0 到 1 之间，表明三种吸附剂对 Cr（VI）的吸附是优惠吸附[3]。但此模型拟合程度较差。

6. 吸附动力学分析

在 pH=2、废水转速为 120r/min、温度为 25℃的条件下，向锥形瓶中加入 50mL 初始浓度为 50mg/L 的模拟废水，向内分别投加 0.9g（即 18g/L）的 NB、VB 和 AB，进行吸附动力学实验。

---

① Wang Z B J P H. Kinetic and equilibrium studies of hydrophilic and hydrophobic rice husk cellulosic fibers used as oil spill sorbents[J]. Chemical Engineering Journal, 2015, 281: 961-969.

② Sutirman Z A S M M A. Equilibrium, kinetic and mechanism studies of Cu(II) and Cd(II) ions adsorption by modified chitosan beads[J]. Int J Biol Macromol, 2018, 116: 255-263.

③ Li Y, Zhang J, Liu H. In-situ modification of activated carbon with ethylenediaminetetraacetic acid disodium salt during phosphoric acid activation for enhancement of nickel removal[J]. Powder Technology, 2018, 325: 113-120.

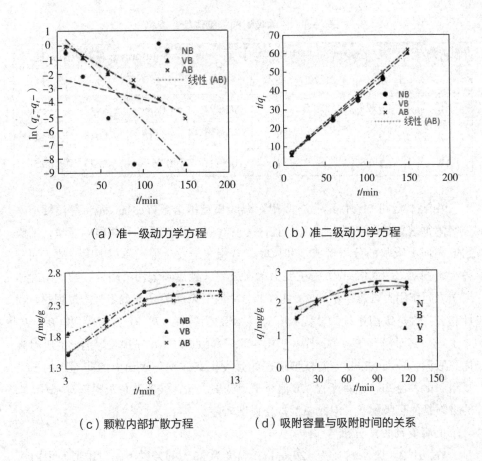

（a）准一级动力学方程　　　　　（b）准二级动力学方程

（c）颗粒内部扩散方程　　　　　（d）吸附容量与吸附时间的关系

图 2-6　吸附动力学模型

由图 2-6（d）可知，三种吸附剂对 Cr（Ⅵ）的吸附量随着时间的延长在不断变大。从图上曲线斜率随着时间的延长而不断变小可知，三种吸附剂对 Cr（Ⅵ）的吸附速率在不断减小，NB 在 60min 时已经达到饱和吸附量的 89.8%，120min 后吸附速率基本为 0；OBC 在 60min 时已经达到饱和吸附量的 85.4%，150min 后吸附速率基本为 0；ABC 在 60min 时已经达到饱和吸附量的 82.3%，150min 后吸附速率基本为 0。

为了确定三种吸附剂对 Cr（Ⅵ）吸附过程中控制吸附速率的主要步骤，通过准一级动力学方程、准二级动力学方程及颗粒内部扩散方程进行动力学方程。用图 2-6（a）、2-6（b）和 2-6（c）进行拟合，见表 2-4 和表 2-5。

表2-4　吸附动力学模型的参数表

吸附剂	准一级动力学方程			准二级动力学方程		
	q_e /mg·g^{-1}	K_1/min^{-1}	R^2	q_e /mg·g^{-1}	K_2/g·mg^{-1}·min^{-1}	R^2
NB	10.163	0.0151	0.0364	2.832	0.0374	0.9987
VB	2.8622	0.0639	0.8825	2.599	0.07	0.9996
AB	1.4045	0.0354	0.9879	2.558	0.051	0.9997

表2-5　颗粒内扩散模型

吸附剂	$K_{id,1}$/ mg·g^{-1} ·min$^{-0.5}$	$C_{id,1}$/ mg·g^{-1}	R^2	$K_{id,2}$/ mg·g^{-1} ·min$^{-0.5}$	$C_{id,2}$ /mg·g^{-1}	R^2	$K_{id,3}$/ mg·g^{-1} ·min$^{-0.5}$	$C_{id,2}$/ mg·g^{-1}	R^2
NB	0.214	0.8488	0.9985	0.059	2.0371	1	-9×10^{-17}	5.9563	1
VB	0.1145	1.481	0.9993	0.0408	2.0577	0.9987	-6×10^{-18}	2.5028	1
AB	0.1631	1.0362	0.9963	0.0398	1.9772	0.9994	-0.0129	2.2727	1

　　从表 2-4 中可以看出，三种吸附剂对 Cr（Ⅵ）吸附均不符合准一级动力学模型，进一步分析表明，拟一级动力学方程仅适用于吸附过程的初始阶段，而不是整个吸附过程。准二级动力学模型完美地描述了三种吸附剂对 Cr（Ⅵ）吸附。根据准二级动力学模型的假设，三种吸附剂的吸附过程主要受化学吸附的限制，即吸附过程由吸附质之间的电子交换和共享完成[1]。此外，由准二级动力学方程计算的 q_e 值与实验 q_e 值均吻合度很高。为了进一步确定对 Cr（Ⅵ）吸附过程的扩散机理，对颗粒内扩散模型进行了研究。从 2-6（c）可以看出，由颗粒内部扩散模型中，拟合方程不经过原点，表明吸附 Cr（Ⅵ）中颗粒内扩散中不是唯一的控制步骤，一些别的因素（如边界层控制）也可能影响吸附[2]。

① 　Igberase E O P. Equilibrium, kinetic, thermodynamic and desorption studies of cadmium and lead by polyaniline grafted cross-linked chitosan beads from aqueous solution[J]. Journal of Industrial and Engineering Chemistry, 2015, 26: 340-347.

② 　Wu L W W S Z. Surface modification of phosphoric acid activated carbon by using non-thermal plasma for enhancement of Cu(II) adsorption from aqueous solutions[J]. Separation and Purification Technology, 2018, 197: 156-169.

Cr(Ⅵ)的颗粒内扩散模型的线性图均呈多段性，分为三个部分，对应于整个吸附过程的三个阶段，即快速吸附，缓慢吸附和平衡吸附。从表2-5可看出，对Cr（Ⅵ）的$K_{id,1}$是扩散速率常数值中的最大值，表明快速吸附在整个吸附过程中起主要作用。当吸附剂表面上的活性位点已被完全结合后，Cr（Ⅵ）向材料内部转移，并与内部活性位点结合。此时，随着传质阻力变大，吸附速率降低，即吸附过程缓慢。然后，Cr（Ⅵ）的浓度和三种吸附剂的活性位点逐渐减少，吸附速率最终趋于零，达到吸附平衡。因此，三种吸附剂对的Cr（Ⅵ）吸附受表面吸附和颗粒内扩散控制。

（三）三种甘蔗渣炭的表征方法

分别取干燥后的OB、NB、VB和AB各1g，做红外光分析、扫描电镜分析和比表面积及孔容分析。具体分析如下：

FTIR（红外光谱分析）：采用KBr压片技术，将材料进行红外光谱扫描得到材料的红外光谱图，扫描范围为400～4000cm⁻¹，分析其官能团变化；

SEM（扫描电镜分析）：采用透射扫描电子显微镜测定材料表面形貌及孔隙结构的变化；

BET（比表面积及孔容分析）：采用低温氮气吸附脱附试验测定待测样品的孔容和比表面积，美国麦克ASAP2020全自动气体吸附系统，550℃下进行脱气4个小时，然后仪器自动进行测试。

（四）三种水热炭化后甘蔗渣的表征分析

1. 比表面积和孔容分析

由表2-6可知，NB的BET比表面积是OB的100倍，孔容是OB的30倍；VB的BET比表面积是OB的300倍，孔容是OB的100倍；AB的BET比表面积是OB的200倍，孔容是OB的60倍。由于在600℃下，甘蔗渣中的纤维素和半纤维素发生降解反应，破坏了甘蔗渣完整性，增加了其孔隙率，使甘蔗渣内表面由原来的光滑变得粗糙，增加了比表面积[①]。

---

① Fan W C L L Z. Comparative study of carbonized peach shell and carbonized apricot shell to improve the performance of lightweight concrete[J]. Construction and Building Materials, 2018, 188: 758-771.

表2-6　吸附的BET分析

样品种类	BET 比表面积 /m²/g	总孔容 /cm³/g	平均孔径 /nm
OB	0.8748	0.001564	7.1528
NB	78.752	0.049409	2.2096
VB	268.7613	0.144759	2.15446
AB	162.2869	0.090561	2.23212

2. 扫描电镜分析

由图 2-7（a）可知，OB 的 SEM 图为柱状，主要为大孔结构，表面较为平整；由图 2-7（b）可知，NB 表面为蜂窝状结构，形成了大量的孔隙，孔隙一直贯穿到底部；由图 2-7（c）可知，AB 多层片状结构，每片上出现了大量的孔隙，且孔隙排列较为整齐；由图 2-7（d）可知，VB 的结构图和 AB 的相似，结构较为松散。结合比表面积分析可知，三种炭化后的甘蔗渣相对于普通甘蔗渣来说，由于高温脱水，对孔壁产生一些影响，使结构发生了很大的变化，增加了孔隙率度和褶皱[①]。

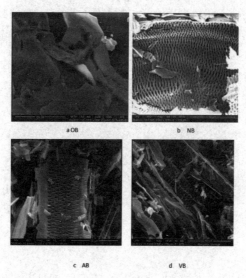

a OB　　　　　　　　b NB

c AB　　　　　　　　d VB

图 2-7　四种甘蔗渣的 SEM

① Cao Y, Gu Y, Wang K, et al. Adsorption of creatinine on active carbons with nitric acid hydrothermal modification[J]. Journal of the Taiwan Institute of Chemical Engineers, 2016, 66: 347-356.

3.FTIR 分析

由图 2-8（a）可见，OB 在 3420cm^{-1} 处存在醇类的 O—H 伸缩振动吸收峰；1633cm^{-1} 处为芳环中的 C≡C 伸缩振动或酮、醛或酯中的 C=O 伸缩振动；1606cm^{-1} 处为 C=O 伸缩振动，或者为羰基或芳环中 C=C 伸缩振动；1052cm^{-1} 处为—C—O 伸缩振动；这些是以植物为原料的材料中常见的吸收峰。2926cm^{-1} 处为—CH$_2$—伸缩振动吸收峰；1735cm^{-1} 处为羧酸和内酯基团的—C=O 键的伸缩振动吸收峰；1514cm^{-1} 处为 C=C 伸缩振动吸收峰；这与甘蔗渣内木质素振动有关[①]。1426cm^{-1} 处为—CH$_2$—键的伸缩振动；1376cm^{-1} 处为纤维素和半纤维素中—CH$_3$—的变形振动吸收峰；在 2373cm^{-1} 和 2344cm^{-1} 处为 C—O 伸缩振动吸收峰；1328cm^{-1} 为 C—O 的伸缩振动；1249cm^{-1} 处的吸收峰为—C—O—C—键的伸缩振动；1163cm^{-1} 处为酚和羧基中的 C—O 伸缩和 O—H 弯曲振动；834cm^{-1} 为 C—H 的面外弯曲振动。

由于在 600℃下热改性产生更多的含氧含炭官能团。如 NB、VB 及 AB 在 3420cm^{-1} 处存在醇类的 O—H 伸缩振动吸收峰强度都加强，在 1735cm^{-1} 处羧酸和内酯基团的—C=O 伸缩振动吸收峰强度增大，2886cm^{-1} 处新增了 C—H 的伸缩振动吸收峰，1514cm^{-1} 和 1163cm^{-1} 处具有更高的吸收强度，表明羧基，内酯和羟基增加[②]，在 1050～1150cm^{-1} 处新增了 C—O—C 的叠加振动吸收峰和 C—O 振动吸收峰，可使吸附剂的汞水性增强，提高其对六价铬的吸附效果。

① Igberase E O P.Equilibrium, kinetic, thermodynamic and desorption studies of cadmium and lead by polyaniline grafted cross-linked chitosan beads from aqueous solution[J]. Journal of Industrial and Engineering Chemistry, 2015, 26: 340-347.

② Cao Y, Gu Y, Wang K, et al. Adsorption of creatinine on active carbons with nitric acid hydrothermal modification[J]. Journal of the Taiwan Institute of Chemical Engineers, 2016, 66: 347-356.

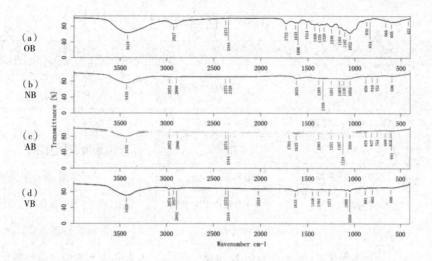

图2-8　四种吸附材料的红外光谱图

第五节　关于Pb^{2+}的吸附研究

人们在生活生产过程中会产生大量重金属废水，比如电镀冶金、采矿化工等，产生的重金属离子进入水体不可降解，最终通过食物链进入人体中，对人体健康造成危害。橘子皮作为廉价的农林废弃物成为我们研究的对象，可以利用它们变废为宝，其处理低浓度的重金属废水尤其适宜，其来源广泛且比较经济性，是非常有前景的吸附材料。本实验将采用橘子皮（OP）作为原材料，通过碱性氧化（HOOP）来制备改性吸附剂，控制单因素变量研究吸附剂对含铅的废水进行吸附实验，研究了吸附投加量、pH、吸附时间及吸附质浓度等因素对吸附剂吸附铅的效果，且通过动力学方程和吸附等温模型模拟实验数据研究吸附机理，并利用现代分析 FTIR、SEM、EDS 等表征手段探索吸附反应过程的机理。

一、实验材料和方法

（一）实验仪器及试剂

1.实验仪器

实验过程中用到的实验仪器材料见表2-7。

表2-7　主要实验器材

仪器名称	型号	生产商
电子分析天平	AL204	梅特勒－托利多仪器（上海）有限公司
集热式数显磁力搅拌器	DF–101s	金坛区中大仪器厂
真空干燥箱	DZF	上海舍岩仪器有限公司
电热恒温鼓风干燥箱	DHG–9101–2S	上海三发科学仪器有限公司
超声波清洗器	KQ5200B	昆山市超声仪器有限公司
pH计	PHS–3E	上海精科雷磁仪器厂
数显水浴恒温振荡箱	SHZ–82A	金坛区鑫鑫实验仪器有限公司
原子吸收光谱仪 低速离心机	PE900T 3–5W	PerkinElmer公司 广州吉迪仪器有限公司
美的破壁机	MJ–PB80Easy218	美的公司
超纯水机	VE–A	深圳市宏森环保科技有限公司
真空抽滤机	SHZ–D(Ⅲ)	上海领德仪器有限公司

除上述主要器材外，实验中常用到的玻璃仪器有移液管、玻璃棒、烧杯、碘量瓶、量筒、容量瓶、锥形瓶、具塞比色管等玻璃器材。

2. 化学试剂

实验过程中所用的主要化学试剂规格及生产商见表2-8。

表2-8　实验所需化学试剂

试剂名称	规格	化学式	生产商
氨水	分析纯	$NH_3 \cdot H_2O$	西陇科学股份有限公司
氢氧化钠	分析纯	NaOH	西陇科学股份有限公司
盐酸	分析纯	HCl	天津市致远化学试剂有限公司
无水乙醇	分析纯	CH_3CH_2OH	天津市致远化学试剂有限公司
硝酸	分析纯	HNO_3	西陇科学股份有限公司
氢氧化钾	分析纯	KOH	西陇科学股份有限公司

试剂名称	规格	化学式	生产商
过氧化氢	分析纯	H_2O_2	西陇科学股份有限公司
铅标准储备液 (1000mg/L)	优级纯	Pb	北京盛世康普化工技术研究院
七水合硫酸亚铁	分析纯	$FeSO_4 \cdot 7H_2O$	西陇科学股份有限公司
六水合三氯化铁	分析纯	$FeCl_3 \cdot 6H_2O$	西陇科学股份有限公司
硫酸	分析纯	H_2SO_4	西陇科学股份有限公司
无水碳酸钠	分析纯	Na_2CO_3	西陇化工股份有限公司
碳酸氢钠	分析纯	$NaHCO_3$	北京化工厂
磷酸二氢钠	分析纯	$NaH_2PO_4 \cdot 6H_2O$	西陇化工股份有限公司
磷酸	分析纯	H_3PO_4	上海试剂一厂

（二）实验方法

1. 普通橘子皮的制备

橘子皮（OP）经自来水洗两遍，用去离子水浸泡 24 小时，再用去离子水清洗三遍，于 80℃鼓风干燥箱内烘干至恒重，用破壁机粉碎过 40 目筛，得橘子皮粉末，备用。

2. 改性橘子皮的制备

碱性氧化改性橘子皮的制备：称取 20gOP 粉末于 1L 烧杯里，加入 1L、1.5% 碱性双氧水溶液（1.5%H_2O_2+0.7%KOH），30℃恒温搅拌 3 小时后，离心去除液体部分并用去离子水洗至中性，在 80℃真空干燥箱烘干备用，得到碱性氧化（KOH+H_2O_2）改性橘子皮（简称 HOOP）。

3. 模拟废水的配置

称取经过烘箱 100℃干燥后的硝酸铅 1.599g 于 1L 烧杯中，加入少量水溶解，之后定容于 1L 的容量瓶中。此溶液浓度为 1000mg/L，用于配置相对浓度的铅模拟废水水样。

4. Pb^{2+} 的测定

在实验环境达到优化的状况下，在一系列 50mL 的容量瓶中配制出 0.00、1.00、2.00、3.00、4.00、5.00mg/L 的铅离子标准溶液。采用原子吸收光谱仪（Perkin Elmer 900T）测定标准曲线，得出铅离子曲线的相关系数 R^2 为 0.99995，每个样测三次取平均值且相对标准偏差（RSD）要小于 5%，Pb 的校正曲线见图 2-9。由此，之后吸附后的废液 Pb^{2+} 浓度全由原子吸收光谱仪测定。

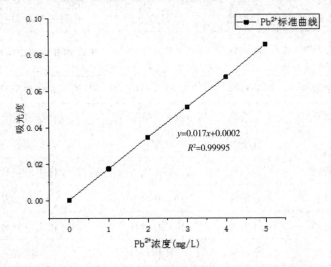

图 2-9　Pb 校准曲线

5.Pb^{2+} 的吸附实验

准确量取一定浓度含铅模拟废水 50mL，于 8 个 150mL 锥形瓶中，加入一定量的吸附剂，用 0.1mol/L 的 HCL 和 0.1mol/L 的 NaOH 调节溶液的初始 pH 值；在水浴恒温振荡器 30℃条件下恒温振荡 2h，以恒定速率为 150r/min 振荡，抽滤取上清液于 50mL 的比色管中，然后稀释 10 倍于原子吸收光谱仪上测定其浓度，计算吸附去除率和吸附量。整个实验研究了吸附剂投加量、初始溶液的 pH 值、吸附时间、初始离子浓度、离子竞争吸附等因素对吸附实验去除 Pb^{2+} 的行为影响。

二、HOOP 对重金属 Pb^{2+} 的吸附研究

（一）HOOP 对 Pb^{2+} 的吸附行为

1. 投加量对 HOOP 吸附 Pb^{2+} 性能的影响

准确量取铅标准使用液（50mg/L）50mL，于 8 个 150mL 锥形瓶中，分别称取 HOOP 0.02、0.04、0.05、0.06、0.07、0.08、0.09 和 0.10g，在 30℃下恒温振荡 2h，以恒定速率为 150r/min 振荡，抽滤取上清液于 50mL 的比色管中，然后稀释 10 倍于原子吸收光谱仪上测定其浓度，计算吸附去除率。

图2-10 投加量对吸附性能的影响

测定结果如图2-10所示，随着吸附剂的投加量越多吸附去除率越高，HOOP对Pb²⁺吸附的去除率从96.52%增加到99.82%，普遍高于OP的去除效果。去除率的增加可能是由于随着投加量的增加提供了大量的活性位点且固液表面接触面积增多，橘子皮含有大量的羟基、羧基官能团，碱性氧化改性可使羟基、羧基官能团增多，使得与官能团结合的Pb²⁺也增加，自然去除率越来越高。虽然去除率变高，但是吸附量从120.65mg/g减少到24.95mg/g，HOOP的投加量到0.05g时之后变化幅度很小，说明吸附达到基本的饱和状态。因此我们要考虑到经济成本问题来确定最佳投加量。当投加量为0.05g时，去除率为98.52%及吸附量为49.26mg/g，也高于OP的去除率76.32%和吸附量38.16mg/g。考虑到吸附量和去除率等因素，确定最佳投加量为0.05g（1g/L）。

2. 溶液初始pH值对HOOP吸附Pb²⁺性能的影响

溶液pH是研究吸附效果的一大关键性因素，由于pH值为7.5时，铅离子会以Pb（OH）₂形式沉淀。所以溶液pH值的大小对实验研究有很大的影响，控制pH值是实验的重要因素。准确量取铅标准使用液（50mg/L）50mL，于8个150mL锥形瓶中，称取HOOP 0.05g，用0.1mol/L的HCL和0.1mol/L的NaOH分别将溶液的初始pH值调节为2、3、4、4.5、5、5.5、6和7；在30℃下恒温振荡2h，以恒定速率为150r/min振荡，抽滤取上清液于50mL的比色管中，然后稀释10倍于原子吸收光谱仪上测定其浓度，计算吸附去除率。

从图 2-11 中可以看出，HOOP 与 OP 的变化趋势基本相似。初始溶液的 pH 较小时，HOOP 与 OP 的吸附去除率小，随着 pH 的增大，去除率也变大，当 pH 由 2 增加到 5.5 时，对 Pb^{2+} 的去除率由 28.77% 增大到 98.59%。造成吸附去除率小的原因可能是 H^+ 与 Pb^{2+} 形成竞争吸附，从而降低了吸附率。H^+ 与金属离子 Mn^+ 的竞争性吸附是 pH 影响的主要原因，pH 越小时，H^+ 占据了大部分吸附位点，阻碍了 Mn^+ 的吸附结合，所以 H^+ 浓度越高吸附率越小。当溶液 pH 值增大时，H^+ 浓度减小吸附率变大，但 pH5.5 之后吸附百分率几乎不变甚至有微小的减少。所以控制溶液的 pH 值为 5.5，达到最佳吸附条件。

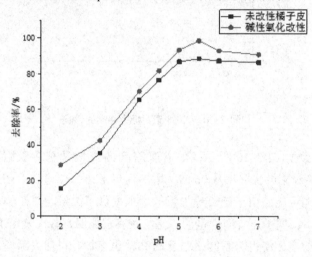

图 2-11　pH 对吸附性能的影响

3. 吸附时间对 HOOP 吸附 Pb^{2+} 性能的影响

准确量取铅标准使用液（50mg/L）50mL，于 8 个 150mL 锥形瓶中，称取 HOOP 0.05g，将溶液的初始 pH 值调节为 5.5，在 30℃下恒温振荡 20、40、60、70、80、90、100 和 120min，以恒定速率为 150r/min 振荡，抽滤取上清液于 50mL 的比色管中，然后稀释 10 倍于原子吸收光谱仪上测定其浓度，计算吸附去除率。

30℃下，吸附率随时间变化如图 2-12 所示。从图中可以看出，在 20min 之后，OP 对 Pb^{2+} 的去除率基本维持在 88% 左右，基本达到吸附饱和了。而 HOOP 对 Pb^{2+} 的吸附在 20min 时远未达到平稳，在 60min 时吸附去除率为 98.82%，之后上升趋缓且几乎不变，说明 HOOP 对 Pb^{2+} 的吸附在 60min 达到吸附平衡。同时从图中可看出，HOOP 比 OP 在时间范围内吸附去除率都要高，

HOOP 的最大吸附量为 49.82mg/g，也高于未改性的最大吸附量 44.74mg/g。

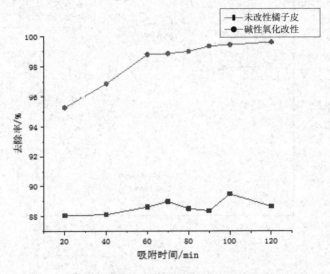

图 2-12　时间对吸附性能的影响

4. 动力学性能研究

取八个 150mL 的锥形瓶，每个锥形瓶中，将 0.05g 的 HOOP 加入 50mL，50mg/L 的铅离子溶液中，在 pH=5.5，30℃恒温水浴下，以恒定速率 150r/min 振荡，分别振荡 20，40，60，70，80，90，100，120min 后，抽滤取上清液于 50mL 的比色管中，然后稀释 10 倍于原子吸收光谱仪上测定其浓度，计算吸附去除率。

采用准一级和准二级动力学方程、颗粒内扩散方程对实验数据进行拟合，可得相关系数和线性方程。

（1）准一级动力学方程：

$$\ln(q_e - q_t) = \ln q_e - k_1 t \tag{2-1}$$

以 t 为横坐标，$\ln(q_e - q_t)$ 为纵坐标作图，可得拟合线和拟合方程，见图 2-13。

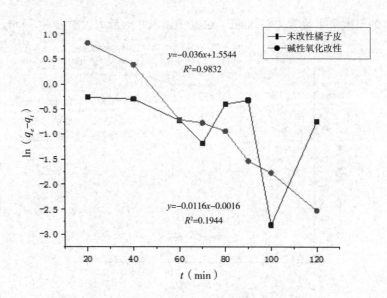

图 2-13　准一级吸附动力学方程模拟结果

（2）准二级动力学方程：

$$\frac{t}{q_t} = \frac{t}{q_e} + \frac{1}{k_2 q_e^2} \tag{2-2}$$

以 t 为横坐标，t/q_t 为纵坐标作图，可得拟合线和拟合方程，见图 2-14。

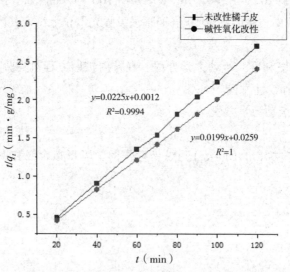

图 2-14　准二级吸附动力学方程模拟结果

（3）颗粒内扩散方程：

$$q_t = k_t t^{1/2} + C \qquad (2-3)$$

以 $t^{1/2}$ 为横坐标，q_t 为纵坐标作图，可得拟合线和拟合方程，见图 2-15。

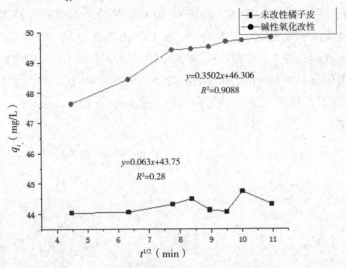

图 2-15　内扩散吸附动力学方程模拟结果

利用动力学方程式对图 2-12 数据模拟，结果见图 2-13 ～ 2-15 图。从 3 个图相比来看，HOOP 与 OP 都可以很好地用准二级动力学方程进行模拟，模拟的相关系数可以达到 0.9994 以上，且 HOOP 模拟的结果更好。再从表 2-9 中可看出，无论是 OP 还是 HOOP，模拟结果的准二级动力学相关系数要大于准一级动力学和内扩散，表明 OP 与 HOOP 的吸附过程都遵循准二级反应机理，属于化学吸附。

表2-9　准一级动力学、准二级动力学和内扩散模拟实验数据的相关系数 R^2

	准一级动力学	准二级动力学	内扩散
HOOP	0.9832	1	0.9088
OP	0.1944	0.9994	0.280

5. 等温吸附性能研究

取八个 150mL 的锥形瓶，每个锥形瓶中，将 0.05g 的 HOOP 加入 50mL，铅离子溶液初始浓度分别为 10、20、40、50、60、80、100mg/L 中，在

pH=5.5，30℃恒温水浴下，以恒定速率 150r/min 振荡 2h 后，抽滤取上清液于 50mL 的比色管中，然后稀释 10 倍于原子吸收光谱仪上测定其浓度，计算吸附去除率。

　　如图 2-16 所示，HOOP 与 OP 在 30℃下对 Pb^{2+} 的吸附等温线，平衡吸附量随着金属离子浓度的增加而增加。在 Pb^{2+} 的浓度为 10 ～ 150mg/L 的范围内，对 Pb^{2+} 的吸附量随 Pb^{2+} 的浓度的增大而增加，HOOP 对 Pb^{2+} 的吸附几乎成直线增加，吸附量从 9.626 mg/g 增加到 126.687mg/g。而且从图中可看出 HOOP 比 OP 的吸附结果更好，等温吸附模型用 Langmuir 方程和 Freundlich 方程两种模型描述如下。

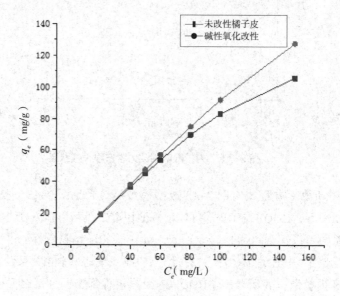

图 2-16　吸附等温线

　　（1）Langmuir 等温吸附方程为：

$$\frac{C_e}{q_e}=\frac{1}{K_L q_m}+\frac{C_e}{q_m} \tag{2-4}$$

式中，C_e 为平衡时污染物的浓度（mg/L）；q_e 为平衡吸附量（mg/g）；q_m 为饱和吸附容量（mg/g）；K_L 为 Langmuir 吸附平衡常数（L/mg）。

　　（2）Freundlich 等温吸附方程为：

$$\lg q_e=\lg K_F+\frac{1}{n}\lg C_e \tag{2-5}$$

式中，q_e 为吸附达到平衡时的吸附容量；K_F 为 Freundlich 平衡吸附系数；n 为特征常数，反映吸附剂的表面不均匀性，以及吸附强度的相对大小；C_e 为吸附达到平衡时时溶液中污染物的浓度。

已知 C_e 和 q_e，根据式（2-4），以 C_e 作横坐标和 q_e 作纵坐标，作图得到的 Langmuir 方程见图 2-17；根据式（2-5），以 $\lg C_e$ 作横坐标和 q_e 作纵坐标，作图得到的 Freundlich 方程见图 2-18。

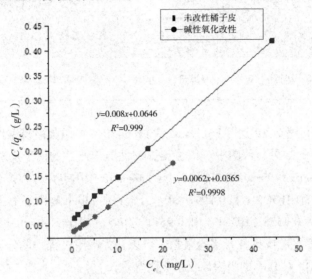

图 2-17 Langmuir 吸附等温式

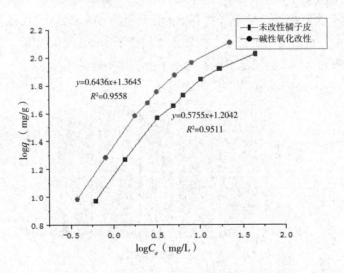

图 2-18 Freundlich 吸附等温式

根据图 2-17 和图 2-18 的吸附等温线，可得出相关吸附等温模型方程及相关参数，见表 2-10。

表4-2　吸附等温线方程拟合参数

温度 (℃)	Langmuir 吸附等温模型				Freundlich 吸附等温模型			
	拟合方程	R^2	Q_{max} (mg/g)	K_L	拟合方程	R^2	K_F	n
30	$y=0.0062x+0.0365$	0.9998	126.687	0.216	$y=0.6436x+1.364$	0.9511	23.15	1.55

图 2-17、图 2-18 是以 Langmuir 和 Freundlich 等温吸附模型模拟 HOOP 与 OP 吸附 Pb^{2+} 的结果，从图中可以看出，改性与未改性的橘子皮对 Pb^{2+} 的吸附均符合 Langmuir 和 Freundlich 模型，与 Langmuir 吸附等温方程拟合的相关系数分别为 0.9998（HOOP）和 0.999（OP），与 Freundlich 吸附等温方程拟合的相关系数分别为 0.9558（HOOP）和 0.9511（OP）。相比 Freundlich 吸附等温线，Langmuir 吸附等温线更符合实验数据，可以认为吸附过程是单分子层吸附，所以 HOOP 和 OP 对 Pb^{2+} 的吸附以化学吸附为主。

6. 解吸再生实验

向达到吸附平衡的 HOOP 中加入 100mL、0.1mol/L 的 HCl，恒温恒速振荡 5h，过滤水洗至中性，烘干。将 0.05g 烘干后的 HOOP 加入 50mL、50mg/L 的模拟废水中，恒温恒速振荡 2h，抽滤取上清液于 50mL 的比色管中，稀释 10 倍于原子吸收光谱仪上的测定浓度。重复 5 次上述实验循环。

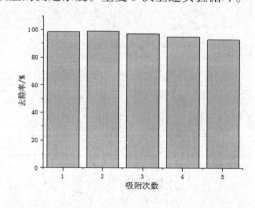

图 2-19　吸附性能再生利用

把已经吸附完 Pb^{2+} 的 HOOP 放入 0.1mol/L 的 HCL 溶液进行解吸，再对解吸完后的吸附材料进行吸附性能研究。结果如图 2-19 所示，再生后的吸附材料依然具有很好的吸附效果，从第一次的 98.48%，第二次的 99.02% 到第五次的 93.11%，虽然有所降低，但是吸附能力还维持在 90% 以上。随着再吸附次数的增加，活性基团被破坏，表面活性点位被铅离子占据，活性点位减少，使得去除率降低，但也证明 HOOP 具有一定的重复循坏利用性，且至少可以重复利用五次以上。

（二）表征及吸附机制

1.HOOP 吸附 Pb（Ⅱ）的 SEM 分析

在不同的放大倍数 3 万（A，C）和 5 万（B，D）下，HOOP 吸附前后的 SEM 电镜图如图 2-20 所示。反应前（A，B）的 HOOP 的表面孔变多变大，形态为凹凸不平的不规则网格形状，表明经过改性带来的表面及内部形态结构的变化有利于 Pb（Ⅱ）吸附。反应后（C，D）整个形态结构饱满，孔隙很少，比较紧实。

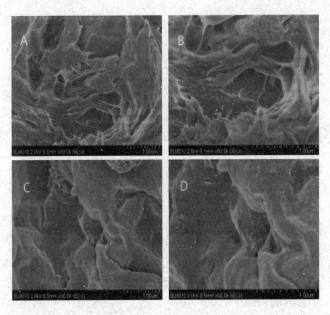

图 2-20　HOOP 吸附 Pb(Ⅱ) 前 (A，B) 后 (C，D)SEM 电镜图

2. HOOP 吸附 Pb（Ⅱ）的 FTIR 分析

HOOP 吸附 Pb（Ⅱ）前后的 FTIR 测试如图 2-21 所示。从图中可知，3400cm⁻¹ 到 3600cm⁻¹ 范围内为 HOOP 的 O—H 伸缩振动峰[①]，1636.7cm⁻¹ 为 HOOP 离子化羧基中的 C═O 不对称伸缩振动峰[②]。HOOP 吸附 Pb（Ⅱ）后 O—H、C═O 的红外特征峰向高峰段移动[③]。原因可能是，Pb（Ⅱ）与 O—H、C═O 发生配位形成配合物。

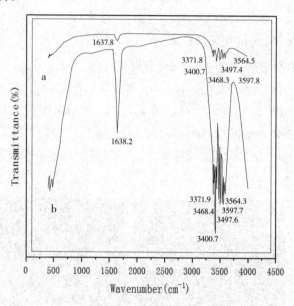

图 2-21　HOOP 吸附 Pb(Ⅱ) 前 (a) 后 (b)FTIR 图谱

---

①　Wang B, Li C, Liang H. Bioleaching of heavy metal from woody biochar using Acidithiobacillus ferrooxidans and activation for adsorption[J]. Bioresource Technology, 2013,146:803-806.

②　Zhou B, Wang Z, Shen D, et al. Low cost earthworm manure-derived carbon material for the adsorption of Cu²⁺ from aqueous solution: Impact of pyrolysis temperature[J]. Ecological Engineering, 2017,98:189-195.

③　Ren H, Gao Z, Wu D, et al. Efficient Pb(II) removal using sodium alginate-carboxymethyl cellulose gel beads: Preparation, characterization, and adsorption mechanism[J]. Carbohyd- rate Polymers, 2016,137:402-409.

3.HOOP 吸附 Pb（Ⅱ）的 XPS 分析

HOOP 吸附 Pb（Ⅱ）后的 XPS 测试分析如图 2-22（a）所示。531.33、532.28、532.95eV 分别对应 O—H、COOH、Si—O 的吸收峰，如图 2-22（b）所示。HOOP 吸附 Pb（Ⅱ）后的 Pb 元素的 XPS 分析如图 2-22（c）所示，在 138.48、143.63eV 出现两个吸收峰，这 2 个峰的位置与 $Pb4f_{7/2}$、$Pb4f_{5/2}$ 结合能相对应[1]。Pb（NO_3）$_2$ 的 $Pb4f_{7/2}$、$Pb4f_{5/2}$ 结合能为 139.9、145eV[2]，比 HOOP—Pb 的结合能偏高，这表明 HOOP 中的官能团（O—H、COOH）与 Pb（Ⅱ）形成配位键[3]，这些官能团的电负性较 NO_3^- 低，诱导向低结合能的趋势，导致配合物的形成。138.83、143.79eV 处的峰面积为总峰的 19.37%，可能是 Pb（Ⅱ）与 O—H 形成配合物的吸收峰；138.48、143.51eV 处的峰面积为总峰的 31.10%，可能是 Pb（Ⅱ）与 C＝O 形成配合物的吸收峰；139.22、143.98eV 处的峰面积为总峰的 49.53%，可能是 Pb（Ⅱ）与 K^+、Ca^{2+} 发生了离子交换作用，形成 Pb（Ⅱ）-Complex 形式存在的化合物[4]。

[1] Ho S, Chen Y, Yang Z, et al. High-efficiency removal of lead from wastewater by biochar derived from anaerobic digestion sludge[J]. Bioresource Technology, 2017,246:142–149.

[2] Fan Zhang X C W Z. Dual-functionalized strontium phosphate hybrid nanopowder for effective removal of Pb(II) and malachite green from aqueous solution[J]. Powder Technology, 2017,25(031):86–119.

[3] Li H, Mu S, Weng X, et al. Rutile flotation with Pb²⁺ ions as activator: Adsorption of Pb²⁺ at rutile/water interface[J]. Colloids and Surfaces A: Physicochemical and Engineering Aspects, 2016,506:431–437.

[4] 于长江 . 生物炭复合材料的制备及其对重金属离子的吸附行为和机制研究 [D]. 昆明理工大学 , 2018.

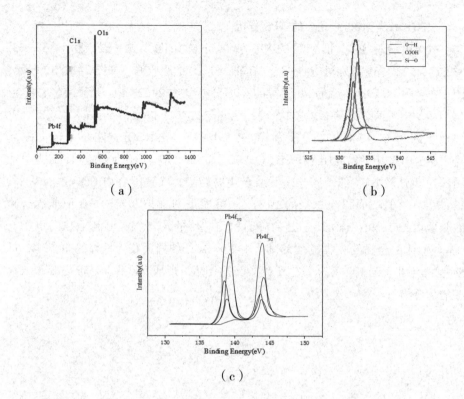

（a）

（b）

（c）

图 2-22　HOOP 吸附 Pb(Ⅱ) 后的 XPS 扫描光谱 (a)，O1s(b) 和 Pb4f(c) 分析

第三章　大气和废气监测与应用

第一节　大气和废气监测基本知识

一、大气、空气及污染

大气是地球外面由各种气体和悬浮物组成的复杂流体系统，亦可认为是地球周围所有空气的总和。其厚度为 1000 ～ 1400km。

大气圈是在生命活动参与下长期发育而形成的。按照国际气象组织的建议，大气圈的结构范围为地表至 800km 高空。

对流层位于 0 ～ 12km 处，各种天气现象形成于此，每向上 1000m 温度下降 6.5℃，这导致了空气的竖向流动。

平流层位于 12 ～ 50km 处，底部同温，后温度又随高度而升高，从而抑制了大气的垂直运动。

中间层位于 50 ～ 80km 处，温度随高度而下降，有上下对流。

热成层位于 80 ～ 800km 处，温度随高度而急剧上升。此层中的空气分子发生电离，故又称电离层，能反射无线电波，对人类的无线电通信具有特别的意义。

逸散层位于 800bn 以上，大气稀薄，地心引力微弱。

空气指对人类及生物生存起着重大作用的近地面约 10km 的对流层，占大气总量的 95%，有自己固定的组成：N_2 占 78.06%，O_2 占 20.95%，Ar 占 0.93%。

大气污染是指在人们的生产、生活中产生的大量废气排入空气，当其浓度超过环境所允许的极限，并持续一段时间后，就会改变大气的正常组成，破坏自然平衡，造成社会危害。

二、空气中污染物的来源

清洁的空气是人类和生物赖以生存的环境要素之一，但随着工业及交通运输等行业的迅速发展，大量有害物质（如烟尘、二氧化硫、氮氧化物等）排放到大气中，当大气中有害物质浓度超过环境所能允许的极限并持续一定时间后，就会改变大气的正常组成，破坏自然的物理、化学和生态平衡体系，从而危害人们的生活、工作和健康，影响工农业生产等，这种情况称为大气污染。空气中的污染源分为自然污染源和人为污染源两种：自然污染源是由自然现象造成的，如火山爆发时喷射出大量粉尘、二氧化硫气体等；人为污染源是由人类的生产和生活活动造成的，是大气污染的主要来源，主要有以下三类。

（一）工业企业排放的废气

工业生产过程中排放到大气中的污染物种类多、数量大，是环境空气的重要污染源。近年来，随着燃煤电厂全面实施超低排放和节能改造，钢铁、有色金属、建材、石油化工等非电力行业已成为我国主要工业大气污染源。

（二）家庭炉灶与取暖设备排放的废气

这类污染源数量大、分布广、排放高度低，排放的气体不易扩散，在气象条件不利时往往会造成严重的大气污染，是低空大气污染不可忽视的污染源，排气中的主要污染物是烟尘、SO_2、CO、CO_2，等等。

（三）交通运输工具排放的废气

在交通运输工具中，尤其以汽车数量最大，排放的污染物最多，并且集中在城市；随着我国家庭汽车保有量逐年增加，汽车尾气污染已成为城市大气污染的主要来源之一。

三、空气中的污染物及其存在状态

根据污染物的形成过程，可将其分为一次污染物和二次污染物。

一次污染物是直接从各种污染源排放到空气中的有害物质。常见的主要有二氧化硫、氮氧化物、一氧化碳、烃类、颗粒物等。颗粒物中包含苯并（a）芘等强致癌物质、有毒重金属、多种有机化合物和无机化合物等。

二次污染物是一次污染物在空气中相互作用或它们与空气中的正常组分发生反应所产生的新污染物。这些新污染物与一次污染物的化学、物理性质完全不同，多为气溶胶，具有颗粒小、毒性一般比一次污染物大等特点。常见的二次污染物有硫酸盐、硝酸盐、臭氧、醛类（乙醛和丙烯醛等）、过氧乙酰硝酸酯（PAN），等等。

空气中污染物的存在状态是由其自身的理化性质及形成过程决定的，气象条件也起一定的作用，一般将空气中的污染物分为分子状态污染物和粒子态污染物两类。

（一）分子状态污染物

某些物质如二氧化硫、氮铋化物、一氧化碳、氯化氢、氯气、臭氧等沸点都很低，在常温、常压下以气体分子形式分散于空气中。还有些物质如苯、苯酚等，虽然在常温、常压下是液体或固体，但因其挥发性强，故能以蒸汽形式进入空气中。

无论是气体分子还是蒸汽分子，都具有运动速度较大、扩散快、在空气中分布比较均匀的特点。它们的扩散情况与自身的相对密度有关，相对密度大者向下沉降，如汞蒸汽等；相对密度小者向上飘浮，并受气象条件的影响，可随气流扩散到很远的地方。

（二）粒子态污染物

粒子态污染物是分散在大气中的微小液滴和固体颗粒，粒径多为 0.01 ~ 100 μm，按其在重力作用下的沉降特性和粒径大小可分为以下几种。

降尘：粒径较大（大于 10 μm），在重力作用下能较快地从大气沉降到地面。

总悬浮微粒：粒径在 100 μm 以下的液体或固体微粒。

可吸入颗粒物：空气动力学直径小于等于 10 μm 的颗粒物，因这种微粒能在大气中长期飘浮而不沉降，也称飘尘。

细颗粒：空气动力学直径小于等于 2.5 μm 的颗粒物，是我国目前绝大部分城市的首要污染物，对人体健康、空气质量和能见度影响极大。

以固体或液体微小颗粒分散于大气中的分散体系俗称气溶胶，通常遇到的气溶胶微粒的直径范围为 0.1 ~ 10Hm。根据气溶胶形成的方式，其可分为分散性气溶胶和凝聚性气溶胶。

（1）分散性气溶胶是指固体或液体在破碎、振荡、气流通过时以固体小微粒或液体小雾滴悬浮于大气中，其粒度及分散范围大。

（2）凝聚性气溶胶是指在加热过程中蒸发出来的分子遇冷凝聚成液体或固体小微粒分散于大气中，其粒度小，分散均匀。根据气溶胶存在的形式，可分为以下几种。

雾：悬浮在空气中由微小液滴构成的气溶胶；

霾：悬浮在空气中由大量细颗粒（主要为固体）构成的气溶胶；

烟：固态凝聚性气溶胶，如熔铅过程中铅蒸汽遇冷所形成的铅烟，同时含有固体和液体两种微粒的凝聚性气溶胶也称为烟；

尘：固态分散性气溶胶，是固体物质被粉碎时所产生的固体微粒；

烟雾：由烟和雾同时构成的固、液混合态气溶胶。

四、空气中污染物的时空分布特点

与其他环境要素中的污染物相比较，空气中的污染物具有随时间、空间变化大的特点。了解该特点，对于获得能正确反映空气污染实际状况的监测结果有重要意义。

空气污染物的时空分布及其浓度与污染物排放源的分布、排放量及地形、地貌、气象等条件密切相关。

气象条件如风向、风速、大气湍流、大气稳定度等，总在不停地改变，故污染物的稀释与扩散情况也在不断地变化。同一污染源对同一地点在不同时间所造成的地面空气污染浓度往往相差数倍至数十倍，同一时间不同地点也相差甚大。一次污染物和二次污染物的浓度在一天之内也不断地变化。一次污染物因受逆温层及气温、气压等限制，清晨和黄昏浓度较高，中午浓度较低；二次污染物如光化学烟雾，因在阳光照射下才能形成，故中午浓度较高，清晨和夜晚浓度低。风速大，大气不稳定，则污染物稀释扩散速度快，浓度变化也快；反之，稀释扩散速度慢，浓度变化也慢。

污染源的类型、排放规律及污染物的性质不同，其时空分布特点也不同。例如，我国北方城市空气中 SO_2 浓度的变化规律是：在一年内，1 月、2 月、11 月、12 月属采暖期，SO_2 浓度比其他月份高；在一天内，6：00 ~ 10：00 和 18：00 ~ 21：00 为供热高峰时段，SO_2 浓度比其他时段高。点污染源或线污染源排放的污染物浓度变化较快，涉及范围较小；大量地面点污染源（如工业区炉窑、分散供热锅炉等）构成的面污染源排放的污染物浓度分布比较均匀，并随气象条件变化有较强的变化规律。就污染物的性质而言，质量较小的分子态或气溶胶态污染物高度分散在空气中，易扩散和稀释，随时空变化快；质量较大的尘、汞蒸汽等，扩散能力差，影响范围较小。

为反映污染物浓度随时间的变化，在空气污染监测中提出时间分辨率的概念，要求在规定的时间内反映出污染物的浓度变化。例如，了解污染物对人体的急性危害，要求分辨率为 3min；了解光化学烟雾对呼吸道的刺激反应，要求分辨率为 10min。《环境空气质量标准》要求测定污染物的 1h 平均浓度及日平均、月平均、季平均、年平均浓度，也是为了反映污染物随时间的变化情况。

五、空气和废气监测分类

（一）按照监测的对象分类按照监测的对象可以分为空气监测和污染源监测

空气监测分为环境空气质量监测和室内环境空气质量监测，而环境空气质量监测又分为手工监测和自动监测。环境空气质量手工监测是指在监测点位用采样装置采集一定时段的环境空气样品，将采集的样品在实验室用分析仪器分析、处理的过程。环境空气质量自动监测是指在监测点位采用连续自动监测仪器对环境空气质量进行连续的样品采集、处理、分析的过程。

污染源监测是对包括固定污染源、移动污染源和无组织排放源进行监视性和监督性的定期或不定期的监测。

（二）按照监测的目的分类按照监测的目的可分为大气质量监测和大气污染监测

大气质量监测是指对一个地区大气中的主要污染物进行布点监测，并由此评价大气环境质量的过程。大气质量监测通常根据一个地区的规模、大气污染源分布情况和源强、气象条件、地形地貌等因素，选定几个或十几个具有代表性的测点（大气采样点），进行规定项目的定期监测。监测人员根据监测结果，对照《环境空气质量标准》（GB 3095—2012）进行评价，从而得出区域大气环境质量优劣的结论。

大气污染监测是指测定大气中污染物的种类及其浓度，观察其时空分布和变化规律的过程。大气污染监测的目的在于识别大气中的污染物质，掌握其分布与扩散规律，监视大气污染源的排放和控制情况。由于大气污染与气象条件密切相关，因而在大气污染监测中应包括风向、风速、气温、气压、太阳辐射强度、相对湿度等气象参数的测定。大气污染监测是大气质量监测的基础。

六、空气和废气监测技术路线

空气监测采用以连续自动监测技术为主导，以自动采样和被动式吸收采样 – 实验室分析技术为基础，以可移动自动监测技术为辅助的技术路线。

重点污染源采用以自动在线监测技术为主导，其他污染源采用以自动采样和流量监测同步 – 实验室分析为基础，并以手工混合采样 – 实验室分析为辅助手段的浓度监测与总量监测相结合的技术路线。

第二节　空气污染监测方案的制订

制订大气污染监测方案，要根据监测的目的进行调查研究，收集资料，然后进行综合分析，确定监测项目，根据所监测对象的特点设计布点网络，选定采样频率、采样方法和监测技术，建立质量保证程序和措施，提出监测结果报告要求及进度计划等。下面结合我国现行技术规范，对监测方案等内容加以介绍。

一、大气污染监测规划

（一）大气污染监测目的

（1）通过对大气环境中主要污染物质进行定期或者连续性的监测，判断大气质量是否符合国家制定的大气质量标准，并为编写大气环境质量状况评价报告提供数据。

（2）为研究大气质量的变化规律和发展趋势，开展大气污染的预测预报，以及研究污染物迁移、转化等工作提供依据。

（3）为政府环保部门执行有关环境保护法规，开展环境质量管理、环境科学研究及修订大气环境质量标准提供基础资料和依据。

大气中的污染物多种多样，应根据优先监测的原则，选择那些危害大、涉及范围广、已建立成熟方法并有标准可比的项目进行监测。在我国《环境监测技术》中规定的监测项目分为必测项目和选测项目。必测项目有二氧化硫、氮氧化物、总悬浮颗粒物、硫酸盐化速率、灰尘自然沉积量。选测项目有一氧化碳、可吸入颗粒物、光化学氧化剂、氟化物、铅、汞、苯并［a］芘、总烃及非甲烷烃。

（二）资料收集及调研

1. 污染源分布及排放情况

调查监测区域内的污染源类型、数量、位置、排放的主要污染物及排放量等情况，同时还应了解所用原料、燃料及消耗量。注意要将高烟囱排放的较大污染源与低烟囱排放的小污染源区别开来。因为小污染源的排放高度低，对周围地区地面大气中污染物浓度影响比大型工业污染源大。另外，对于交通运输污染较重和有石油化工企业的地区，应区别一次污染物和二次污染物。因为二次污染物是在大气中形成的，其高浓度可能在远离污染源的地方，在布设监测点时应加以考虑。

2. 气象资料

污染物在大气中的扩散、输送和一系列的物理、化学变化在很大程度上取决于当时当地的气象条件。因此，要收集监测区域的风向、风速、扬沙、气温、气压、降水量、日照时间、相对湿度、雾日、温度的垂直分布和逆温层底部高度等资料。

3. 地形资料、土地利用和功能分区情况

地形对当地的风向、风速和大气稳定情况等有影响，因此，在设置监测网点时应当作为重要考虑的因素。例如，城市与乡村之间的城市热岛效应的影响；位于丘陵地区的城市，市区内大气污染物的浓度梯度会相当大；位于海边的城市会受海、陆风的影响，而位于山区的城市会受山谷风的影响等。为掌握污染物的实际分布状况，监测区域的地形越复杂，要求布设监测点越多。监测区域内土地利用情况及功能区划分也是设置监测网点应考虑的重要因素。不同功能区的污染状况是不同的，如工业区、商业区、居民区，等等。

4. 人口分布及人群健康情况

环境保护的目的是维护自然环境的生态平衡，保护人群的健康，因此，掌握监测区域的人口分布、居民和动植物受大气污染危害情况及流行性疾病等资料，对制订监测方案、分析判断监测结果是有益的。

此外，对于监测区域以往的大气监测资料等也应尽量收集，供制订监测方案时参考。

二、监测项目

对于城市点的监测，根据国家《环境空气质量标准》（GB 3095—2012）规定，监测项目分为基本项目和其他项目。其中基本项目在全国范围内实施，其他项目由国务院环境保护行政主管部门或省级人民政府根据实际情况，确定具体实施方案。

区域点和背景点的监测除了基本项目外，由国务院环境保护行政主管部门根据国家环境管理需求和点位实际情况增加其他特征监测项目，具体监测项目见表 3-1。

表3-1　环境空气质量评价城市点监测项目

监测类型	监测项目
基本项目	二氧化硫（SO_2）、二氧化氮（NO_2）、一氧化碳（CO）、臭氧（O_3）、可吸入颗粒物（PM_{10}）、细颗粒物（$PM_{2.5}$）
其他项目	总悬浮颗粒物（TSP）、氮氧化物（NO_x）、铅（Pb）、苯并（a）芘（BaP）
其他特征项目	湿沉降：降雨量、pH、电导率、氯离子、硝酸根离子、硫酸根离子、钙离子、镁离子、钾离子、钠离子、铵离子，等等
	有机物：挥发性有机物（VOCs）、持久性有机污染物（POPs）等
	温室气体：二氧化碳（CO_2）、甲烷（CH_4）、氧化亚氮（N_2O）、六氟化硫（SF_6）、氢氟烃（HFCs）、全氟化碳（PFCs）
	颗粒物主要物理化学特性：颗粒物数浓度谱分布、$PM_{2.5}$ 或 PM_{10} 中的有机碳、元素碳、硫酸盐、硝酸盐、氯盐、钾盐、钙盐、钠盐、镁盐、铵盐，等等

污染监控点和路边交通点可根据监测目的及针对污染源的排放特征，由地方环境保护行政主管部门确定监测项目。

三、监测点的布设

（一）监测站（点）的分类

环境空气质量评价监测点根据监测目的不同，可分为城市点、区域点、背景点、污染监控点和路边交通点。

1. 城市点

为了监测城市建成区的空气质量整体状况和变化趋势而设置的监测点，其设置的最少数量根据城市建成区面积和人口数量确定，其代表性范围一般为半径 500 ～ 4000m。

2. 区域点

为了监测区域范围空气质量状况和污染物区域传输及影响范围而设置的监测点，其代表性范围一般为半径几十千米。

3. 背景点

为了监测国家或大区域范围的环境空气质量本底水平而设置的监测点，其代表性范围一般为半径 100km 以上。

4. 污染监控点

为了监测本地区主要固定污染源及工业园区污染源聚集区对当地环境空气质量的影响而设置的监测点，其代表性范围一般为 100 ~ 500m，如考虑较高的点源对地面浓度的影响时，也可将范围扩大到半径 500 ~ 4000m。

5. 路边交通点

为了监测道路交通污染源对环境空气质量影响而设置的监测点，其代表性范围为日常生活和活动场所中受道路交通污染源排放影响的道路两旁及其附近区域。

（二）监测点布设原则

（1）采样点应设在整个监测区域的高、中、低三种不同污染物浓度的地方。

（2）在污染源比较集中、主导风向比较明显的情况下，应将污染源的下风向作为主要监测范围，布设较多的采样点；上风向布设 S 点作为对照。

（3）工业较密集的城区和工矿区，人口密度及污染物超标地区，要适当增设采样点；城市郊区和农村，人口密度小及污染物浓度低的地区，可酌情少设采样点。

（4）采样点的周围应开阔，采样口水平线与周围建筑物高度的夹角应不大于 300。

测点周围无局部污染源，并应避开树木及吸附能力较强的建筑物。交通密集区的采样点应设在距人行道边缘至少 1.5m 远处。

（5）各采样点的设置条件要尽可能一致或标准化，使获得的监测数据具有可比性。

（6）采样高度根据监测目的而定。研究大气污染对人体的危害，采样口应在离地面 1.5 ~ 2m 处；研究大气污染对植物或器物的影响，采样口高度应与植物或器物高度相近。连续采样例行监测采样口高度应距地面 3 ~ 15m；SO_2、NO_x、TSP、硫酸盐化速率的采样高度以 5 ~ 10m 为宜；降尘的采样高度以 8 ~ 12m 为宜；若置于屋顶采样，采样口应与基础面有 1.5m 以上的相对高度，以减小扬尘的影响。特殊地形地区可视实际情况选择采样高度。

（三）采样点数目的确定

1. 城市点

采样点数目的确定应根据监测范围大小、污染物的空间分布特征、人口分布密度、气象、地形、经济条件等因素综合考虑确定；我国空气污染例行监测的采样点设置数目主要依据城市人口数量确定（表3-2）。

表3-2　我国环境空气污染例行监测采样点设置数目[①]

城市人口数量/万人	必测项目	自然沉降量	硫酸盐化速率
< 50	3	≥ 3	≥ 6
50 ~ 100	4	4 ~ 8	6 ~ 12
100 ~ 200	5	8 ~ 11	12 ~ 18
200 ~ 400	6	12 ~ 20	18 ~ 30
> 400	7	20 ~ 30	30 ~ 40

2.区域点和背景点

区域点和背景点的数量由国家环境保护行政主管部门根据国家规划设置，其中区域点还应兼顾区域面积和人口因素，各地方可根据环境管理的需要，申请增加区域点数量。

3.污染监控点和路边交通点

地方环境保护行政主管部门组织各地环境监测机构并根据本地区环境管理的需要确定布设数量。

（四）采样点布设方法

1.功能区布点法

按功能区划分布点法多用于区域性常规监测。先将监测区域划分为工业区、商业区、居住区、工业和居住混合区、交通稠密区、清洁区等，再根据具体污染情况和人力、物力条件，在各功能区设置一定数量的采样点。各功能区的采样点数不要求平均，一般在污染较集中的工业区和人口较密集的居住区多设采样点。

2.网格布点法

网格布点法是将监测区域地面划分成若干均匀网状方格，采样点设在两条直线的交点处或方格中心，如图3-1所示。网格大小视污染源强度、人口分布及人力、物力条件等确定。若主导风向明显，下风向监测点多设一些，一般占采样点总数的60%。对于有多个污染源，且污染源分布较均匀的地区多采用网

[①]　孙成，鲜启鸣. 环境监测 [M]．北京：科学出版社，2019，10.

格布点法。

3. 同心圆布点法

这种方法主要用于多个污染源构成污染群，且大污染源较集中的地区。先找出污染群的中心，以此为圆心在地面上画若干个同心圆，再从圆心作若干条放射线，将放射线与圆周的交点作为采样点，如图 3-2 所示。不同圆周上的采样点数目不一定相等或均匀分布，常年主导风向的下风向比上风向多设一些点。例如，同心圆的半径分别取 5、10、15、20km，从里向外各圆周上分别设 4、8、8、4 个采样点。

4. 扇形布点法

扇形布点法适用于孤立的高架点源，且主导风向明显的地区。以点源为顶点，成 45° 扇形展开，夹角可大些，但不能超过 90°，采样点设在扇形平面内距点源不同距离的若干弧线上。每条弧线上设 3 ～ 4 个采样点，相邻两点与顶点连线的夹角一般取 10° ～ 20°，如图 3-3 所示。在上风向应设对照点。采用同心圆和扇形布点法时，应考虑高架点源排放污染物的扩散特点。在不计污染物本底浓度时，点源脚下的污染物浓度为零，污染物浓度随着距离增加，很快出现浓度最大值，然后按指数规律下降。因此，同心圆或弧线不宜等距离划分，而是靠近最大浓度值的地方密一些，以免漏测最大浓度的位置。至于污染物最大浓度出现的位置，与源高、气象条件和地面状况密切相关。

图 3-1 网格布点法　　图 3-2 同心圆布点法　　图 3-3 扇形布点法

例如，对平坦地面上 50m 高的烟囱，污染物最大地面浓度出现的位置与气象条件有关，随着烟囱高度的增加，最大地面浓度出现的位置随之增大，如在大气稳定时，高度为 100m 烟囱排放污染物的最大地面浓度出现位置约在烟囱高度的 100 倍处。

5. 平行布点法

平行布点法适用线性污染源。对于公路等线性污染，一般在距公路两侧 lm 左右布设监测网点，然后在距公路 100m 左右的距离布设与前面监测点对应的监测点，目的是了解污染物经过扩散后对环境产生的影响。在前后两点对比采样的时候注意污染物组分的变化。

在实际工作中，为做到因地制宜，使采样网点布设得完善合理，往往采用以一种布点方法为主，兼用其他方法的综合布点法。

（五）采样频率和采样时间

采样频率是指在一个时段内的采样次数；采样时间是指单个样品采集的时间间隔。二者要根据监测空气质量的长期变化趋势、污染物分布特征、分析方法灵敏度等因素确定。例如，为监测空气质量的长期变化趋势，连续或间歇自动采样测定为最佳方式；突发性污染事故等应急监测要求快速测定，采样时间尽量短。表 3-3 列出《环境空气质量标准》（GB 3095—2012）对污染物监测数据的统计有效性规定。

表3-3 污染物监测数据的统计有效性规定[①]

污染物项目	平均时间	数据的统计有效性规定
二氧化硫（SO_2）、二氧化氮（NO_2）、可吸入颗粒物（PM_{10}）、细颗粒物（$PM_{2.5}$）、氮氧化物（NO_x）	年平均	每年至少有 324 个日平均值，每月至少有 27 个日平均值（2 月至少有 25 个日平均值）
二氧化硫（SO_2）、二氧化氮（NO_2）、一氧化氮（CO）、可吸入颗粒物（PM_{10}）、细颗粒物（$PM_{2.5}$）、氮氧化物（NO_x）	24h 平均	每日至少有 20 个小时平均值或采样时间
臭氧（O_3）	8h 平均	每 8 个小时至少有 6 个小时平均值
二氧化硫（SO_2）、二氧化氮（NO_2）、一氧化氮（CO）、臭氧（O_3）、氮氧化物（NO_x）	1h 平均	每小时至少有 45 min 的采样时间
总悬浮颗粒物（TSP）、苯并（a）芘（BaP）、铅（Pb）	年平均	每年至少有分布均匀的 60 个日平均值 每月至少有分布均匀的 5 个日平均值
铅（Pb）	季平均	每季至少有分布均匀的 15 个日平均值 每月至少有分布均匀的 5 个日平均值
总悬浮颗粒物（TSP）、苯并（a）芘（BaP）、铅（Pb）	24h 平均	每日应有 24h 的采样时间

---

① 陈丽湘，韩融 . 环境监测［M］. 北京：九州出版社，2016，09.

第三节　环境空气样品的采集与污染物的测定

一、环境空气样品的采集

（一）采样方法

据待测物质在空气中的存在状态、浓度、理化特性，以及所用分析方法的灵敏性，选择合适的采样方法。常用的采样方法一般分为直接采样法和富集（浓缩）采样法两大类。

1. 直接采样法

当空气中的被测组分浓度较高，或者监测方法灵敏度高时，直接采集少量气样即可满足监测分析要求。直接采样法适用于一氧化碳、挥发性有机物、总烃等污染物的样品采集。这种方法测得的结果是瞬时浓度或短时间内的平均浓度，能较快地测知结果。常用的采样容器有注射器、气袋、真空罐（瓶）等。

（1）注射器采样。常用 50mL 或 100mL 带有惰性密封头的玻璃或塑料注射器。采样前，先用现场气体抽洗 3～5 次，然后抽取一定体积的气样，密封进气口后，将注射器进口朝下、垂直放置，使注射器的内压略大于大气压。

采样后注射器应迅速放入运输箱内，并保持垂直状态运送。样品保温并避光保存，采样后尽快分析。

（2）气袋采样。气袋适用于采集化学性质稳定、不与气袋发生化学反应的低沸点气态污染物。常用材质有聚四氟乙烯、聚乙烯、聚氯乙烯和金属衬里（铝箔）等。

采样方式可分为真空负压法和正压注入法。真空负压法采样系统由进气管、气袋、真空箱、阀门和抽气泵等部分组成；正压注入法用双联球、注射器、正压泵等器具通过连接管将气样直接注入气袋。

采样前，先用现场气体清洗气袋 3～5 次，再充满气样。采样后迅速密封进气口，放入运输箱，防止阳光直射。当环境温差较大时，应采取保温措施，并在最短时间内送至实验室分析。

（3）真空罐（瓶）采样。真空罐常用金属材质，且内表面经过惰性处理，真空瓶常用硬质玻璃材质，采样系统常配有进气阀门和真空压力表。

采样前，真空罐（瓶）应清洗或加热清洗 3 ～ 5 次，根据不同气样采样要求抽真空，如采集挥发性有机物样品时，要求将真空罐抽真空至小于 10Pa。每批次真空罐（瓶）应进行空白测定。采样用的辅助物品也应经过清洗，密封带到现场，或者事先在洁净环境中安装好，密封进气口后带到现场。

采样分为瞬时采样和恒流采样两种方式。瞬时采样时，在真空罐进气口处加过滤器。打开采样阀门进行采样，待真空罐内压力与周围压力一致后，关闭阀门，用密封帽密封。恒流采样时，需在过滤器前安装限流阀。打开采样阀门进行恒流采样，在设定的恒定流量所对应的采样时间达到后，关闭阀门，用密封帽密封。样品常温保存，尽快分析。

2.富集（浓缩）采样法

大多数情况利用此法，主要包括：

（1）溶液吸收法。抽取一定量的空气，再通过吸收液，被测组分由于溶解或化学反应被阻留下来形成溶液，然后对溶液进行测定。溶液吸收法适用于气态、蒸汽态、气溶胶态污染物质；吸收效率取决于吸收速度和接触面积；必须选择合适的吸收液和吸收管。

吸收液的选择原则如下：①与被采集的污染物质发生化学反应快或对其溶解度大；②污染物质被吸收液吸收后，要有足够的稳定时间，以满足分析测定所需时间的要求；③污染物质被吸收后，应有利于下一步分析测定，最好能直接用于测定；④吸收液毒性小、价格低、易于购买，且尽可能回收利用。

吸收管的作用在于：增大被采气体与吸收液的接触面积吸收管有以下类型：①气泡吸收管（适用气态或蒸汽态物质）；②冲击式吸收管（适用气溶胶态或易溶解样品）；③多孔筛板吸收管（适用于气态、气溶胶态样品）。

（2）填充柱阻留法。阻留柱是长 6 ～ 10cm，内径 3 ～ 5mm，内装颗粒状填充剂的玻璃或塑料管。让气体以一定流速通过填充柱，则欲测组分因吸附溶解或化学反应等作用阻留在填充剂上，采样后通过解吸或溶剂洗脱，使被测组分从填充剂上释放出来进行测定。阻留柱包括以下类型：

①吸附型填充柱。填充剂是颗粒状固体吸附剂，如活性炭、硅胶、分子筛、高分子多孔微球，等等。

②分配型填充柱。填充剂是表面涂高沸点有机溶剂的惰性多孔颗粒物。

③反应型填充柱。填充剂是由惰性多孔颗粒物（如石英砂、玻璃微球等）或纤维状物（如滤纸、玻璃棉等），其表面涂渍能与被测组分发生化学反应的试剂制成。

（3）滤料阻留法。用抽气装置抽取一定量的空气，则空气中的颗粒物被阻留在过滤材料上。称量颗粒物的重量，再根据采样体积计算。

（4）低温冷凝法。当空气流经采样管时，被测组分因冷凝而凝结在采样管底部。应在采样管的进气端装置选择性过滤器，以除去水分和 CO_2 等。

（5）静电沉降法。通过电场使气体分子电离，附着在气溶胶上，使颗粒带电，沉降到收集极上。

（6）扩散（或渗透）法。用在个体采样器中，佩戴在人身上，跟踪人的活动，用作人体接触有害物质量的监测。

（二）采样仪器

1.组成部分

（1）收集器：吸收管、填充柱、冷凝采样管、滤料采样夹。

（2）流量计：转子流量计、孔口流量计、限流孔，流量计在使用前要进行校正。

（3）采样动力：真空泵、刮板泵、薄膜泵、电磁泵。

2.专用采样器

将收集器、流量计、抽气泵及采样预处理、流量调节、自动定时控制等部件装在一起，就构成专用采样器，如：

（1）SO_2、NO_2 等空气采样器；

（2）TSP、IP 等颗粒物采样器；

①总悬浮颗粒物采样器：可分为大流量（$1.1 \sim 1.7 m^3/min$）和中流量（$50 \sim 150 L/min$）。

②可吸入颗粒物采样器：测可吸入颗粒物时需加分尘器，分尘器有旋风式、向心式、多层薄板式、撞击式等。

③个体计量器，调节成与人的呼吸线速度相似的流量，并随人的活动来采集空气样品。

（三）采样效率

采样效率是指在规定的采样条件下所采集到的污染物量占其总量的百分数，由于污染物的存在状态不同，评价方法也不同。

1.采集气态和蒸汽态污染物效率的评价方法

（1）绝对比较法。精确配制一个已知浓度为 c_0 的标准气体，用所选用的采样方法采集，测定被采集的污染物浓度（c_1），其采样效率（K）为

$$K = \frac{c_1}{c_0} \times 100\% \qquad (3-1)$$

　　用这种方法评价采样效率虽然比较理想，但因配制已知浓度的标准气有一定困难，往往在实际应用时受到限制。

　　（2）相对比较法。配制一个恒定的但无须知道待测污染物准确浓度的气体样品，串联 2～3 个采样管采集所配制的样品，采样结束后，分别测定各采样管中污染物的浓度，其采样效率（K）为

$$K = \frac{c_1}{c_1 + c_2 + c_3} \times 100\% \qquad （3-2）$$

式中，c_1、c_2、c_3 分别为第一、第二和第三个采样管中污染物的实测浓度。

　　第二、第三采样管中污染物浓度所占比例越小，采样效率越高，一般要求尺值在 90% 以上。采样效率过低时，应更换采样管、吸收剂或降低抽气速度。

　　2. 采集颗粒物效率的评价方法

　　颗粒物的采样效率有两种评价方法，一种是用采集颗粒数效率表示，即所采集到的颗粒物粒数占总颗粒数的百分数；另一种是质量采样效率，即所采集到的颗粒物质量占颗粒物总质量的百分数。在大气监测评价中，评价采集颗粒物方法的采样效率多用质量采样效率表示。

　　（四）样品的采集

　　1. 采样要求

　　（1）到达采样地点后，安装好采样装置。试启动采样器 2～3 次，检查气密性，观察仪器是否正常，吸收管与仪器之间的连接是否正确，调节时钟与手表对准，确保时间无误。

　　（2）按时开机、关机。采样过程中应经常检查采样流量，及时调节流量偏差。对采用直流供电的采样器应经常检查电池电压，保证采样流量稳定。

　　（3）用滤膜采样时，安放滤膜前应用清洁布擦去采样夹和滤膜支架网表面的尘土，滤膜毛面朝上，用镊子夹入采样夹内，严禁用手直接接触滤膜。采样后取滤膜时，应小心将滤膜毛面朝内对折。将折叠好的滤膜放在表面光滑的纸袋或塑料袋中，并储于盒内。要特别注意若有滤膜屑留在采样夹内，应取出与滤膜一起称量。

　　（4）采样的滤膜应注意是否出现物理性损伤及采样过程中是否有穿孔漏气现象，一经发现，此样品滤膜作废。

　　（5）用吸收液采气时，温度过高、过低对结果均有影响。温度过低时吸收率下降。过高时样品不稳定。故在冬季或夏季采样时吸收管应置于适当的恒温装置内，一般使温度保持在 15℃～25℃为宜。而二氧化硫采集温度则要求在

23℃～29℃。采集氮氧化物时要避光。

（6）采样过程中，采样人员不能离开现场，注意避免路人围观。不能在采样装置附近吸烟，应经常观察仪器的运转状况，随时注意周围环境和气象条件的变化，并认真做好记录。

（7）采样记录填写要与工作程序同步，完成一项填写一项，不得超前或延后。填写记录要翔实。内容包括：样品名称，采样地点，样品编号，采样日期，采样开始与结束的时间，采样流量，采样时的温度、压力、风向、风速，采样仪器、吸收液情况说明等，并有采样人签字。

2.样品采集

（1）现场空白样。

①采集 SO_2 和 NO_2 样品时，应加带 1 个现场空白吸收管，和其他采样吸收管同时带到现场。该管不采样，采样结束后和其他采样吸收管一并送交实验室。此管即为该采样点当天该项目的静态现场空白管。

②样品分析时测定现场空白值，并与校准曲线的零浓度值进行比较。如现场空

白值高于或低于零浓度值，且无解释依据时，应以该现场空白值为准，并对该采样点当天的实测数据加以校正。当现场空白高于零浓度值时，分析结果应减去两者的差值；当现场空白低于零浓度值时，分析结果应加上两者差值的绝对值。

③现场空白样的数量：SO_2 和 NO_2 每天 1 个；氟化物滤膜每批样品需 4～6 个。

（2）现场平行样的采集。

①用两台型号相同的采样器，以同样的采样条件（包括时间、地点、吸收液、滤膜、流量等）采集的气样为平行样。

②采集 SO_2、NO_2 的平行样时两台仪器相距 1～2m，采集氟化物和总悬浮颗粒物时相距 2～4m。

（五）采样记录

采样记录与实验室分析测定记录同等重要。在实际工作中，不重视采样记录，往往会导致由于采样记录不完整而使一大批监测数据无法统计而报废。采样记录的内容主要有：所采集样品中被测污染物的名称及编号；采样地点和采样时间；采样流量、采样体积及采样时的温度和空气压力；采样仪器及采样时天气状况及周围情况；采样者、审核者姓名。

（六）样品运输与保存

（1）SO_2 和 NO_2 样品采集后，迅速将吸收液转移至 10mL 比色管中，避光、细核对编号，检查比色管的编号是否与采样瓶、采样记录上的编号相对应。

（2）样品应在当天运回实验室进行测定。采集的样品原则上应当天分析，分析的样品应置于冰箱中 5℃下保存，最大保存期限不超过 72h。

（3）采集 TSP（PM_{10}）的滤膜每张装在 1 个小纸袋或塑料袋中，然后装入密封盒中保存。不要折，更不能揉搓。运回实验室后，放在干燥器中保存。

（4）样品送交实验室时应进行交接验收，交、接人均应签名。采样记录应与样品一并交实验室统一管理。

二、污染物的测定

（一）二氧化硫的测定

SO_2 是主要空气污染物之一，为例行监测的必测项目。它来源于煤和石油等燃料的燃烧、含硫矿石的冶炼、硫酸等化工产品生产排放的废气。SO_2 是一种无色、易溶于水、有刺激性气味的气体，能通过呼吸进入气管，对局部组织产生刺激和腐蚀作用，是诱发支气管炎等疾病的原因之一，特别是当它与烟尘等气溶胶共存时，可加重对呼吸道黏膜的损害。

测定空气中 SO_2 常用的方法有分光光度法、紫外荧光光谱法、定电位电解法。

1. 分光光度法

（1）甲醛吸收 – 恩波副品红分光光度法。用甲醛吸收 – 恩波副品红分光光度法测定 SO_2，避免了使用毒性大的四氯汞钾吸收液，在灵敏度、准确度诸方面均可与四氯汞押溶液吸收法相媲美，且样品采集后相当稳定，但操作条件要求较严格。

①基本原理：气样中的 SO_2 被甲醛缓冲溶液吸收后，生成稳定的羟基甲基磺酸加成化合物，加入氢氧化钠溶液使加成化合物分解，释放出 SO_2 与盐酸恩波副品红反应，生成紫红色络合物，其最大吸收波长为 577nn，用分光光度法测定。

②测定要点：对于短时间采集的样品，将吸收管中的样品溶液移入 10mL 比色管中，用少量甲醛吸收液洗涤吸收管，洗液并入比色管中并稀释至标线。加入 0.5mL 氨基磺酸钠溶液，混匀，防置 10min 以除去氮氧化物的干扰。随后将试液迅速地全部倒入盛有盐酸恩波副品红显色液的另一支 10mL 比色管中，立即加塞混匀后放入恒温水浴中显色后测定。显色温度与室温之差不应超

过3℃，具体见表3-4。测定空气中SO₂的检出限为0.007mg/m³，测定下限为0.028mg/m³，测定上限为0.667mg/m³。

表3-4　SO₂测定显色温度与显色时间

显色温度/℃	显色时间/min	稳定时间/min	试剂空白溶液吸光度（A_0）
0	40	35	0.030
15	25	25	0.035
20	20	20	0.040
25	15	15	0.050
30	5	10	0.060

对于连续24h采集的样品，将吸收瓶中样品移入50mL容量瓶中，用少量甲醛吸收液洗涤吸收瓶后再倒入容量瓶中，并用吸收液稀释至标线。吸取适当体积的试样于10mL比色管中，再用吸收液稀释至标线，加入0.5mL氨基磺酸钠溶液混匀，放置10min除去氮氧化物干扰后测定。显色操作同短时间采集样品。测定空气中SO₂的检出限为0.004mg/m³，测定下限为0.014mg/m³，测定上限为0.347mg/m³。

用分光光度计测定由亚硫酸钠标准溶液配制的标准色列、试剂空白溶液和样品溶液的吸光度，以标准色列SO₂含量为横坐标，相应吸光度为纵坐标，绘制标准曲线，并计算出斜率和截距，按下式计算空气中SO₂质量浓度：

$$\rho = \frac{A - A_0 - a}{b \times V_s} \times \frac{V_t}{V_a} \qquad (3-3)$$

式中，ρ——空气中SO₂的质量浓度，mg/m³；A——样品溶液的吸光度；A_0——试剂空白溶液的吸光度；a——标准曲线的截距（一般要求小于0.05）；b——标准曲线的斜率，μg⁻¹；V_t——样品溶液的总体积，mL；V_a——测定时所取样品溶液的体积，mL；V_s——换算成标准状态下（101.325 kPa，273 K）的采样体积，L。

③注意事项：在测定过程中，主要干扰物为氮氧化物、臭氧和某些重金属元素。可利用氨基磺酸钠来消除氮氧化物的干扰；样品防置一段时间后臭氧可自行分解；利用磷酸及环己二胺四乙酸二钠盐来消除或减少某些金属离子的干

扰，当样品溶液中的二价锰离子浓度达到 1 μg /mL 时，会对样品的吸光度产生干扰。

（2）四氯汞盐吸收 - 恩波副品红分光光度法。空气中的 SO_2 被四氯汞钾溶液吸收后，生成稳定的二氯亚硫酸盐络合物，该络合物再与甲醛及盐酸恩波副品红作用，生成紫红色络合物，在 575nm 处测量吸光度。当使用 5mL 吸收液，采样体积为 30L 时，测定空气中 SO_2 的检出限为 0.005mg/m³，测定下限为 0.020mg/m³，测定上限为 0.18mg/m³。当使用 50mL 吸收液，采样体积为 288L 时，测定空气中 SO_2 的检出限为 0.005，测定下限为 0.020mg/m³，测定上限为 0.19mg/m³。该方法具有灵敏度高、选择性好等优点，但吸收液毒性较大。

2. 定电位电解法

定电位电解法是一种建立在电解基础上的监测方法，其传感器为由工作电极、对电极、参比电极及电解液组成的电解池（三电极传感器）；工作电极是由具有催化活性的高纯度金属（如铂）粉末涂覆在透气憎水膜上构成。当气样中的二氧化硫通过透气隔膜进入电解池后，在工作电极上迅速发生氧化反应，所产生的极限扩散电流与二氧化硫浓度呈线性关系。测定极限扩散电流值，即可测得气样中的二氧化硫浓度。

3. 紫外荧光法

紫外荧光法测定环境空气中的二氧化硫，具有选择性好、不消耗化学试剂、适用于连续自动监测等特点。商用紫外荧光二氧化硫监测仪测量范围 0 ～ 1000ppb，检出限 1.0ppb。

测定原理：用波长 190 ～ 230nm 紫外光照射样品，则二氧化硫被紫外光激发至激发态，即

$$SO_2 + hv_1 \rightarrow SO_2^*$$

激发态 SO_2^* 不稳定，瞬间返回基态，发射出 330nm 的荧光，即

$$SO_2^* \rightarrow SO_2 + hv_2$$

其发射荧光强度与二氧化硫浓度成正比，用光电倍增管及电子测量系统测量荧光强度，即可测定二氧化硫的浓度。

（二）氮氧化物的测定

空气中氮氧化物以 NO、NO_2、N_2O_3、N_2O_4、N_2O_5 等多种形态存在，其中 NO、NO_2 是主要存在形态，就是通常所指的氮氧化物。

大气中氮氧化物的来源包括石化燃料的高温燃烧、硝酸制造、化肥工业、汽车尾气（40%）。

1. 盐酸萘乙二胺分光光度法

原理：用冰乙酸对氨基苯磺酸和盐酸萘乙二胺配成吸收–显色液，NO_2 被吸收转变为 NO_2^- 和 NO_3^-，发生重氮偶合反应，生成玫瑰红色染料。以亚硝酸钠为标准溶液。其公式如下：

$$NO_2 = \frac{(A - A_0) \times B_S}{0.76 \times V_n} \left(mg/m^3 \right) \qquad (3-5)$$

式中，B_S——标准曲线斜率的倒数，即吸光度对应的 NO_2 质量，g；A——样品溶液吸光度；A_0——空白溶液吸光度；V_n——标准状态下采样体积，L。

2. 原电池恒电流库仑法

原电池恒电流库仑法以活性炭作阳极，铂网作阴极，池内充 0.1mol/L 磷酸盐缓冲溶液和 0.3mol/LKI 溶液。

3. 化学发光法

某些化合物分子吸收化学能后，被激发到激发态，返回时以光量子的形式释放出能量，称为化学发光反应。通过测量化学发光强度，可对物质进行分析和测定其原理：

$$NO + O_3 \rightarrow NO_2^* ;$$
$$NO_2^* \rightarrow NO_2 + h\nu$$

在测定中，发光强度与气样中的 NO 浓度成正比。使气样先通过装有碳钼催化剂的催化转化装置，使 NO_2 变成 NO，既可测总量，亦可测各自含量。

（三）一氧化碳的测定

CO 作为空气中的主要污染物之一，主要源于化石燃料的不充分燃烧及汽车尾气等。CO 是一种无色、无味的有毒气体，容易与人体血液中的血红蛋白结合，形成碳氧血红蛋白，使血液输送氧的能力降低，造成缺氧症。CO 的检测方法主要有非分散红外吸收法、气相色谱法等。

1. 非分散红外吸收法

非分散红外吸收法广泛用于 CO、CO_2、CH_4、SO_2、NH_3 等气态污染物的监测。CO、CO_2 等气态分子受到红外辐射（1 ~ 25 μm）时吸收各自特征波长的红外光，因其分子振动和转动能级的跃迁，形成红外吸收光谱。在一定浓度范围内，吸收光谱的峰值（吸光度）与气态物质浓度之间的关系符合朗伯–比尔定律，通过测定吸光度即可确定气态物质的浓度。

该法使用 CO 红外分析仪作为主要检测仪器，测定范围为 0 ~ 62.5mg/m³，最低检出浓度为 0.3mg/m³，其测试原理如图 3-4 所示。红外光源发射出能量相等的两束平行光，被同步电机 M 带动的切光片交替切断；一束光通过参比室，称为参比光束，光强度不变；另一束光称为测量光束，通过测量室。由于测量室内有气样通过，则气样中的 CO 吸收了部分特征波长的红外光，使射入检测室的光束强度减弱，且 CO 含量越高，光强减弱越多。由于射入检测室的参比光束强度大于测量光束强度，使两室中气体的温度产生差异，通过测试温度变化值即可得出气样中 CO 的浓度值，由指示表和记录仪显示和记录测量结果。

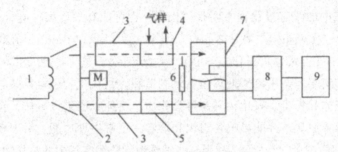

图 3-4　非分散红外吸收法 CO 监测仪原理示意图

1.红外光源；2.切光片；3.滤波室；4.测量室；5.参比室；6.调零挡板；7.检测室；8.放大及信号处理系统；9.指示表及记录仪

干扰和消除：CO 的红外吸收峰在 4.5 μm 附近，CO_2 在 4.3 μm 附近，水蒸汽在 6 μm 和 3 μm 附近，而大气中 CO_2 和水蒸汽的浓度又远大于 CO 的浓度，会干扰 CO 的测定。在测定前用制冷剂或通过干燥剂的方法可以除去水蒸汽；用窄带光学滤片或气体滤波室将红外辐射限制在 CO 吸收的窄带光范围内，可消除 CO_2 的干扰。

2.气相色谱法

测定原理：空气中的 CO、CO_2 和 CH_4 经 TDX-01 碳分子筛柱分离后，于氢气流中在镍催化剂（360℃ ±10℃）作用下，CO、CO_2 皆能转化为 CH_4，然后用氢火焰离子化检测器分别测定上述三种物质，其出峰顺序为：CO、CH_4、CO_2。

测定时，先在预定实验条件下，用定量管加入各组分标准气，记录色谱峰，并测量其峰高。按照式（3-6）计算定量校正值：

$$K = \frac{\rho_s}{h_s} \tag{3-6}$$

式中，K 为定量校正值，表示每毫米峰高所代表的气体质量浓度，

mg/（m³·mm）；ρ_s 为标准气中 CO（或 CO_2、CH_4）的质量浓度，mg/m³；h_s 为标准气中 CO（或 CO_2、CH_4）的峰高，mm。

然后在与测定标准气同样条件下测定气样，测定各组分的峰高（知），按照式 3-7 计算出 CO（或 CO_2、CH_4）的质量浓度（ρ_s）：

$$\rho_s = h_s \times K \tag{3-7}$$

（四）氟化物的测定

空气中的气态氟化物主要是氟化氢，也可能有少量氟化硅（SiF_4）和氟化碳（CF_4）。含氟粉尘主要是冰晶石（Na_3AlF_6）、萤石（CaF_2）、氟化铝（AlF_3）、氟化钠（NaF）及磷灰石 $[3Ca_3(PO_4)_2 \cdot CaF_2]$ 等。氟化物污染主要来源于铝厂、冰晶石和磷肥厂、用硫酸处理萤石及制造和使用氟化物、氢氟酸等部门排放或逸散的气体和粉尘。氟化物属高毒类物质，由呼吸道进入人体，会引起黏膜刺激、中毒等症状，并能影响各组织和器官的正常生理功能。对于植物的生长也会产生危害，因此，人们已利用某些敏感植物监测空气中的氟化物。

测定空气中氟化物的方法有分光光度法、离子选择电极法等。离子选择电极法具有简便、准确、灵敏和选择性好等优点，是目前广泛采用的方法。

1. 滤膜 - 氟离子选择电极法

用在滤膜夹中装有磷酸氢二钾溶液的玻璃纤维滤膜的采样器采样，则空气中的气态氟化物被吸收固定，颗粒态氟化物同时被阻留在滤膜上。采样后的滤膜用盐酸浸取后，用氟离子选择电极法测定。

如需要分别测定气态、颗粒态氟化物时，第一层采样滤膜用孔径 0.8 μm 经柠檬酸溶液浸渍的纤维素酯微孔滤膜先阻留颗粒态氟化物，第二、三层用磷酸氢二钾溶液浸溃过的玻璃纤维滤膜采集气态氟化物。用水浸取滤膜，测定水溶性氟化物；用盐酸溶液浸取滤膜，测定酸溶性氟化物；用水蒸汽热解法或者超声波方法处理滤膜，可测定总氟化物。采样滤膜均应分别测定。

另取未采样的浸取吸收液的滤膜 3～4 张，按照采样滤膜的测定方法测定空白值（取平均值），按下式计算氟化物的质量浓度：

$$\rho(\text{氟化物})(\text{F,mg/m}^3) = \frac{m_1 + m_2 - 2m_0}{V_s} \tag{3-8}$$

式中，m_1——第一层采样滤膜中的氟含量，μg；m_2——第二、三层采样滤膜中的氟含量，μg；m_0——空白滤膜中的氟含量，μg；V_s——标准状态下的采样体积，L。

分别采集颗粒态、气态氟化物样品时，第一层采样滤膜经酸浸取后，测得结果为酸溶性颗粒态氟化物浓度，计算式如下：

$$\rho(\text{酸溶性颗粒态氟化物})(\text{F,mg}/\text{m}^3) = \frac{m_3 - m_0}{V_s} \tag{3-9}$$

式中，m_3——第一层采样滤膜中的氟含量，μg；m_0——空白滤膜中的平均氟含量，μg。

2. 石灰滤纸–氟离子选择电极法

用浸渍氢氧化钙溶液的滤纸采样，则空气中的氟化物与氢氧化钙反应而被固定，用总离子强度调节剂浸取后，以氟离子选择电极法测定。

该方法将浸渍吸收液的滤纸自然暴露于空气中采样，对比前一种方法，不需要采样动力，并且由于采样时间长（7 天到 1 个月），测定结果能较好地反映空气中氟化物平均污染水平。按下式计算氟化物含量：

$$\text{氟化物}\left[\text{F,μg}/\left(100\text{cm}^2 \cdot \text{d}\right)\right] = \frac{m - m_0}{A \cdot t} \times 100 \tag{3-10}$$

式中，m——采样石灰滤纸中氟含量，μg；m_0——空白石灰滤纸中平均氟含量，μg；A——采样石灰滤纸暴露在空气中的面积，cm²；t——石灰滤纸采样时间，准确至 0.1d。

（五）光化学氧化剂与臭氧的测定

空气中总氧化剂是指除氧以外显示有氧化性的物质，一般是指能氧化碘化钾析出碘的物质，主要有 O_3、过氧乙酰硝酸酯（PAN）、NO_x 等。光化学氧化剂是指除去氮氧化物以外的能氧化碘化钾的物质。一般情况下，O_3 占光化学氧化剂总量的 90% 以上，故测定时常以 O_3 浓度计为光化学氧化剂的含量。总氧化剂和光化学氧化剂二者的关系为

$$\rho(\text{光化学氧化剂}) = \rho(\text{总氧化剂}) - 0.269 \times \rho(\text{氮氧化物}) \tag{3-11}$$

式中，0.269 为 NO_2 的校正系数，即在采样后 4～6h，有 26.9% 的 NO_2 与碘化钾反应。同时，因采样时在吸收管前安装了铬酸–石英砂氧化管，将 NO 等低价氮氧化物氧化成 NO_2，所以式中使用大气中 NO_x 总浓度。

1. 光化学氧化剂的测定

测定空气中光化学氧化剂常用硼酸–碘化钾分光光度法。用硼酸碘化钾吸收液吸收空气中的臭氧及其他氧化剂，吸收反应如下：

$$O_3 + 2I^- + 2H^+ \rightarrow I_2 + O_2 + H_2O$$

碘离子被氧化析出碘分子的量与臭氧等氧化剂有定量关系，于 352nm 处测定游离碘的吸光度，与标准色列吸光度比较，可得总氧化剂浓度，扣除参加反

应的 NO_x 部分后即为光化学氧化剂的浓度。

测定时，以硫酸酸化的碘酸钾（准确称量）–碘化钾溶液作 O_3 标准溶液（以 O_3 计）配制标准系列，在 352nm 波长处以蒸馏水为参比测其吸光度，以吸光度对相应的 O_3 质量浓度绘制标准曲线，或用最小二乘法建立标准曲线的回归方程。然后，在同样操作条件下测定气样吸收液的吸光度，按照式（3–12）计算光化学氧化剂的质量浓度：

$$\rho(光化学氧化剂)(O_3, mg/m^3) = \frac{(A_1 - A_0) - a}{bV_sK} - 0.269\rho \qquad （3–12）$$

式中，A_1——气样吸收液的吸光度；A_0——试剂空白溶液的吸光度；a——标准曲线的截距；b——标准曲线的斜率，μg^{-1}（以 O_3 计）；V_s——标准状况下的采样体积，L；K——吸收液采样效率（用相对比较法测定），%；ρ——同步测定气样中 NO_x 的质量浓度（以 NO_2 计），mg/m^3。

用碘酸钾溶液代替 O_3 标准溶液的反应如下：

$$KIO_3 + 5KI + 3H_2SO_4 = 3I_2 + 3K_2SO_4 + 3H_2O$$

当标准曲线不通过原点而与横坐标相交时，表示标准溶液中存在还原性杂质，可加入适量过氧化氢将其氧化。三氧化铬 – 石英砂氧化管使用前必须通入含量较高的 O_3 气体，否则，采样时 O_3 损失可达 50% ～ 90%。

2. 臭氧的测定

臭氧是强氧化剂，主要集中在大气平流层中，它是空气中的氧在太阳紫外线的照射下或受雷击形成的，是仅次于 $PM_{2.5}$ 的导致我国城市空气质量超标的大气污染物。臭氧具有强烈的刺激性，在紫外线的作用下，参与烃类和 NO_x 的光化学反应。测定大气中臭氧的方法有分光光度法、化学发光法、紫外分光光度法等。

（1）分光光度法。分光光度法主要有靛蓝二磺酸钠分光光度法、硼酸碘化钾分光光度法。

靛蓝二横酸钠分光光度法是用含有靛蓝二磺酸钠的磷酸盐缓冲溶液作吸收液采集空气样品，则空气中的 O_3 与蓝色的靛蓝二横酸钠发生等摩尔反应，生成靛红二磺酸钠，使之褪色，于 610nm 波长处测其吸光度，用标准曲线法定量。

硼酸碘化钾分光光度法是用含有硫代硫酸钠的硼酸碘化钾溶液作吸收液采样，空气中的 O_3 氧化碘离子为碘分子，而碘分子又立即被硫代硫酸钠还原，剩余硫代硫酸钠加入过量碘标准溶液氧化，剩余碘于 352nm 处以水为参比测定吸光度。同时采集零气（除去 O_3 的空气），并准确加入与采集空气样品相同量的碘标准溶液，氧化剩余的硫代硫酸钠，于 352nm 处测定剩余碘的吸光度，则气样中剩余碘的吸光度减去零气样剩余碘的吸光度即为气样中 O_3 氧化碘化钾生成碘的吸光度。采样测定过程中，SO_2、H_2S 等还原性气体干扰测定，采样时应串接铬酸管消除；采样效率还受温度影响，25℃时可达 100%，30℃时达 96.8%；此外，样品吸收液和试剂溶液均应暗处保存。

（2）化学发光法。测定臭氧的化学发光法有三种，即罗丹明 B 法、一氧化氮法和乙烯法。其中乙烯法是基于 O_3 和乙烯发生均相化学发光反应，生成激发态甲醛，当激发态甲醛瞬间回到基态时，放出光子，波长范围为 300～600nm，峰值波长为 435nm；发光强度与 O_3 浓度成正比，通过测试发光强度即可测得环境空气中 O_3 浓度。反应式如下：

$$2O_3 + 2C_2H_4 \rightarrow C_2H_4O_3 \rightarrow 4HCHO^* + O_2$$
$$HCHO^* \rightarrow HCHO + h\nu$$

（3）紫外分光光度法。当样品空气以恒定的流速通过除湿器和颗粒物过滤器进入仪器的气路系统时分成两路，一路为样品空气，一路通过选择性臭氧洗涤器成为零气，样品空气和零气在电磁阀的控制下交替进入样品吸收池（或分别进入样品吸收池和参比池），臭氧对 253.7nm 波长的紫外光有特征吸收。设零气（不含能使臭氧分析仪产生可检测响应的空气）通过吸收池时检测的光强度为 I_0，样品空气通过吸收池时检测的光强度为 I，则 I/I_0 为透光率。仪器的微处理系统根据朗伯－比尔定律，由透光率计算臭氧浓度：

$$\ln(I/I_0) = -a\rho d \tag{3-13}$$

式中，I/I_0 为样品的透光率，即样品空气和零气的光强度之比；ρ 为采样温度、压力条件下臭氧的质量浓度，$\mu g/m^3$；d 为吸收池的光程，m；a 为臭氧在 253.7nm 处的吸收系数，$a = 1.44 \times 10^{-5} m^2/\mu g$。

第四章　固体废物监测与分析

第一节　固体废物基本认知

一、固体废物污染概述

（一）固体废物污染现状

固体废物是指在生产、生活和其他活动过程中产生的丧失原有的利用价值或者虽未丧失利用价值但被抛弃或者放弃的固体、半固体和置于容器中的气态物品、物质，以及法律、行政法规规定纳入废物管理的物品、物质。不能排入水体的液态废物和不能排入大气的置于容器中的气态物质，由于多具有较大的危害性，一般归入固体废物管理体系。

我国固体废物产生量惊人，已经成为破坏环境，危害人民群众身心健康的重要污染源。目前，"废物山"重重包围国内许多大中城市的现象比较普遍；在大量城市工业企业郊区化过程中，各类固体污染物遗留在土壤中影响居民的身体健康；大量生产生活中的危险废物未得到有效无害化处置，医疗废物混入生活垃圾，甚至被非法再利用；非法拆解、加工废旧物资，焚烧、酸洗、冶炼等活动在许多地方的存在，造成当地土壤不能耕种、水无法饮用、大气严重污染。中国工业固体废弃物近年来增长太快，据统计，2018年，200个大、中城市一般工业固体废物产生量达15.5亿吨，综合利用量8.6亿吨，处置量3.9亿吨，贮存量8.1亿吨，倾倒丢弃量4.6万吨。一般工业固体废物综合利用量占利用处置总量的41.7%，处置和贮存分别占比18.9%和39.3%，综合利用仍然是处理一般工业固体废物的主要途径。工业危险废物产生量达4643.0万吨，综合利用量2367.3万吨，处置量2482.5万吨，贮存量562.4万吨。工业危险废物综合利用量占利用处置总量的43.7%，处置、贮存分别占比45.9%和10.4%，有效利用和处置是处理工业危险废物的主要途径。医疗废物产生量81.7万吨，处置量81.6万吨，大部分城市的医疗废物都得到了及时妥善处置。城市生活垃圾产生量21147.3万吨，处置量21028.9万吨，处置率达99.4%。

（二）固体废物的种类

按照固体废物的来源可分为城市垃圾、工业固体废物和农业废物等。按固体废物的污染特性可分为危险废物与一般废物。

城市垃圾是指居民生活、商业活动、建设、办公等过程中产生的固体废物，一般分为生活垃圾、医疗垃圾、建设垃圾、商业固体废物等。工业固体废物是指在工业、交通等生产过程中产生的固体废物。工业固体废物主要包括冶金工业固体废物、能源工业固体废物、石油化学工业固体废物、矿业固体废物、轻工业固体废物等。农业固体废物是指来自农业生产、畜禽饲养、农副产品加工以及农村居民生活所产生的废物，如农作物秸秆、人畜禽排泄物等。

危险废物是指在国家危险废物名录中，或根据国务院环境保护主管部门规定的危险废物鉴别标准认定的具有危险性的废物。2016 年我国公布的《国家危险废物名录》中包括 47 个大类、479 种常见危害组分或废物名称。

二、固体废物监测

目前世界上化学品有数千万种，已经进入环境的就有数百万种，其可能的危害不言而喻。但无法把每一种可能进入或已经进入环境的化学物质都进行危险级别鉴别，特别是在许多情况下，化学品多以混合物形式进入环境。因此，世界各国除了确定一些常见危害组分或废物名称外，还开展了危险废物的各种特征研究，制定危险废物的鉴别方法与判别标准。

（一）美国

美国将废物列入危险废物名录中时考虑四条准则：

（1）废物中包含有毒的化学物质，在缺乏法规管理的情况下，将导致对人体健康和环境的危害。

（2）废物中包含急性毒性化学品物质，即使含量很低，这类物质对人体和环境的危害也是致命的。

（3）废物通常表现出以下任何一种危害特性：易燃性、腐蚀性、反应性和毒性。

（4）在国会制定的相关法律中，这些废物会被定义为危险废物。

凡是符合上述四条中任何一条的废物都被列入危险废物名录。由此产生的危险废物名录包含四种类型，每种类型都有一个危险废物编号，具体定义与标准见表 4-1。

表4-1 美国危险废物定义与鉴别标准[①]

	危险废物的特性及定义	鉴别值
易燃性	闪点低于定值，或经过摩擦、吸湿、自发的化学变化有着火的趋势，或再加上、制造过程中发热，在点燃时燃烧剧烈而持续，以致管理期间会引起火灾	美国材料与试验协会 (ASTM) 法，闪点低于 60℃
腐蚀性	对接触部位作用时，使细胞组织、皮肤有可见性破坏或不可治愈的变化；使接触物质发生质变，使容器泄露	$pH > 12.5$ 或 $pH < 2$ 的液体；在 55.7℃ 以下对钢制品腐蚀深度大于 0.64cm/a
反应性	通常情况下不稳定，极易发生剧烈的化学反应，与水剧烈反应，或形成可爆炸的混合物，或产生有毒的气体、臭气，含有氰化物或硫化物；在常温、常压下即可发生爆炸反应，在加热或有引发源时可爆炸，对热或机械冲击有不稳定性	
放射性	由于核反应而能放出 α、β、γ 射线的废物中放射性核素含里超过最大允许放射性比活度	^{226}Ra 放射性比活度 ≥ 370000Bq/g
浸出毒性	在规定的浸出或萃取方法的浸出液中，任何一种污染物的浓度超过标准值。污染物镉、汞、砷、铅、铬、硒、银、六氯苯、甲基氯化物、毒杀芬、2,4-D 和 2,4,5-T 等	美国 EPA/EP(浸出程序) 法实验，超过饮用水 100 倍
急性毒性	一次性投给实验动物的毒性物质，半数致死量（LD_{50}）小于规定值	美国国家职业安全与卫生研究所实验方法口服毒性 LD_{50} ≤ 50mg/kg 实验动物，吸入毒性 LD_{50} ≤ 2mg/L，皮肤吸收毒性 LD_{50} ≤ 200mg/kg 实验动物
水生生物毒性	用鱼做实验，96h 半数存活浓度（TL_m）小于规定值	96hTL_m < 1000mg/L
植物毒性		半数存活浓度 TL_m < 1000mg/L

① 李广超．环境监测 [M]．第 2 版．北京：化学工业出版社，2017，07.

危险废物的特性及定义		鉴别值
生物积累性	生物体内富集某种元素或化合物达到环境水平以上，实验时呈阳性结果	阳性
遗传变异性	由毒性引起的有丝分裂或减数分裂细胞的脱氧核糖核酸或核糖核酸分子的变化所产生的致癌、致畸、致突变的严重影响	阳性
刺激性	使皮肤发炎	皮肤发炎 ≥ 8 级

（二）中国

目前，中国危险废物的鉴别方法有三种：

（1）名录法，即根据名录查阅待判定的固体废物是否列入在名录中，如果名录中已经列入则可判定其为危险废物，但未列入名录的，不能判定其不是危险废物。

（2）检测法，对未列入名录的危险废物进行检测，结果高于鉴别标准则可以判定是为危险废物，低于标准的不一定是危险废物。前两种鉴别都属于肯定性单项判别，鉴别方法是结果的充分非必要条件。

（3）专家判定法，前两种都无法判定的由国家级别部门组织专家认定其是否是危险废物，鉴别方法是结果的充分必要条件。

我国规定的危险废物特性如下。

（1）急性毒性：能引起小鼠（大鼠）在 48h 内死亡半数以上者，并参考制定有害物质卫生标准的实验方法，进行半致死剂量（LD_{50}）实验，评定毒性大小。

（2）易燃性：含闪点低于 60℃ 的液体，经摩擦或吸湿和自发的变化具有着火倾向的固体，着火时燃烧剧烈而持续，以及在管理期间会引起危险。

（3）腐蚀性：含水废物，或本身不含水但加入定量水后其浸出液的 pH ≤ 2 或 pH ≥ 12.5 的废物，或最低温度为 55℃ 对钢制品的腐蚀深度大于 0.64cm/a 的废物。

（4）反应性：当具有下列特性之一者：不稳定，在无爆震时就很容易发生剧烈变化；和水剧烈反应；能和水形成爆炸性混合物；和水混合会产生毒性气体、蒸汽或烟雾；在有引发源或加热时能爆震或爆炸；在常温、常压下易发生爆炸和爆炸性反应；根据其他法规所定义的爆炸品。

（5）放射性：含有天然放射性元素的废物，放射性比活度大于3700Bq/kg者；含有人工放射性元素的废物或者放射性比活度（Bq/kg）大于露天水源限制浓度的10～100倍（半衰期＞60天）者。

（6）浸出毒性：按规定的浸出方法进行浸取，当浸出液中有一种或者一种以上有害成分的浓度超过表4-2所示鉴别标准的物质。

（7）传染性：含有已知或怀疑能引起动物或人类疾病的活微生物和毒素的废物。

表4-2 中国危险废物浸出毒性鉴别标准(GB 5085.3—2007)（节选）

序号	项目	浸出液的最高允许质量浓度 /(mg/L)	序号	项目	浸出液的最高允许质量浓度 /(mg/L)
1	汞	0.1（以总汞计）	6	铜	100（以总铜计）
2	镉	1（以总镉计）	7	锌	100（以总锌计）
3	砷	5（以总砷计）	8	镍	5（以总镍计）
4	铬	5（以六价铬计）	9	铍	0.02（以总铍计）
5	铅	5（以总铅计）	10	无机氟化物	100（不包括氟化钙）

第二节　固体废物样品采集与特性分析

一、固体废物样品的采集

（一）采样工具

固体废物的采样工具包括：尖头钢锹、钢尖镐（腰斧）、采样铲（采样器）、具盖采样桶或内衬塑料的采样袋。

（二）采样方案的制订

采样前应当先进行采样方案的设计，内容包括：采样目的、背景调查和现场踏勘、采样程序、安全措施、质量控制、采样记录和报告，等等。

1.采样目的

采样的具体目的根据间体废物监测的目的来确定，固体废物的监测目的主要有：鉴别固体废物的特性并对其进行分类，进行固体废物环境污染监测，为综合利用或处置固体废物提供依据；污染环境事故调查分析和应急监测；科学研究或环境影响评价等。

2. 背景调查和现场踏勘

背景调查和现场踏勘应着重了解固体废物的产生单位、产生时间、产生形式、储存方式；种类、形态、数量和特性；实验及分析的允许误差和要求；环境污染、监测分析的历史资料；产生、堆存、处置或综合利用情况；现场及周围环境。

3. 采样程序

（1）批量是构成一批固体废物的质而份样是指用采样器一次操作由一批固体废物中的一个点或部位按规定质量取出的样品，应根据固体废物批量确定应采的份样数。

（2）根据固体废物的最大粒度（95% 以上能通过的最小筛孔尺寸）确定份样量。

（3）根据采样方法，随机采集份样，组成总样，并认真填写采样记录表。

4. 份样数的确定

（1）固体废物为历史堆存状态时，应以堆存的固体废物总量为依据，按表4-3确定需要采集的最小份样数。

（2）固体废物为连续产生时，应以确定的工艺环节一个月内的固体废物产生量为依据，按照表4-3确定需要采集的最少份样数。如果生产周期小于一个月，则以一个生产周期内的固体废物产生量为依据。

（3）固体废物为间歇产生时，应以确定的工艺环节一个月内的固体废物产生总量为依据，按照表4-3确定需要采集的最小份样数。若一共要采集的份样数为 N，一个月内固体废物的产生次数为 p，则每次产生的固体废物应采集的份样数为 N/p。

如果固体废物产生的时间间隔大于一个月，则以每次产生的固体废物总量为依据，按照表4-3确定需要采集的份样数。

表4-3　固体废物份样数的确定

固体废物量 /t	最少份样数	固体废物量 /t	最少份样数
≤ 5	5	9 ~ 150	32
5 ~ 25	8	150 ~ 500	50

固体废物量 /t	最少份样数	固体废物量 /t	最少份样数
25 ~ 50	13	500 ~ 1000	80
50 ~ 90	20	> 1000	100

5. 份样量的确定

份样量是指构成一个份样的固体废物的质量。一般情况下，样品多一些才有代表性，因此，份样量不能少于某一限度。份样量达到一定限度之后，再增加质量也不能显著提高采样的准确度。份样量取决于固体废物的粒度，固体废物的粒度越大，均匀性就越差，份样就应越多。最小份样量大致与固体废物的最大粒径的 α 次方成正比，与固体废物的不均匀程度成正比。可按切乔特公式计算最小份样量：

$$m \geq K \cdot d_{max}^{\alpha} \tag{4-1}$$

式中，m——最小份样量，kg；d_{max}——固体废物的最大粒径，mm；K——缩分系数；α——经验常数。

K 和 α 根据固体废物的均匀程度和易碎程度而定，固体废物越不均匀，K 值越大，一般情况下，推荐 K =0.06，α =1。

液态固体废物的份样量以不小于 100mL 的采样瓶（或采样器）容量为准。也可以按表 4-4 确定最小份样量。每个份样量应大致相等，其相对误差不大于 20%。表中要求的采样铲容量为保证一次在一个地点或部位能取到足够的份样量。

表4-4　最小份样量和采样铲容置

最大粒度 / mm	最小份样量 / kg	采样铲容量 / mL	最大粒度 / mm	最小份样量 /kg	采样铲容量 / mL
> 150	30		20 ~ 40	2	800
100 ~ 150	15	16000	10 ~ 20	1	300
50 ~ 100	5	7000	< 10	0.5	125
40 ~ 50	3	1700			

6. 采样方法

（1）连续生产固体废物。在设备稳定运行时的 8h（或一个生产班次）内等

121

时间间隔用合适的采样器采取样品，每采取一次作为一个份样。样品采集应分次在一个月（或一个生产周期）内等时间间隔完成；每次采样在设备稳定运行的 8h（或一个生产班次）内等时间间隔完成。

（2）带卸料口的贮槽、贮罐装固体废物。根据固体废物的性状分别使用长铲式采样器、套筒式采样器或者探针进行采样。若只能在卸料口采样，应预先清洁卸料口，并适当排出废物后再采取样品。采样时，用布袋（桶）接住料口，按所需份样量等时间间隔放出废物。每接取一次废物作为一个份样。

（3）散装堆积固体废物。对于堆积高度小于或者等于 0.5m 的散装堆积固态、半固态废物，将废物堆平铺成厚度为 10 ～ 15cm 的矩形，划分为 5 N 个（N 为份样数）面积相等的网格，按顺序编号；用随机数表法抽取 N 个网格作为采样单元，在网格中心位置处用采样铲或锹垂直采取全层厚度的废物。每个网格采取的废物作为一个份样。

对于堆积高度小于或者等于 0.5m 的数个散装堆积固体废物，选择堆积时间最近的废物堆，按照散装堆积固体废物的采样方法进行采取。

对于堆积高度大于 0.5m 的散装堆积固态、半固态废物，应分层采取样品；采样层数应不小于 2 层，按照固态、半固态废物堆积高度等间隔布置；每层采取的份样数应相等。分层采样可以用采样钻或机械钻探的方式进行。

（4）袋装、桶装固体废物。将各容器按顺序编号，用随机数表法抽取（$N+1$）/3 个袋（桶）作为采样单元。根据固体废物的性状分别使用长铲式采样器、套筒式采样器或者探针进行采样。打开容器口，将各容器分为上部（1/6 深度处）、中部（1/2 深度处）、下部（5/6 深度处）三层分别采取样品，每层采取相等份样数。

若只有一个容器时，将容器按上述方法分为三层，每层采取 2 个样品。

二、固体废物样品的制备与保存

（一）固体废物样品的制备

1. 制样工具

制样工具包括粉碎机、破碎机、药碾、钢锤、标准套筛、十字分样板、机械缩分器。

2. 制样要求

（1）在制样全过程中应防止药品发生任何化学变化和污染。若制样过程中可能对样品的性质产生显著影响，则应尽量保持原来状态。

（2）湿样品应在室温下自然干燥，使其达到适于破碎、筛分、缩分的程度。

（3）制备的样品应过筛（筛孔为5mm）后，装瓶备用。

3.制样程序

采得的原始固体试样往往数量很大，颗粒大小悬殊，组成不均匀，为了获得具有代表性的最佳量和符合实验室要求的样品，应进行样品的预处理。样品预处理通常包括风干、粉碎、筛分（筛孔5mm）、混合和缩分等步骤。粉碎过程中，不可随意丢弃难破碎的粗粒。

（1）粉碎：经破碎和研磨以减小样品的粒度。粉碎可用机械或手工完成。将干燥后的样品根据其硬度和粒径的大小，采用适宜的粉碎机械，分段粉碎至所要求的粒度。

（2）筛分：使样品保证95%以上处于某一粒度范围。根据样品的最大粒径选择相应的筛号，分阶段筛出全部粉碎样品。筛上部分应全部返回粉碎工序重新粉碎，不得随意丢弃。

（3）混合：使样品达到均匀。混合均匀的方法有堆锥法、环锥法、掀角法和机械拌匀法等，使过筛的样品充分混合。

（4）缩分：将样品缩分，以减少样品的质量。根据制样粒度，使用缩分公式求出保证样品具有代表性前提下应保留的最小质量。采用圆锥四分法进行缩分，即将样品置于洁净、平整板面（聚乙烯板、木板等）上，堆成圆锥形，将圆锥尖顶压平，用十字分样板自上压下，分成四等份，保留任意对角的两等份，重复上述操作至达到所需分析试样的最小质量（不少于1kg质量）为止。

如果测定不稳定的氰化物、总汞、有机磷农药及其他有机物，则应将采集的新鲜固体废物样品剔除异物后研磨均匀，然后直接称样测定。但需同时测定水分，最终测定结果以干样表示。

（二）样品的保存

制备好的样品密封于容器中保存（容器应不吸附样品、不与样品反应），贴上标签。标签上应注明编号、废物名称、采样地点、批量、采样人、制样人、时间，等等。某些特殊样品，可采用冷藏或充惰性气体等方法保存。

三、固体废物样品特性分析

（一）含水率测定

固体废物的含水率对其处理处置方法将产生影响，故含水率是固体废物的主要性质之一。

（1）测定样品中的无机物：称取样品约 20g 于 105℃ 下干燥，恒量至 ± 0.1g，测定水分含量。

（2）测定样品中的有机物：样品于 60℃ 下干燥 24h，测定水分含量。

（3）测定固体废物：结果以干样品计，当污染物质量分数小于 0.1% 时，以 mg/kg 为单位表示，质量分数大于 0.1% 时则以百分数表示，并说明是水溶性或总量。

（二）pH 测定

环境监测中测定固体废物 pH 采用的是玻璃电极电位法，主要仪器包括：PHS-25 型酸度计及配套电极和往复式水平振荡器。测定步骤如下：

（1）用与待测样品 pH 相近的标准溶液（缓冲液）校正酸度计，并加以温度补偿。

（2）对于含水量高或几乎是液体的污泥，可直接将电极插入进行测定，但测定数值至少要保持恒定 30s 后读数；对黏稠试样可以离心或过滤后测其液体的 pH；对于粉、粒、块状样品，称取 50g 干试样置于塑料瓶中，加入新鲜蒸馏水 250mL，使固液比为 1 : 5，加盖密封后，放在振荡器中于室温下连续振荡 30min，静置 30min，测上层清液的 pH。

（3）每种样品取两个平行样品测定其 pH，差值不得大于 0.5，否则应再取 1 ~ 2 个样品重复进行测定。结果用测得 pH 范围表示。

每次测量后，必须仔细清洗电极数次方可测量另一样品的 pH。对于高 pH（10 以上）或低 pH（2 以下），两个平行样品的 pH 测定结果允许差值不应超过 0.2。在测定 pH 的同时，应报告环境监测的温度、样品来源、粒度大小、实验过程中的异常现象，特殊情况下实验条件的改变及原因。

四、固体废物的有害特性

当无法确定固体废物是否存在危险特性或毒性物质时，需要对其进行鉴别。

（一）反应性鉴别

1. 遇水反应性试验

固体废物与水发生反应放出热量，使体系的温度升高，用半导体点温计来测量固－液界面的温度变化，以确定温升值。

测定时，将点温计的探头输出端接在点温计接线柱上，开关置于"校"字样，调整点温计满刻度，使指针与满刻度线重合。将温升实验容器插入绝热泡沫块 12cm 深处，然后将一定量的固体废物（1、2、5、10g）置于温升实验容器内，加入 20mL 蒸馏水，再将点温计探头插入固 – 液界面处，用橡皮塞盖紧，观察温升。将点温计开关转到"测"处，读取电表指针最大值，即为所测反应温度，此值减去室温即为温升测定值。

测定方法包括撞击感度测定、摩擦感度测定、差热分析测定、爆炸点测定、火焰感度测定五种方法。

2. 遇酸生成氢氰酸和硫化氢试验

在通风橱中按图 4-1 所示安装好实验装置。在刻度洗气瓶中加入 50mL 0.25mol/L 的氢氧化钠溶液，用水稀释至液面高度。通入氮气，并控制流量为 60mL/min。向容积为 500mL 的圆底烧瓶中加入 10g 待测固体废物。保持氮气流量，加入足量硫酸，同时开始搅拌，30min 后关闭氮气，卸下洗气瓶，分别测定洗气瓶中氰化物和硫化物的含量。

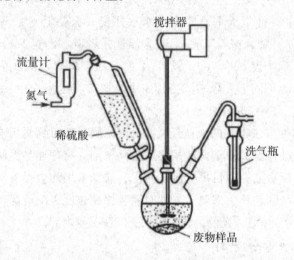

流量计
氮气
稀硫酸
搅拌器
洗气瓶
废物样品

图 4-1　氰化物和硫化物释放和吸收实验装置

（二）易燃性鉴别

鉴别易燃性是测定闪点。实验设备为闭口闪点测定仪。温度计采用 1 号温度计（–30℃～170℃）或 2 号温度计（100℃～300℃）。防护屏采用镀锌铁皮制成，高度 550～650mm，宽度以适用为度，屏身内壁涂成黑色。

测定步骤：按标准要求加热试样至一定温度，停止搅拌。每升高 1℃点火一次，至试样上方刚出现蓝色火焰时，立即记录温度值，该值即为闪点。闪点低于 60℃即为易燃性固体废物。操作过程的细节可参阅《闪点的测定 宾斯基 – 马丁闭口杯法》（GB/T 261—2008）。

（三）腐蚀性鉴别

腐蚀性指通过接触能损伤生物细胞组织或腐蚀物体而引起危害。腐蚀性的鉴别方法一种是测定 pH，另一种是测定在 55.7℃以下对标准钢样的腐蚀深度。当固体废物浸出液的 pH ≤ 2 或 pH ≥ 12.5 时，则有腐蚀性；当在 55.7℃以下对标准钢样的腐蚀深度大于 0.64cm/ 年时，则有腐蚀性。实际应用中一般使用 pH 判断腐蚀性。

（四）浸出毒性鉴别

固体废物受到水地冲淋、浸泡，其中，有害成分将会转移到水相而污染地面水、地下水，导致二次污染。鉴别固体废物浸出毒性的浸出方法有水平振荡法和翻转法，均适用于固体废物中无机污染物的浸出毒性鉴别。

水平振荡法：取干基试样 100g，置于 2L 的具盖广口聚乙烯瓶中，加入 1L 去离子水，将瓶子垂直固定在水平往复式振荡器上，调节振荡频率为（110 ± 10）次 / 分钟，振幅 40mm，在室温下振荡 8h，静置 16h。

翻转法：取干基试样 70g，置于 1L 的具盖广口聚乙烯瓶中，加入 700mL 去离子水，将瓶子固定在翻转式搅拌机上，调节转速为（30 ± 2）r/min，在室温下翻转 18h，静置 30min。

将上述两种方法得到的液体经 0.45 μm 滤膜过滤得到浸出液。浸出液按各分析项目要求进行保护，于合适条件下存储备用。每种样品做两个平行浸出实验。每瓶浸出液对欲测项目平行测定两次，取算术平均值报告结果。实验报告应包括被测样品的名称、来源、采样时间、样品粒度级配情况、实验过程的异常情况、浸出液的 pH、颜色、乳化和相分层情况等内容。

（五）急性毒性鉴别

急性毒性试验是指一次或几次投给试验动物较大剂量的化合物，观察在短期内（一般 24h 到两周以内）的中毒反应。

急性毒性试验的变化因子少、时间短、经济、容易试验，因此被广泛采用。

污染物的毒性和剂量关系可用下列指标区分：半数致死量（浓度），用 LD_{50} 表示；最小致死量（浓度），用 MLD 表示；绝对致死量（浓度），用 LD_{100} 表示；最大耐受量（浓度），用 MTD 表示。

半数致死量是评价毒物毒性的主要指标之一。根据染毒方式的不同，可将半数致死量分为经口毒性半数致死量 LD_{50}、皮肤接触毒性半数致死量 LD_{50} 和吸入毒性半数致死浓度 LC_{50}。

经口染毒法又分为灌胃法和饲喂法两种。这里简单介绍灌胃经口染毒法半数致死量试验。

急性毒性的初筛试验可以简便地鉴别并表达其综合急性毒性，方法如下：

以体重 18 ~ 24g 的小白鼠（或 200 ~ 300g 人白鼠）作为实验动物；若是外购鼠，必须在本单位饲养条件下饲养 7 ~ 10d，仍活泼健康者方可使用。实验前 8 ~ 12h 和观察期间禁食。

称取制备好的样品 100g，置于 500mL 具磨口玻璃塞的锥形瓶中，加入100mL 蒸馏水，振摇 3min，在室温下静止浸泡 24h，用中速定量滤纸过滤，滤液用于灌胃。

灌胃采用 1mL（或 5mL）注射器，注射针采用 9（或 12）号，去针头，磨光，弯成新月形。对 10 只小白鼠（或大白鼠）进行一次性灌胃，每只小白鼠不超过0.40mL/20g，每只大白鼠不超过 1.0mL/100g。

灌胃时用左手捉住小白鼠，尽量使之呈垂直体位，右手持已吸取浸出液的注射器，对准小白鼠口腔正中，推动注射器使浸出液徐徐流人小白鼠的胃内。对灌胃后的小白鼠（或大白鼠）进行中毒症状观察，记录 48h 内动物死亡数，确定固体废物的综合急性毒性。

第三节　城市生活垃圾样品采集与特性分析

一、生活垃圾概况

（一）生活垃圾的概念

生活垃圾是指城镇居民在日常生活中抛弃的固体垃圾，主要包括：（日常）生活垃圾、医院垃圾、市场垃圾、建筑垃圾和街道扫集物等，其中医院垃圾（特别是带有病原体的垃圾）和建筑垃圾应予单独处理，其他的垃圾通常由环卫部门集中处理，一般统称为生活垃圾。

（二）生活垃圾的分类

生活垃圾是一种由多种物质组成的异质混合体，包括：

（1）废品类：包括废金属、废玻璃、废塑料、废橡胶、废纤维类、废纸类和废砖瓦类，等等。

（2）厨房类（亦称厨房垃圾）：包括饮食废物、蔬菜废物、肉类和肉骨，以及我国部分城市厨房所产生的燃料用煤、煤制品、木炭的燃余物等。

（3）灰土类：包括修建、清理时的土、煤、灰渣。

世界各国的城市规模、人口、经济水平、消费方式、自然条件等差异很大，导致生活垃圾的产和质量存在明显差别，并且不断地变化。生活垃圾是一种极不均匀、种类各异的异质混合物，若居民能自觉地将其分类堆放，则会更有利于生活垃圾作为资源回收。

（三）生活垃圾的处置方法

生活垃圾的处置方法大致有焚烧（包括热解、气化）、（卫生）填埋和堆肥。不同的方法监测的重点和项目也不一样。例如，焚烧垃圾的热值是决定性参数；而堆肥需测定生物降解度、堆肥的腐熟程度；至于填埋，则渗滤液分析和堆场周围的蝇类滋生密度等成为主要项目。

二、生活垃圾特性分析

（一）垃圾采集和样品处理

从不同的垃圾产生地、储存场或堆放场采集有整体代表性的样品，是垃圾特性分析的第一步，也是保证数据准确的重要前提。为此，应充分研究垃圾产生地的基本情况，如居民情况、生活水平、垃圾堆放时间；还要考虑在收集、运输、储存过程等可能的变化，然后制订周密的采样计划。

采样过程必须详细记录地点、时间、种类、表观特性等。在记录卡传递过程中，必须有专人签署，便于核查。

（二）垃圾的粒度分级

粒度分级采用筛分法，按筛目排列，依次连续摇动 15min，依次转到下一号筛子，然后计算各粒度颗粒物所占的比例。如果需要在样品干燥后再称量，则需在 70℃下烘干 24h，然后再在干燥器中冷却后筛分。

（三）淀粉的测定

垃圾在堆肥过程中，需借助淀粉量分析来鉴定堆肥的腐熟程度。这一分析的基础是在堆肥过程中形成了淀粉碘化络合物。这种络合物颜色的变化取决于堆肥的降解度（即堆肥的腐熟程度），当堆肥降解尚未结束时，呈蓝色，降解结束时即呈黄色。

堆肥颜色的变化过程是深蓝—浅蓝—灰—绿—黄。这种样品分析实验的步骤是：

（1）将 1g 堆肥肯于 100mL 烧杯中，滴入几滴酒精使其湿润，再加 20mL 质量分数为 36% 的高氯酸。

（2）用纹网滤纸（90 号）过滤。

（3）加入 20mL 碘反应剂到滤液中并搅动。

（4）将几滴滤液滴到白色板上，观察其颜色变化。

碘反应剂是将 2g 碘化钾溶解到 500mL 水中，再加入 0.08g 碘制成。

（四）生物降解度的测定

垃圾中含有大量天然的和人工合成的有机物质，有的容易被生物降解，有的难以被生物降解。通过实验已经寻找出一种可以在室温下对垃圾生物降解做出适当估计的 COD 实验方法，即：

（1）称取 0.5g 已烘干磨碎的样品于 500mL 锥形瓶中。

（2）准确量取 20mL c（$1/6K_2Cr_2O_7$）=2mol/L 的重铬酸钾溶液，加入锥形瓶中并充分混合。

（3）用另一个量筒量取 20mL 硫酸加到锥形瓶中。

（4）在室温下放置 12h 且不断摇动。

（5）加入约 15mL 蒸馏水。

（6）依次加入 10mL 磷酸、0.2g 氯化钠和 30 滴指示剂，每加入一种试剂后必须混匀。

（7）用硫酸亚铁铵标准溶液滴定，在滴定过程中颜色的变化是棕绿→绿蓝→蓝→绿，在化学计量点时出现的是纯绿色。

（8）用同样的方法在不加样品的情况下做空白试验。

（9）如果加入指示剂时已出现绿色，则实验必须重做，必须再加 30mL 重铬酸钾溶液。

（10）生物降解度的计算：

$$BDM = \frac{1.28(V_2 - V_1) \cdot V \cdot c}{V_2} \qquad (4-2)$$

式中，BDM——生物降解度；V_1——滴定样品消耗硫酸亚铁铵标准溶液的体积（mL）；V_2——空白试验滴定消耗硫酸亚铁铵标准溶液的体积（mL）；V——加入重铬酸钾溶液的体积（mL）；c——重铬酸钾溶液的浓度（mol/L）；1.28——折合系数。

注意：在以上计算中，假定 1mL c（$1/6K_2Cr_2O_7$）=1moL/L 的 $K_2Cr_2O_7$ 将 3mg 碳氧化成 CO_2，那么在生物降解中碳的总质量分数大约为 47%。

硫酸亚铁铵标准溶液浓度为 $c\left\{1/2\left[(NH_4)_2Fe(SO_4)_2\right]\right\}=0.5mol/L$，指示剂为二苯胺，该指示剂的配制方法是：小心地将 100mL 浓硫酸缓慢加到 20mL 蒸馏水中，然后再加入 0.5g 二苯胺。

（五）热值的测定

焚烧是有机工业固体废物、生活垃圾、部分医院垃圾处置的重要方法，从卫生角度要求医院中病理性垃圾、传染性垃圾必须焚烧，一些发达国家由于生活垃圾分类较好，部分垃圾焚烧可以发电。

热值是垃圾焚烧处置的重要指标，分高热值（ H_0 ）和低热值（ H_n ），垃圾中可燃物燃烧时产生的反应水一般以水蒸汽形式挥发，因此，相当一部分能量不能被利用。所以当垃圾的高热值 H_0 测出后，应扣除水蒸发和燃烧时加热物质所需要的热量，由高热值换算成低热值。显然，低热值在实际工作中意义更大，两者换算公式为：

$$H_n = H_0\left[\frac{100-(w_I+W)}{100-W_L}\right]\times 5.85W \qquad (4-3)$$

式中，H_n——低热值（kJ/kg）；H_0——高热值，kJ/kg；w_I——惰性物质含量（质量分数）（%）；W——垃圾的表面湿度（%）；W_L——垃圾焚烧后剩余的和吸湿后的湿度（%）。

通常 W_L 对结果的准确性影响不大，因而可以忽略不计。热值的测定可以用热计法或热耗法。常用的氧弹式热量计是通常的物理仪器，测定方法可参考仪器说明书，或物理、化学书籍。测定垃圾热值的主要困难是要了解垃圾的比热容，因为垃圾组分变化范围大，各种组分比热容差异很大，所以测定某一垃圾的比热容是一复杂过程，而对组分较为简单的垃圾（如含油污泥等）就比较容易测定。

三、渗滤液分析

渗滤液主要来源于生活垃圾填埋场，在填埋初期，由于地下水和地表水的流入、雨水的渗入及垃圾本身的分解会产生大量的污水，该污水称为垃圾渗滤液。由于渗滤液中的水主要来源于垃圾自身和降水，因此渗滤液的产生量与垃圾的堆放时间有关，在生活垃圾的三大主要处置方法中，渗滤液是填埋处置中最主要的污染源。合理的堆肥处置一般不会产生渗滤液，热解和气化也不产生，只有露天堆肥、裸露堆场，以及垃圾中转站可能产生。

（一）渗滤液的特性

渗滤液的特性取决于它的组成和浓度。由于不同国家、不同地区、不同季节的生活垃圾组分变化很大，并且随着填埋时间的不同，渗滤液组分和浓度也会变化。因此它的特点是：

（1）成分的不稳定性：主要取决于垃圾组成。

（2）浓度的叮变性：主要取决于填埋时间。

（3）组成的特殊性：垃圾中存在的物质在渗滤液中不一定存在；一般废水中含有的污染物在渗滤液中不一定有，如油类、氰化物、铬和汞等，这些特点影响着监测项目。

（4）渗滤液是不同于生活污水的特殊污水。例如，在一般生活污水中，有机物主要是蛋白质（质量分数为 40% ~ 60%）、糖类（质量分数为 25% ~ 50%），以及脂肪、油类（质量分数为 10%），但在渗滤液中几乎不含油类，因为生活垃圾具有吸收和保持油类的能力；氰化物是地表水监测中的必测项目，但在填埋处理的生活垃圾中，各种氰化物转化为氢氰酸，并生成复杂的氰化物，以致在渗滤液中很少测到氰化物的存在；金属铬在填埋场内因有机物的存在被还原为三价铬，从而在中性条件下被沉淀为不溶性的氢氧化物，所以在渗滤液中不易测到金属铬；汞则在填埋场的厌氧条件下生成不溶性的硫化物而被截留。因此渗滤液中几乎不含上述物质。

（二）渗滤液的分析项目

渗滤液分析项目在各种资料上大体相近，我国《生活垃圾填埋场污染控制标准》（GB 16889—2008）中对于水污染物的监测项目包括：色度、化学需氧讨、生化需氧量、悬浮物、总氮、氨氮、总磷、粪大肠菌群数、总汞、总镉、总铬、六价铬、总砷、总铅。参照水质监测方法进行测定。

第四节　农业固体废物的合理利用案例分析

应对农业固废利用率低及过度施肥带来的环境问题，以四种常见农业固废（花生壳，PS；瓜子壳，SS；稻壳，RH；甘蔗渣，BA）为材料，研究 300℃、450℃和 600℃热解制备的生物质炭对水体中铵态氮的吸附效果。结果显示，等温吸附 Freundlich 模型相比 Langmuir 模型具有更好相关性，更加适合描述 12 种生物质炭对铵态氮的吸附过程。BA300（$K=0.54$）的吸附能力最强，RH450

（K=0.01）的吸附能力最弱。在 1%、3% 和 5%（w/w）的施用量下，土壤对铵态氮的平衡吸附量随生物质炭投加量的增加而增大。结果表明，生物质炭的施加可以改变土壤理化性质，促进土壤对铵态氮的固持能力。

一、材料与方法

（一）供试材料

1.生物质炭

供试农业固废采购于江西南昌下罗村，为花生壳（Peanut shell）、瓜子壳（Sunflower seeds）、稻壳（Rice hulls）、甘蔗渣（Bagasse）。将农业固废用超纯水清洗 3 次，于 85℃电热恒温鼓风干燥箱中烘干，后置于马弗炉内并以 100℃/h 速率分别升至 300℃、450℃和 600℃后停留 4h，炭化后自然冷却取出，将生物质炭粉碎，过 2mm 筛，即得 300℃花生壳（PS300）、450℃花生壳（PS450）、600℃花生壳（PS600），300℃瓜子壳（SS300）、450℃瓜子壳（SS450）、600℃瓜子壳（SS 600），300℃稻壳（RH300）、450℃稻壳（RH450）、600℃稻壳（RH 600），300℃甘蔗渣（BA300）、450℃甘蔗渣（BA 450）、600℃甘蔗渣（BA 600）。上述生物质炭的基本理化性质见表 4-5。

表4-5　生物质炭的部分理化性质

生物质炭材料	温度/℃	产率/%	含水率/%	挥发分/%	灰分/%	固定碳/%	pH	阳离子交换量/coml/kg	比表面积/m²/g
花生壳炭	300	35.36	1.23	22.51	8.53	67.73	8.26	23.33	556.53
	450	30.88	1.12	14.43	10.72	73.73	9.24	14.05	368.09
	600	28.66	3.21	10.06	10.88	75.85	10.35	11.43	509.06
瓜子壳炭	300	40.43	0.98	16.10	39.55	43.36	9.28	31.19	501.28
	450	36.87	1.54	17.55	38.73	42.19	9.84	23.57	353.06
	600	34.55	1.08	15.06	46.70	37.15	10.72	14.29	470.04
稻壳炭	300	36.15	2.33	15.69	28.27	53.71	6.82	36.43	172.37
	450	32.93	1.57	13.80	31.13	53.50	9.68	28.33	296.96
	600	31.81	1.31	11.84	31.87	54.98	10.24	20.48	334.98

续　表

生物质炭材料	温度/℃	产率/%	含水率/%	挥发分/%	灰分/%	固定碳/%	pH	阳离子交换量/coml/kg	比表面积/m²/g
甘蔗渣炭	300	28.51	2.01	28.23	5.82	63.95	6.48	38.57	220.79
	450	24.21	1.21	21.57	7.03	70.19	9.03	24.29	313.99
	600	21.66	1.34	26.96	7.32	64.38	9.71	18.57	395.54

2. 供试土壤

供试土样为江西南昌下罗典型水稻土——红壤。本次试验采集 0～15cm 耕作层土壤，采用对角线布点法采集。采集后土壤样品经自然风干后，去除石块、残根等杂物，用玛瑙钵研磨至粉末状，后过 2mm 网筛，装入广口瓶中备用；土壤含水率为 2.06%，氨氮含量为 10.53mg/kg，阳离子交换量为 9.44cmol/kg，pH 值为 4.91。

（二）试验设计

实验一：生物质炭对水中 NH_4^+-N 的吸附效应

称取 0.2 g 各生物质炭样品，置于 50mL 离心管中，加入 30mL（30mg/L）的 NH_4Cl 溶液。设置 8 个时间点（0.5，1，2，4，8，12，18，24h），每个时间点两个重复。放入恒温振荡器中以 200r/min、25℃下恒温振荡，在不同的时刻 t 取出，离心，经絮凝预处理后过滤，测定滤液中的铵态氮含量，计算生物质炭对铵态氮的吸附容量。

实验二：生物质炭对土壤吸附 NH_4^+-N 效应的影响

实验一中每种材料吸附效果最好的生物质炭是 PS600、SS300、RH300、BA300，将这四种供试生物质炭与供试土壤，按照 0、1%、3%、5% 的质量比，混合均匀。调节含水量至田间持水量的 50%，放置一周后，将其放入电热恒温鼓风干燥箱中，在 105℃下烘干，研磨后过 1 mm 筛，最后装入广口瓶中作为添加生物质炭的供试土壤备用。

采用批量平衡测定 12 种加炭土壤（1%PS600、3%PS600、5%PS600；1% SS300、3% SS300、5%SS300；1%RH300、3%RH300、5%RH300；1%BA300、3%BA300、5%BA300）和不加炭土壤对照，测定溶液中铵态氮的吸附等温曲线，探究不同种类的生物质炭和炭投加量对土壤吸附溶液中铵态氮吸附能力的影响。

取添加生物质炭的土壤样品 10g，置于 50mL 离心管中，加入 30mL 不同起始浓度（0、10、15、20、25、30mg/L）的 NH_4Cl 溶液，每个样品备两份。放入恒温振荡器中，在 200r/min、25℃恒温下振荡 24h，离心，经絮凝预处理后过滤，测定滤液中的铵态氮含量，计算不同浓度下添加生物质炭土壤铵态氮的平衡吸附容量。

（三）测定项目与分析方法

土壤（包括土壤与生物质炭的混合物）与生物质炭的 pH 值分别以 1∶2.5 固液比，用 pH 计（PHS-3CT, SHKY, China）进行测定；水体与土壤（包括土壤与生物质炭的混合物）溶液中的氨氮用流动分析仪（SEALAA3, Holland）——水杨酸钠法进行测定；生物质炭挥发分、灰分（Volatile Material, VM）含量的测定参考国家标准 GB 212—2008《煤的工业分析方法》，生物质炭阳离子交换量、比表面积采用乙酸铵交换法和乙二醇乙醚吸附法测定。

二、结果与分析

（一）生物质炭对水中 NH_4^+-N 的吸附效应

由图 4-2 可以看出 4 种 Agro- 物生物质炭，在吸附过程的初期，吸附量快速增加，曲线迅速上升，属于快速吸附过程；当时间增加到 8h 后，曲线增长变得平缓，表明吸附趋于饱和，属于慢速吸附过程。排除实验误差，在 24h 时 450℃生物质炭对溶液中铵态氮的吸附已基本达到平衡状态，所以铵态氮的吸附机理探究时，吸附平衡时间设为 24 h。

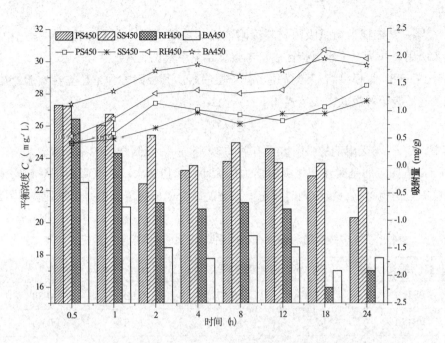

图 4-2　450℃生物质炭对 NH_4^+-N 的吸附动力学曲线

从图 4-2，可知四种生物质炭吸附量均随吸附时间的增加而增加，BA450 和 RH450 的吸附量明显大于 PS450 和 SS450。为进一步研探讨吸附机理，本研究采用两个常用等温吸附模型即 Langmuir 和 Freundlich 吸附模型[1]。

Langmuir 等温吸附模型

Langmuir 等温吸附模型常用于解释单分子层吸附。其方程式如下：

$$Q_e = \frac{Q_{max}bC_e}{1+bC_e}$$

其中，Q_e——平衡时生物质炭吸附铵态氮的吸附容量（mg/g）；Q_{max}——吸附剂饱和吸附量（mg/g）；C_e——平衡浓度（mg/L）；b——与温度或吸附过程相关的系数。

为了便于参数的拟合计算，常将上式进行线性化处理，得到下式：

$$\frac{C_e}{Q_e} = \frac{1}{Q_{max}}C_e + \frac{1}{bQ_{max}}$$

① Feng Y., Zhou H., Liu G., et al. Methylene blue adsorption onto swede rape straw (Brassica napus L.) modified by tartaric acid: Equilibrium, kinetic and adsorption mechanisms. Bioresource technology, 2012, 125(0): 138-144

Q_{max} 常被视为衡量吸附材料吸附能力的关键指标，在本实验材料筛选中，最大吸附量作为一个重要指标进行考察。相关系数见表 4-5。

Freundlich 模型常用于描述多分子层吸附。其吸附方程是建立在实验基础上的经验吸附等温式，表达式如下：

$$Q=KC_e^n$$

其中，K——与吸附剂的吸附容量有关的参数；n——吸附强度的相关常数。

K 值反应的是对铵态氮吸附能力的大小，K 值越大，表明吸附剂对铵态氮的吸附能力就愈强，吸附剂与铵态氮之间的结合就愈稳定。相关系数见表 4-6。

表4-6 水中铵态氮污染物在不同生物质炭的等温吸附方程相关参数

生物质炭	Freundlich 吸附模型		Langmuir 吸附模型	
PS300	0.27	0.97	0.90	0.89
PS450	0.22	0.80	2.18	0.65
PS600	0.35	0.86	3.35	0.85
SS300	0.10	0.97	3.62	0.98
SS450	0.04	0.93	2.74	0.71
SS600	0.04	0.94	1.91	0.89
RH300	0.40	0.91	3.06	0.80
RH450	0.01	0.92	4.04	0.92
RH600	0.10	0.81	4.22	0.94
BA300	0.54	0.82	2.83	0.86
BA450	0.22	0.93	4.56	0.52
BA600	0.07	0.99	4.12	0.86

表 4-6 为铵态氮在不同生物质炭的 Langmuir 和 Freundlich 等温吸附方程相关参数。从表 4-6 两个方程的拟合结果可看出，等温吸附 Freundlich 模型相比 Langmuir 模型更具有良好的相关性。比较相关系数 R 的大小，两种等温吸附式中，Freundlich 模型更能很好地描述生物质炭对 NH_4^+-N 的吸附等温特征。因此，在本实验条件下，生物质炭对 NH_4^+-N 的吸附以多分子层吸附为主。

12 种 Agro- 生物质炭对溶液中的铵态氮吸附容量随浓度的增加而增加，但增加趋势在铵态氮浓度为 25 mg/L 后降低（图 4-3）。生物质炭对铵态氮的吸附能力受其阳离子交换量、孔隙率、表面积等物理化学性质影响[1]。采用吸附等温曲线拟合的方程式和参数，探究生物质炭对 NH_4^+-N 的吸附机理[2]（PS = 花生壳、SS= 瓜子壳、RH= 稻壳、BA= 甘蔗渣）。

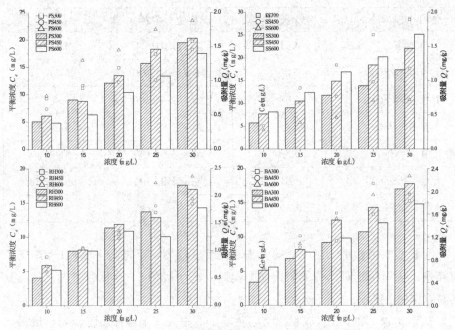

图 4-3　12 种生物质炭对铵态氮的吸附等温线和吸附容量

（二）生物质炭对土壤吸附 NH_4^+-N 效应的影响

由表 4-6 可以看出，不同农业废弃物材料制备的生物质炭以及不同温度条件下制备的生物质炭对溶液中铵态氮的吸附能力差异很大。选取四种材料中吸附结合力分别最强（PS600（K=0.35）；SS300（K=0.10）；RH300（K=0.40）BA300（K=0.54）的生物质炭为供试材料，研究生物质炭对土壤吸附 NH_4^+-N 效应的影响。

---

[1]　袁金华，徐仁扣. 生物质炭的性质及其对土壤环境功能影响的研究进展. 生态环境学报，2011, 20(4): 779-785

[2]　Kołodyńska D., Wnętrzak R., Leahy J J., et al. Kinetic and adsorptive characterization of biochar in metal ions removal. Chemical Engineering Journal, 2012, 197(0): 295-305

供试土壤原始 pH 为 4.91，呈酸性。加入生物质炭的土壤，pH 均不同程度提高，且随生物质炭的投加量的增加而增加。pH 最高为 5.93，最低为 5.12（表4-7）。

表4-7　土壤pH

混合土壤样品	pH	混合土壤样品	pH
土壤	4.91	土壤 +1%RH300	5.72
土壤 +1%PS600	5.81	土壤 +3%RH300	5.79
土壤 +3%PS600	5.88	土壤 +5%RH300	5.86
土壤 +5%PS600	5.93	土壤 +1%BA300	5.69
土壤 +1%SS600	5.53	土壤 +3%BA300	5.77
土壤 +3%SS600	5.61	土壤 +5%BA300	5.88
土壤 +5%SS600	5.72		

生物质炭富含钾、钙、镁等元素和极性官能团，可提高土壤 pH 和阳离子交换量，从而使其对养分的固持能力提高，进而减少 NH_4^+-N 的流失，降低氨毒对农作物的影响。

从图 4-4、图 4-5 可以看出，生物质炭的施入，土壤铵态氮吸附容量都有不同程度的增加，且一般随着投炭量的增加而增加，但加炭土壤对铵态氮的固持率在随着铵态氮投加量的增加而减少。这一结果为作为合理施肥提供初步的理论依据。而图 4-4 中，四种生物质炭同一添加量，以 PS600 对土壤固持铵态氮的效果最好，BA300 相对较差。这一结论对指导农副产物合理化使用具有重要作用。

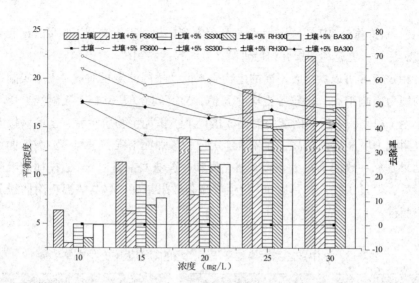

图 4-4 四种生物质炭对土壤吸附铵态氮的影响

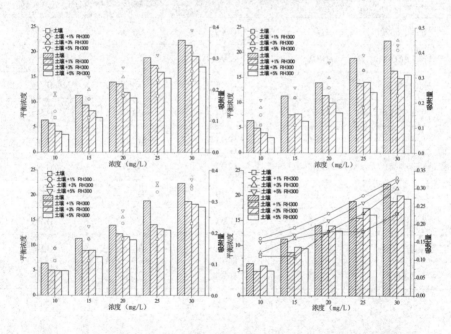

图 4-5 四种生物质炭不同添加量对土壤吸附铵态氮的吸附等温线和吸附容量

这一结果表明除了生物质炭发达的孔隙结构和巨大比表面能影响土壤对铵态氮的固持外，生物质炭表面各种极性官能团和表面电荷能交换电荷，提高土壤 pH，固持养分 NH_4^+-N[①]。回收再利用农副产物，不仅有利于减少其闲置带来的二次污染，更有利于探究如何研发高效肥料的施用[②]。

由表 4–8 可以看出，不同的生物质炭以及不同的炭投加量对土壤吸附铵态氮的能力影响很大。比较各土壤的 K 值，5%PS600（K=0.13）吸附能力比不加炭土壤（K=0.03）的吸附能力要高 3 倍以上。添加生物质炭后，土壤对铵态氮的吸附能力明显得到提高，并随着加炭量的增加而增强，这与等温吸附曲线分析结果是相一致的。花生壳炭、稻壳炭和甘蔗渣炭都是以 5% 的投加量吸附效果最好，但瓜子壳炭却是以 1% 投加量吸附效果最好，这与等温吸附曲线分析结果相符。

表4-8 水中铵态氮污染物在不同土壤的等温吸附方程相关参数

土壤	Freundlich 吸附模型		Langmuir 吸附模型	
	K	R^2	$Q_{max}(mg/g)$	R^2
不加炭土壤	0.03	0.80	0.40	0.97
1% PS600	0.05	0.96	1.14	0.58
3% PS600	0.07	0.86	0.82	0.54
5% PS600	0.13	0.94	0.60	0.95
1% SS300	0.06	0.95	0.56	0.85
3% SS300	0.04	0.92	0.63	0.57
1% RH300	0.05	0.99	0.42	0.96
3% RH300	0.10	0.93	0.42	0.93
5% RH300	0.12	0.92	0.48	0.90
1% BA300	0.05	0.90	0.78	0.58

① Glaser B., Lehmann J., Zech W. Ameliorating physical and chemical properties of highly weathered soils in the tropics with charcoal-a review. Biology and fertility of soils, 2002, 35(4): 219-230

② Zhang J., Liu J., Liu R. Effects of pyrolysis temperature and heating time on biochar obtained from the pyrolysis of straw and lignosulfonate. Bioresource technology, 2015, 176(0): 288-291

土壤	Freundlich 吸附模型		Langmuir 吸附模型	
	K	R^2	$Q_{max}(\mathrm{mg/g})$	R^2
3% BA300	0.05	0.86	0.92	0.42
5% BA300	0.05	0.92	0.88	0.81

　　不加生物质炭时，土壤对铵态氮的吸附 Langmuir 等温吸附模型相关性（R^2=0.97）高于 Freundlich 等温吸附模型（R^2=0.80）。加入生物质炭后，土壤对铵态氮的吸附 Freundlich 模型相比 Langmuir 模型更具有良好的相关性。比较不同土壤 Langmuir 方程的最大吸附容量，其中 1%PS600 的 Langmuir 最大单位吸附容量为 1.14mg/g，是 12 种加炭土壤中最大的吸附值；1%RH300 的 Langmuir 最大单位吸附容量为 0.42mg/g，是 12 种加炭土壤中最小的吸附值，两者相差 2 倍以上。13 种土壤中，不加炭土壤吸附容量最低，为 0.40mg/g。

　　因此，生物质炭的加入，使土壤对铵态氮的吸附由单分子层吸附转化为多分子层吸附，并提高了土壤对养分的固持。这一结果对探究外援生物质炭改变土壤对养分固持机理有一定的指导意义。

第五章　土壤环境监测与应用

第一节　土壤环境监测基本知识

一、土壤组成

土壤是地球表层的岩石经过生物圈、大气圈和水圈长期的综合影响演变而成的，由于各种成土因素，诸如母岩、生物、气候、地形、时间和人类生产活动等综合作用的不同，形成了多种类型的土壤。

土壤是由固、液、气三相物质构成的复杂体系。土壤固相包括矿物质、有机质和生物。在固相物质之间为形状和大小不同的孔隙，孔隙中存在水分和空气。

（一）土壤矿物质

1.土壤矿物质的矿物组成

土壤矿物质是岩石经过风化作用形成的，是土壤固相主要组成部分。土壤矿物质是植物营养元素的重要来源，按其成因可分为原生矿物和次生矿物。

（1）原生矿物：是各种岩石经物理风化而形成的碎屑，其化学组成和晶体结构都未发生改变。这类矿物主要有硅酸盐类（如石英、长石、云母等）、氧化物类、硫化物类和磷酸盐类。

（2）次生矿物：大多是由原生矿物质经过化学风化后形成的新矿物，包括简单盐类、三氧化物和次生铝硅酸盐类等。简单盐类呈水溶性，易被淋湿，多存于盐渍土中。次生铝硅酸盐和铁硅酸盐，如高岭土、蒙脱土、多水高岭土和伊利石等，其粒径一般小于 $0.25\ \mu m$，为土壤黏粒的主要成分，又称为黏土矿物。

不同的土壤矿物质形成的土壤颗粒形状和大小不同，原生矿物一般形成砂粒，次生矿物多形成黏粒，介于二者之间的则形成粉粒，各粒级的相对含量称为土壤的机械组成。

根据机械组成可将土壤分为不同的质地，土壤质地的分类主要有国际制、美国农业部制、卡钦斯基制和中国制。各质地制之间虽有差异，但都将土壤粗分为砂土、壤土和黏土三大类。土壤中物质的很多重要的物理、化学性质和物理、化学过程都与土壤质地密切相关。

2. 土壤矿物质的化学组成

土壤矿物质元素的相对含量与地球表面岩石圈的平均含量及其化学组成相似。氧、硅、铝、铁、钙、钠、钾和镁八大元素的含量约占百分之九十六，其余元素含量甚微，含量多在千分之一以下，甚至低于百万分之一或更低，称为微量元素或痕量元素。

（二）土壤有机质

土壤有机质是指土壤中所有含碳的有机物，包括动植物残体、微生物体及其分解合成的各种有机物，约占土壤干重的 1% ～ 10%，在土壤肥力、环境保护和农业可持续发展等方面都有着重要的作用和意义。

土壤有机质按其分解程度分为新鲜有机质、半分解有机质和腐殖质。腐殖质是指新鲜有机质经过微生物分解转化所形成的具有多种功能团、芳香族结构的酸性高分子化合物，一般占土壤有机质总量的 70% ～ 90%，具有表面吸附、离子交换、络合缓冲作用、氧化还原作用及生理活性等性能，对污染物在土壤中的迁移、转化都有深刻的影响。

（三）土壤微生物

土壤微生物的种类很多，有细菌、真菌、放线菌、藻类和原生动物等。土壤微生物不仅是土壤有机质的重要来源，更重要的是对进入土壤的有机污染物的降解及无机污染物的形态转化起着主导作用，是土壤净化功能的主要贡献者。土壤微生物数量巨大，1g 土壤中就有几亿到几百亿个。土壤受到污染时，土壤微生物数量、组成和代谢将受到影响，可作为反映土壤质量的指标。

（四）土壤水

土壤水是土壤中各种形态水分的总称，存在于土壤孔隙中，影响着土壤中许多化学、物理和生物学过程，对土壤形成、物质的迁移转化过程起着极其重要的作用。

土壤水并非纯水，而是含有复杂溶质的稀溶液，溶质包括可溶性无机盐、可溶性有机物、无机胶体及可溶性气体等。土壤溶液是植物生长所需水分和养分的主要供应源。

土壤水来源于大气降雨、降雪、地表径流和农田灌溉，若地下水位接近地表面（2 ～ 3m），也是土壤水的来源之一。

（五）土壤空气

土壤空气是存在于未被水占据的土壤孔隙中的气体，来源于大气、生化反应和化学反应产生的气体（如甲烷、硫化氢、氢气、氮氧化物等）。

土壤空气成分与近地表大气有一定的区别：一般土壤空气含氧量比大气少，二氧化碳含量高于大气；而土壤通气不良时，还会含有较多的还原性气体，如 CH_4 等。

二、土壤的基本性质

（一）吸附性

土壤的吸附性能与土壤中存在的胶体物质密切相关。土壤胶体包括无机胶体（如黏土矿物和铁、铝、硅等水合氧化物）、有机胶体（主要是腐殖质及少量的生物活动产生的有机物）、有机无机复合胶体。由于土壤胶体具有巨大的比表面积，胶粒带有电荷，分散在水中时界面上产生双电层等性能，使其对有机污染物（如有机磷、有机氯农药等）和无机污染物（如 Hg^{2+}、Pb^{2+}、Cu^{2+}、Cd^{2+} 等重金属离子）有极强的吸附能力或离子交换吸附能力。

（二）酸碱性

土壤的酸碱性是土壤的重要理化性质之一，是土壤在形成过程中受生物、气候、地质、水文等因素综合作用的结果。土壤的酸碱度可以划分为九级：pH < 4.5 为极强酸性土，pH4.5 ~ 5.5 为强酸性土，pH5.6 ~ 6.0 为酸性土，pH6.1 ~ 6.5 为弱酸性土，pH6.6 ~ 7.0 为中性土，pH7.1 ~ 7.5 为弱碱性土，pH7.6 ~ 8.5 为碱性土，PH8.6 ~ 9.5 为强碱性土，pH > 9.5 为极强碱性土。我国土壤的 pH 大多为 4.5 ~ 8.5，并呈"东南酸、西北碱"的规律。土壤的酸碱性直接或间接地影响着污染物在土壤中的迁移转化。

根据氢离子的存在形式，土壤酸度分为活性酸度和潜性酸度两类。活性酸度又称有效酸度，是指土壤溶液中游离氢离子浓度反映的酸度，通常用 pH 表示。潜性酸度是指土壤胶体吸附的可交换氢离子和铝离子经离子交换作用后所产生的酸度。如土壤中施入中性钾肥（KCl）后，溶液中的钾离子与土壤胶体上的氢离子和铝离子发生交换反应，产生盐酸和三氯化铝。土壤潜性酸度常用100g 烘干土壤中氢离子的物质的量表示。土壤碱度主要来自土壤中钙、镁、钠、钾的重碳酸盐、碳酸盐及土壤胶体上交换性钠离子的水解作用。

（三）氧化还原性

由于土壤中存在着多种氧化性和还原性无机物质及有机物质，使其具有氧化性和还原性。土壤中的游离氧和高价金属离子、硝酸根等是主要的氧化剂，土壤有机质及其在厌氧条件下形成的分解产物和低价金属离子是主要的还原剂。土壤环境的氧化作用或还原作用通过发生氧化反应或还原反应表现出来，故可以用氧化还原电位（E_h）来衡量。因为土壤中氧化性和还原性物质的组成十分复杂，计算 E_h 很困难，所以主要用实测的氧化还原电位衡钻。通常当 $E_h >$ 300mV 时，氧化体系起主导作用，土壤处于氧化状态；当 $E_h <$ 300mV 时，还原体系起主导作用，土壤处于还原状态。

三、土壤环境背景值和环境容量

土壤环境背景值又称土壤本底值，是指土壤在自然成土过程中未受人类社会行为干扰和破坏时，土壤自身的化学元素的组成和含量。但由于人类对环境的干扰越来越大，目前已很难找到绝对未受人类活动影响的土壤。因此，土壤背景值只能代表土壤某一发展、演变阶段的一个相对意义上的数值。

各国都很重视土壤背景值的研究，美国、英国、德国、加拿大、日本及俄罗斯等国都已公布了土壤某些元素的背景值。我国也将土壤背景值研究列入"六五"和"七五"国家重点科技攻关项目，并于 1990 年出版了《中国土壤元素背景值》一书。表 5-1 摘录了部分元素的背景值。土壤背景值是土壤污染评价、污水灌溉和作物施肥不可缺少的依据。

表5-1 土壤(A层①)部分元素的背景值

元素	算术平均值	标准偏差	几何平均值	几何标准偏差	95%置信度范围值	元素	算术平均值	标准偏差	几何平均值	几何标准偏差	95%置信度范围值
As	11.2	7.86	9.2	091	2.5 ~ 33.5	K	1.86	0.463	1.79	1.342	0.94 ~ 2.97
Cd	0.097	0.079	0.074	2.118	0.017 ~ 0.333	Ag	0.132	0.098	0.105	1.973	0.027 ~ 0.409
Co	12.7	6.4	11.2	1.67	4.0 ~ 31.2	Be	1.95	0.731	1.82	1.466	0.85 ~ 3.91
Cr	61.0	31.07	53.9	1.67	19.3 ~ 150.2	Mg	0.78	0.433	0.63	2.080	0.02 ~ 1.64
Cu	22.6	11.41	20.0	0.66	7.3 ~ 55.1	Ca	1.54	1.633	0.71	4.409	0.01 ~ 4.80
F	478	197.37	440	1.50	191 ~ 1012	Ba	469	134.7	450	1.30	251 ~ 809
Hg	0.065	0.080	0.040	1.602	0.006 ~ 0.272	B	47.8	32.55	38.7	1.98	9.9 ~ 151.3
Mn	583	362.8	482	1.90	130 ~ 1786	Al	6.62	0.626	6.41	1.307	3.37 ~ 9.87
Ni	26.9	14.36	23.4	1.74	7.7 ~ 71.0	Ge	1.70	0.30	1.70	1.19	1.20 ~ 2.40
Pb	26.0	12.37	23.6	1.54	10.0 ~ 56.1	Sn	2.60	1.54	2.30	1.71	0.80 ~ 6.70
Se	0.290	0.255	0.215	2.146	0.047 ~ 0.993	Sb	1.21	0.676	1.06	1.676	0.38 ~ 2.98
V	82.4	32.68	76.4	1.48	34.8 ~ 168.2	Bi	0.37	0.211	0.32	1.674	0.12 ~ 0.88
Zn	74.2	32.78	67.7	1.54	28.4 ~ 161.1	Mo	2.0	2.54	1.20	2.86	0.10 ~ 9.60
Li	32.5	15.48	29.1	1.62	11.1 ~ 76.4	I	3.76	4.443	2.38	2.485	0.39 ~ 14.71
Na	1.02	0.626	0.68	3.186	0.01 ~ 2.27	Fe	2.94	0.984	2.73	1.602	1.05 ~ 4.84

① A层指土壤表层或耕层。

注：本表摘自中国环境监测总站编著的《中国土壤元素背景值》，第 87 页。

土壤背景值的表示方法国内外没有统一的规定，常用的有：用土壤样品平均值 $\bar{x}$ 表示；用平均值加减一个或两个标准偏差 $\bar{x}\pm s$ 或 $\bar{x}\pm 2s$ 表示；用几何平均值 $\bar{x}_g$ 加减一个几何偏差 $s_g\left(\bar{x}_g\pm s_g\right)$ 表示。我国土壤元素背景值的表达方法是：对测定值呈正态分布或近似正态分布的元素，用算术平均值 $\bar{x}$ 表示数据分布的集中趋势，用算术标准偏差 s 表示数据的分散度，用算术平均值加减两个标准偏差 $\bar{x}\pm 2s$ 表示 95% 置信度数据的范围值；当元素测定值呈对数正态分布或近似对数正态分布时，用几何平均值 $\bar{x}_g$ 表示数据分布的集中趋势，用几何标准偏差 s_g 表示数据分散度，用 $\bar{x}_g / \left(s_g^2 - \bar{x}_g s_g^2\right)$ 表示 95% 置信度数据的范围值。两种平均值和标准偏差的计算方法可参见相关文献。

四、土壤污染

土壤污染是指人类活动或自然过程所产生的污染物质通过各种途径进入土壤，其数量超过了土壤的容纳和净化能力，而使土壤的性质、组成及性状等发生变化，并导致土壤的自然功能失调，土壤质量恶化的现象。土壤污染的明显标志是土壤生产能力的降低，即农产品的产量和质量的下降。

（一）土壤污染源

土壤污染源可分为天然污染源和人为污染源两大类。天然污染源是由于自然矿床中某些元素和化合物的富集超出了一般土壤含量时造成的地区性土壤污染。某些气象因素造成的土壤淹没、冲刷流失、风蚀，地震造成的"冒沙、冒黑水"，火山爆发的岩浆和降落的火山灰等，都可不同程度地污染土壤。这类污染源是由一些自然现象引起的，因此称为自然污染源。人们所研究的土壤污染主要是由人类活动所造成的污染。

土壤污染物的来源极为广泛，主要来自工业废水、城市污水、固体废物、农药和化肥、牲畜排泄物以及大气沉降物等。

1. 城市污水和固体废物在

城市污水中，常含有多种污染物。当长期使用这种污水灌溉农田时，便会使污染物在土壤中积累而引起污染。据调查，我国利用污水灌溉的面积占全国总灌溉面积的 10% 左右。另外，利用工业废渣和城市污泥作为肥料施用于农田时，常常会使土壤受到重金属、无机盐、有机物和病原体的污染。工业废物和城市垃圾的堆放场，往往也是土壤的污染源。

2. 农药和化肥

现代农业生产大量使用的农药、化肥和除草剂也会造成土壤污染。如有机

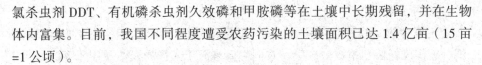
氯杀虫剂 DDT、有机磷杀虫剂久效磷和甲胺磷等在土壤中长期残留，并在生物体内富集。目前，我国不同程度遭受农药污染的土壤面积已达 1.4 亿亩（15 亩 =1 公顷）。

3.牲畜排泄物和生物残体

禽畜饲养场的积肥和屠宰场的废物中含有寄生虫、病原体和病毒，当利用这些废物作肥料时，如果不进行物理和生化处理便会引起土壤或水体污染，并可通过农作物危害人体健康。

4.大气沉降物

大气中的二氧化硫、氮氧化物和颗粒物可通过沉降或降水而进入农田，引起土壤酸化和土壤盐基饱和度降低。另外，大气层核试验的散落物还可造成土壤的放射性污染。

（二）土壤污染物

凡是进入土壤并影响到土壤的理化性质和组成，导致土壤的自然功能失调和土壤质量恶化的物质，统称为土壤污染物。土壤污染物的种类繁多，按污染物的性质一般可分为有机污染物、金属污染物、放射性物质和病原微生物四类。

1.有机污染物

土壤有机污染物主要是化学农药。以前和现在使用的化学农药有 50 多种，其中主要包括有机磷农药、有机氯农药、氨基甲酸酯类、苯氧羧酸类、苯酰胺类等。此外，石油、多环芳烃、多氯联苯等，也是土壤中常见的有机污染物。

2.金属污染物

使用含有金属污染物的污水进行灌溉是重金属进入土壤的一个重要途径。金属污染物进入土壤的另一条途径是大气沉降。常见的金属污染物有汞、镉、铜、锌、铬、铅、镍、钴、锡等。由于金属不能被微生物分解，因此土壤一旦被金属污染，其自然净化过程和人工治理都是非常困难的，因而对人类有较大的潜在危害。

3.放射性物质

放射性物质主要来源于大气层核试验的沉降物，以及核电站等核能利用所排放的各种废气、污水和废渣。放射性物质主要有锶、铯、铀等同位素。含有放射性元素的物质不可避免地随自然沉降、雨水冲刷和废物的堆放而污染土壤。土壤一旦被放射性物质污染就难以自行消除，需要很长时间才能自然衰变为稳定元素。放射性元素也可通过食物链进入人体。

4.病原微生物

土壤中的病原微生物主要包括病原菌和病毒，如肠细菌、寄生虫、霍乱病菌、破伤风杆菌、结核杆菌等。它们主要来源于人畜的粪便及用于灌溉的污水（未经处理的生活污水，特别是医院污水）。人类若直接接触含有病原微生物的土壤，可能会给健康带来影响。

此外，某些非金属无机物如砷化合物、氰化物、氟化物、硫化物等进入土壤后也能影响土壤的正常功能，降低农产品的产量和质量。

第二节　土壤环境质量监测方案的制订

制订土壤环境质量监测方案和制订水环境质量监测方案及空气质量监测方案类似，首先要根据监测目的进行调查研究，收集相关资料，在综合分析的基础上，合理布设采样点，确定监测项目和采样方法，选择监测方法，建立质量保证程序和措施，提出监测数据处理要求，并安排实施计划。

一、监测目的

监测土壤环境质量的目的是判断土壤是否被污染及污染状况，并预测发展变化趋势。土壤监测的四种主要类型包括区域环境背景土壤监测、农田土壤监测、建设项目土壤环境评价监测和土壤污染事故监测。

（一）区域环境背景土壤监测

区域环境背景土壤监测的目的是考察区域内不受或未明显受现代工业污染与破坏的土壤原来固有的化学组成和元素含量水平。但目前已经很难找到不受人类活动和污染影响的土壤，只能去找影响尽可能少的土壤。确定这些元素的背景值水平和变化，了解元素的丰缺和供应状况，为保护土壤生态环境、合理施用微量元素及防治地方病提供依据。

（二）农田土壤监测

农田土壤监测的目的是考察用于种植各种粮食作物、蔬菜、水果、纤维和糖料作物、油料作物及农区森林、花卉、药材、草料等作物的农用地土壤质量，评价农用地土壤污染是否存在影响食用农产品质量安全、农作物生长的风险。

（三）建设项目土壤环境评价监测

建设项目土壤环境评价监测的目的是考察城乡住宅和公共设施用地、工矿用地、交通水利设施用地、旅游用地和军事设施用地等土壤质评价建设用地土壤污染是否存在影响居住、工作人群健康的风险，加强建设用地土壤环境监管，保障人居环境安全。

（四）土壤污染事故监测

废气、废水、废物、污泥对土壤造成了污染，或者使土壤结构与性质发生了明显的变化，或者对作物造成了伤害，需要调查分析主要污染物，确定污染的来源、范围和程度，为行政主管部门采取对策提供科学依据。

二、采样前期准备

由具有野外调查经验且掌握土壤采样技术规程的专业技术人员组成采样组，采样前组织学习有关技术文件，了解监测技术规范。

（一）资料收集

（1）收集包含监测区域的交通图、土壤图、地质图、大比例尺地形图等资料，供制作采样工作图和标注采样点位用。

（2）自然环境方面的资料：监测区域土类、成土母质等土壤信息资料；监测区域气候资料（温度、降水量和蒸发量）、水文资料；监测区域遥感与土壤利用及其演变过程方面的资料等。

（3）社会环境方面的资料：工农业生产布局；工程建设或生产过程对土壤造成影响的环境研究资料；土壤污染事故的主要污染物的毒性、稳定性及如何消除等资料；土壤历史资料和相应的法律（法规）；监测区域工农业生产及排污、污灌、化肥农药施用情况资料。

（二）现场信息调查

现场踏勘，将调查得到的信息进行整理和利用。

（三）采样器具准备

（1）工具类：铁锹、铁铲、圆状取土钻、螺旋取土钻、竹片及适合特殊采样要求的工具，等等。

（2）器材类：全球定位系统、罗盘、照相机、卷尺、铝盒、样品袋、样品箱，等等。

（3）文具类：样品标签、采样记录表、铅笔、资料夹，等等。

（4）安全防护用品：工作服、工作鞋、安全帽、手套、药品箱，等等。

（5）采样用车辆。

三、监测项目与频次选择

土壤监测项目根据监测目的确定，分为常规项目、特定项目和选测项目，监测频率与其对应。常规项目是指《土壤环境质量标准》中所要求控制的污染物；特定项目是根据当地环境污染状况，确认在土壤中积累较多、对环境危害较大、影响范围广、毒性较强的污染物，或者污染事故对土壤环境造成严重不良影响的物质，具体项目由各地自行确定；选测项目包括新纳入的在土壤中积累较少的污染物，由于环境污染导致土壤性状发生改变的土壤性状指标及生态环境指标等，由各地自行选择测定。具体监测项目与监测频率见表5-2。常规项目可按当地实际适当降低监测频率，但不可低于每5年1次，选测项目可按当地实际适当提高监测频率。

表5-2　土壤监测项目与监测频率

项目类别		监测项目	监测频次
常规项目	基本项目	pH、阳离子交换量	每3年1次 农田在夏收或秋收后采样
	重点项目	镉、铬、汞、砷、铅、铜、锌、镍、六六六、滴滴涕	
特定项目(污染事故)		特征项目	及时采样，根据污染物变化趋势决定监测频率
选测项目	影响产量项目	含盐量、硼、氟、氮、磷、钾，等等	每3年1次 农田在夏收或秋收后采样
	污水灌溉项目	氰化物、六价铬、挥发酚、烷基汞、苯并（a）芘、有机质、硫化物、石油类，等等	
	POPs与高毒类农药	苯、挥发性卤代烃、有机磷农药、PCBs、PAHs，等等	
	其他项目	结合态铝（酸雨区）、硒、钒、氧化稀土总t、钼、铁、锰、镁、钙、钠、培、放射性比活度，等等	

四、布点采样与样品测定原则

（一）布点原则

（1）随机原则：为了达到采集的监测样品具有好的代表性，必须避免一切主观因素，使组成总体的个体有同样的机会被选入样品，即组成样品的个体应当是随机地取自总体。

（2）等量原则：在一组需要相互之间进行比较的样品应当有同样的个体组成，否则样本大的个体所组成的样品，其代表性会大于样本少的个体组成的样品。

（3）坚持"哪里有污染就在哪里布点"的原则：优先布设在污染重、影响大的地方。

（4）避开人为干扰大、土壤失去代表性的点，如田边、路边、沟边、粪坑（堆）周围，以及土壤流失严重或表层土被破坏处。

（二）样品测定方法选择

样品测定分析应按照规定的方法进行。分析方法包括标准方法（即仲裁方法）、土壤环境质量标准中选配的分析方法、由权威部门规定或推荐的方法和自选等效方法。选用自选等效方法时应做标准样品验证或对比实验，其检出限、准确度、精密度不低于相应的通用方法要求水平或待测物准确定量的要求。

第三节 土壤样品采集与污染物分析

一、区域环境背景土壤采样

（一）采样单元划分

全国土壤环境背景值监测一般以土类为主；省、自治区、直辖市级的土壤环境背景值监测以土类和成土母质母岩类型为主；省级以下或条件许可或特别工作需要的土壤环境背景值监测可划分到亚类或土属。

（二）野外选点

采样点宜选在被采土壤类型特征明显、剖面发育完整、层次较清楚、无侵入体的地方；地形相对平坦、稳定、植被良好的地点；不施或少施化肥、农药的地块；离铁路、公路至少300m以上的地方。

对于坡脚、洼地等具有从属景观特征的地点不设采样点；对于城镇、住宅、道路、沟渠、粪坑、坟墓附近等处因人为干扰大，失去土壤的代表性，不宜设采样点；不在水土流失严重或表土被破坏处设采样点；不在多种土类、多种母质母岩交错分布、面积较小的边缘地区布设采样点。

（三）采样

一般监测采集表层土，采样深度为 0 ～ 20cm。对于特殊要求的监测（如土壤背景、环境评价、污染事故等），必要时可选择部分采样点采集剖面样品。剖面的规格一般为长 1.5m、宽 0.8m、深 1.2m。挖掘土壤剖面要使观察面向阳，表土和底土分两侧放置，如图 5-1 所示。

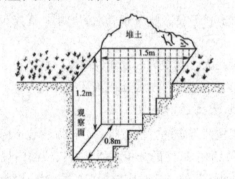

图 5-1 土壤剖面挖掘示意图

一般每个剖面采集 A（表层、淋溶层）、B（亚层、沉积层）、C（风化母岩层、母质层）三层土样，如图 5-2 所示。地下水位较高时，剖面挖至地下水出露时为止；山地丘陵土层较薄时，剖面挖至风化层。对 B 层发育不完整（不发育）的山地土壤，只采 A、C 两层；对干旱地区剖面发育不完善的土壤，在表层 5 ～ 20cm、心土层 50cm、底土层 100cm 左右采样。

对于水稻土来说，应按照 A（耕作层）、P（犁底层）、W（潴育层）、G（潜育层）、C（母质层）分层采样，如图 5-3 所示。对 P 层太薄的剖面，只采 A、C 两层（或 A、G 层或 A、W 层）。

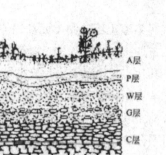

图5-2 土壤剖面土层示意图　　图5-3 水稻土剖面土层示意图

采样次序自下而上，先采剖面的底层样品，再采中层样品，最后采上层样品。测量重金属的样品尽量用竹片或竹刀去除与金属采样器接触的部分土壤，再取样。

剖面每层样品采集1kg左右，装入样品袋。样品袋一般由棉布缝制而成，如潮湿样品可内衬塑料袋（供无机化合物测定）或将样品置于玻璃瓶内（供有机化合物测定）。架样的同时，由专人填写样品标签、采样记录。标签一式两份，一份放入袋中，另一份系在袋口。标签上标注采样时间、地点、样品编号、监测项目、采样深度和经纬度。采样结束，需逐项检查采样记录、样袋标签和土壤样品，如有缺项和错误，及时补齐更正。将底土和表土按原层回填到采样坑中，并在采样示意图上标出采样地点，避免下次在相同处采集剖面样。

二、农田土壤采样

（一）监测单元

监测单元划分要参考土壤类型、农作物种类、耕作制度、商品生产基地、保护区类型、行政区划等要素的差异，同一单元的差别应尽可能地缩小。

土壤环境监测单元按土壤主要接纳污染物途径可分为大气污染型土壤监测单元、灌溉水污染监测单元、固体废物堆污染型土壤监测单元、农用固体废物污染型土壤监测单元、农用化学物质污染型土壤监测单元、综合污染型土壤监测单元（污染物主要来自两种以上途径）。

（二）布点

根据调查目的、调查精度和调查区域环境状况等因素确定监测单元。

　　大气污染型土壤监测单元和固体废物堆污染型土壤监测单元以污染源为中心放射状布点，在主导风向和地表水的径流方向适当增加采样点（离污染源的距离远于其他点）；灌溉水污染监测单元、农用固体废物污染型土壤监测单元和农用化学物质污染型土壤监测单元采用均匀布点；灌溉水污染监测单元采用按水流方向带状布点，采样点自纳污口起由密渐疏；综合污染型土壤监测单元布点采用综合放射状、均匀、带状布点法。

　　农田土壤采样分为剖面样和混合样。在需要了解污染物在土壤中的垂直分布时，要采集土壤剖面样。混合样的采集布点有对角线布点法、梅花形布点法、棋盘式布点法、蛇形布点法、放射状布点法和网格布点法。

　　1. 对角线布点法

　　该法适用于面积小、地势平坦的污水灌溉或受污染的水灌溉的田块。布点方法是由田块进水口引对角线，将此对角线 5 等分，以等分点为采样点，如图 5-4（a）所示。

　　2. 梅花形布点法

　　该法适用于面积较小、地势平坦、土壤较均匀的田块，中心点设在两对角线相交处，一般设 5 ～ 10 个采样点，如图 5-4（b）所示。

　　3. 棋盘式布点法

　　该法适用于中等面积、地势平坦、地形完整开阔，但土壤较不均匀的田块，一般采样点在 10 个以上。此法也适用于受固体废物、污泥污染的土壤，因固体废物分布不均匀，采样点需设 20 个以上，如图 5-4（c）所示。

　　4. 蛇形布点法

　　该法适用于面积较大、地势不太平坦、土壤不够均匀的田块。设采样点 15 个左右，多用于农业污染型土壤，如图 5-4（d）所示。

　　5. 放射状布点法

　　该方法适用于大气污染型土壤。以大气污染源为中心，向周围画射线，在射线上布设采样点。在主导风向的下风向适当增加采样点之间的距离和采样点数觉，如图 5-4（e）所示。

　　6. 网格布点法

　　该方法适用于地形平缓的地块。将地块划分成若干均匀网状方格，采样点设在两条直线的交点处或方格的中心，如图 5-4（f）所示。农用化学物质污染型土壤、土壤背景值调查常用这种方法。

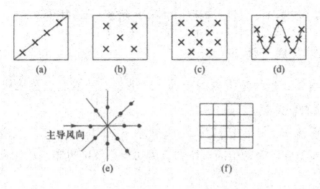

图 5-4　土壤采样点布设方法

为全面客观评价土壤污染情况，在布点的同时要做到与土壤生长作物监测同步进行布点、采样、监测，以利于对比和分析。

（三）采样时间

采样时间应根据监测目的和污染特点而定。为了解土壤污染状况，可随时采集土样测定。如要测定土壤的物理、化学性质，可不考虑季节的变化；如果调查土壤对植物生长的影响，应在植物的不同生长期和收获期分别采集，在采集土壤样品的同时还要采集植物样品；如果调查气型污染，至少应每年取样一次；如果调查水型污染，可在灌溉前和灌溉后分别取样测定；如果观察农药污染，可在用药前及植物生长的不同阶段或者作物收获期与植物样品同时采样测定。

（四）采样方法

一般农田土壤采集耕作层土样，种植一般农作物采样深度 0 ~ 20cm，种植果林类农作物采样深度 0 ~ 60cm。为了保证样品的代表性，降低监测费用，采取采集混合样的方案。每个土壤单元设 3 ~ 7 个采样区，单个采样区可以是自然分割的一个田块，也可以由多个田块所构成，其范围以 200m×200m 左右为宜。每个采样区的样品为农田土壤混合样。

（1）采样筒取样采样筒取样适合表层土样的采集。将长 10cm、直径 8cm 金属或塑料采样器的采样筒直接压入土层内，取出后清除采样筒口多余的土壤，采样筒内的土壤即为所取样品。

（2）土钻取样土钻取样是用土钻钻至所需深度后，将其提出，用挖土勺挖出土样。

（3）挖坑取样挖坑取样适用于采集分层的土样。先用铁铲挖一个坑，平整一面坑壁．并用干净的取样小刀或小铲刮去坑壁表面 1 ~ 5cm 的土，然后在所需层次内采样 0.5 ～ 1kg，装入容器内，贴上标签，做好记录。

三、场地土壤采样

场地是指某一地块范围内的土壤、地下水、地表水以及地块内所有构筑物、设施和生物的综合。

（一）布点

污染场地土壤监测常用的点位布设方法有系统随机布点法、系统布点法和分区布点法。

1. 系统随机布点法

系统随机布点法是将监测区域划分为面积相等的若干地块，从中随机抽取一定数量的地块，在每个地块内布设一个点，如图 5-5（a）所示。适合于土壤特征相近、土地使用功能相同场地的监测点位的布设。

2. 系统布点法

系统布点法是将监测区域分成面积相等的若干地块，每个地块内布设一个点，如图 5-5（b）所示。适合于土壤污染特征不明确或场地原始状况严重破坏场地监测点位的布设。

3. 分区布点法

分区布点法是将场地分成不同的小区，再根据小区的面积或污染特征确定布点的方法，如图 5-5（c）所示。适合于土地使用功能不同、土壤污染特征有明显差异场地监测点位的布设。

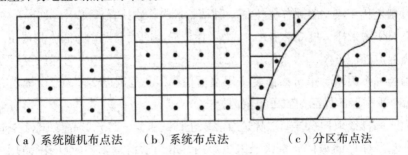

（a）系统随机布点法　　（b）系统布点法　　　　（c）分区布点法

图 5-5　布点方法

（二）采样方法

1. 表层土壤样品的采集

表层土壤样品的采集一般采用挖掘方式进行，一般采用锹、铲、竹片等简单工具进行采样。采样的基本要求是尽量减少土壤扰动，保证土壤样品在采集

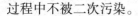

过程中不被二次污染。

2. 深层土壤样品的采集

深层土壤样品的采集可用钻孔、槽探的方式进行。钻孔取样可采用人工或机械钻孔，手工钻孔工具常用的有螺纹钻、管钻等；机械钻孔工具包括实心螺旋钻、中空螺旋钻和套管钻等。槽探取样是用人工或机械挖掘采样槽，然后用采样铲或采样刀进行采样。

3. 原位治理修复工程措施处理土壤样品的采集

对原位治理修复工程措施效果的监测采样，应根据工程设计提出的要求进行。对于挥发性有机物污染、易分解有机物污染、恶臭污染土壤的采样，应采用无扰动式的采样方法和工具。钻孔取样可采用快速击入法、快速压入法及回转法，主要工具包括土壤原状取土器和回转取土器。槽探可采用人工刻切块状土取样。采样后立即将样品装入密封的容器中。

四、土壤样品保存与预处理

（一）土壤样品的干燥与保存

1. 土样的风干

采集的土样应及时摊铺在塑料薄膜上或瓷盘内于阴凉处风干。在风干过程中，应经常翻动，压碎土块，除去石块、残根等杂物；要防止阳光直射和尘埃落入，避免酸、碱等气体的污染。测定易挥发或不稳定项目需用新鲜土样。

2. 磨碎和过筛

风干后的土样用有机玻璃或木棒碾碎后，过 2mm 孔径筛，去除较大沙砾和植物残体，用作土壤颗粒分析及物理性质分析。若沙砾含量较多，应计算它占整个土壤的百分数。用作化学分析，则需使磨碎的土样全部通过孔径为 1mm 或 0.5mm 的筛子。分析有机质、全氮项目，应取部分已过 2mm 筛的土样，用玛瑙研钵继续研细，使其全部通过 60 目筛（0.25mm）。测定 Cd、Cu、Ni 等重金属的土样，必须全部过 100 目尼龙筛。将研磨过筛后的样品混合均匀、装瓶、贴上标签、编号、储存。

3. 土样的保存

土壤样品管理包括土样加工处理、分装、分发过程中的管理和土样入库保存管理。

土样在加工过程中处于从一个环节到另一个环节的流动状态，为防止土样遗失和信息传递失误，必须建立严格的管理制度和岗位责任制，按照规定的方法和程序工作，按要求认真做好各项记录。

对需要保存的土样，要依据欲分析组分的性质选择保存方法。风干土样存放于干燥、通风、无阳光直射、无污染的样品库内，保存期通常为半年至一年。如分析测定工作全部结束，检查无误后，无须保留时可弃去土样。在保存期内，应定期检查土样保存情况，防止霉变、鼠害和土壤样品标签脱落等。用于测定挥发性和不稳定组分用新鲜土样，将其放在玻璃瓶中，置于低于的冰箱内，保存半个月。

（二）土壤样品预处理

土壤样品组分复杂，污染组分含量低，并且处于固体状态。在测定之前，往往需要处理成液体状态和将欲测组分转变为适合测定方法要求的形态、浓度，并消除共存组分的干扰。土壤样品的预处理方法主要有分解法和提取法，前者用于元素的测定，后者用于有机污染物和不稳定组分的测定。

1. 土壤样品分解方法

土壤样品分解方法有：酸分解法、碱熔分解法、高压釜密闭分解法、微波炉加热分解法等。分解法的作用是破坏土壤的矿物质晶格和有机质，使待测元素进入样品溶液中。

（1）酸分解法。酸分解法也称消解法，是测定土壤中重金属常选用的方法。分解土壤样品常用的混合酸消解体系有：盐酸－硝酸－氢氟酸－高氯酸、硝酸－氢氟酸－高氯酸、硝酸－硫酸－高氯酸、硝酸－硫酸－磷酸等。为了加速土壤中欲测组分的溶解，还可以加入其他氧化剂或还原剂，如高锰酸钾、五氧化二钒、亚硝酸钠等。

用盐酸－硝酸－氢氟酸－高氯酸分解土壤样品的操作要点是：取适量风干土样于聚四氟乙烯坩埚中，用水润湿，加适量浓盐酸，于电热板上低温加热，蒸发至约剩 5mL 时加入适量浓硝酸，继续加热至近黏稠状，再加入适量氢氟酸并继续加热；为了达到良好的除硅效果，应不断摇动坩埚；最后，加入少量高氯酸并加热至白烟冒尽。对于含有机质较多的土样，在加入高氯酸之后加盖消解。分解好的样品应呈白色或淡黄色（含铁较高的土壤），倾斜坩埚时呈不流动的黏稠状。用水冲洗坩埚内壁及盖，温热溶解残渣，冷却后定容至要求体积（根据欲测组分含量确定）。这种消解体系能彻底破坏土壤矿物质晶格，但在消解过程中，要控制好温度和时间。如果温度过高，消解样品时间短及将样品溶液蒸干，会导致测定结果偏低。

（2）碱熔分解法。碱熔分解法是将土壤样品与碱混合，在高温下熔融，使样品分解的方法。所用器皿有铝坩埚、瓷坩埚、镍坩埚和铂金坩埚等。常用的熔剂有碳酸钠、氢氧化钠、过氧化钠、偏硼酸锂等。其操作要点是：称取适量土样于坩埚中，加入适量熔剂（用碳酸钠熔融时应先在坩埚底垫上少量碳酸钠或氢氧化钠），充分混匀，移入马弗炉中高温熔融。熔融温度和时间视所用熔剂而定，如用碳酸钠于900℃～920℃熔融30min，用过氧化钠于650℃～700℃熔融20～30min等。熔融后的土样冷却至60℃～80℃，移入烧杯中，于电热板上加水和（1+1）盐酸加热浸取和中和、酸化熔融物，待大量盐类溶解后，滤去不溶物，滤液定容，供分析测定。

碱熔分解法具有分解样品完全，操作简便、快速，且不产生大量酸蒸汽的特点，但由于使用试剂量大，引入了大量可溶性盐，也易引进污染物质。另外，有些重金属如镉、铬等在高温下易挥发损失。

（3）高压釜密闭分解法。该方法是将用水润湿，加入混合酸并摇匀的土样放入能严格密封的聚四氟乙烯坩埚内，置于耐压的不锈钢套筒中，放在烘箱内加热（一般不超过180℃）分解的方法，具有用酸量少、易挥发元素损失少、可同时进行批量样品分解等特点。其缺点是：观察不到分解反应过程，只能在冷却开封后才能判断样品分解是否完全；分解土样量一般不能超过1.0g，使测定含量极低的元素时的称样量受到限制；分解含有机质较多的土样时，特别是在使用高氯酸的场合下，有发生爆炸的危险，可先在80℃～90℃将有机物充分分解。

（4）微波加热分解法。该方法是将土壤样品和混合酸放入聚四氟乙烯容器中，置于微波炉内加热使土样分解的方法。由于微波炉加热不是利用热传导方式使土样从外部受热分解，而是以土样与酸的混合液作为发热体，从内部加热使土样分解，热量几乎不向外部传导损失，所以热效率非常高，并且利用微波能激烈搅拌和充分混匀土样，使其加速分解。如果用微波炉加热分解法分解一般土壤样品，经几分钟便可达到良好的分解效果。

2. 土样的提（浸）取法

（1）有机污染物的提取。根据相似相溶的原理，尽量选择与待测物极性相近的有机溶剂作为提取剂。提取剂必须能将土样中待测物充分提取出来；且与样品能很好地分离，不影响待测物的纯化与测定；不能与样品发生作用，毒性低；沸点在45℃～80℃为好。当单一溶剂提取效果不理想时，可用两种或两种以上溶剂配成混合提取剂。

常用有机溶剂有丙酮、二氯甲烷、甲苯、环己烷、正己烷、石油醚，等等。

①振荡提取：称取一定量的土样于标准口三角瓶中加入适量的提取剂振

荡，静置分层或抽滤、离心分出提取液，样品再重复提取 2 次，分出提取液，合并，待净化。

②超声波提取：称取一定量的土样置于烧杯中，加入适量提取剂，超声提取，真空过滤或离心分出提取液，固体物再用提取剂提取 2 次，分出提取液合并，待净化。

③索氏提取：适用于从土壤中提取非挥发及半挥发有机污染物。准确称取一定量土样放入滤纸筒中，再将滤纸筒置于索氏提取器中。在有 1～2 粒干净沸石的 150mL 圆底烧瓶中加 100mL 提取剂，连接索氏提取器，加热回流一定的时间即可。

④加速溶剂萃取法：加速溶剂萃取是在温度（50℃～200℃）和压力 [1000～3000psi（1psi=6.89476×10³Pa）或 10.3～20.6MPa] 下用溶剂萃取固体或半固体样品的新颖样品前处理方法。加速溶剂萃取法有机溶剂用量少、速度快、效率高、选择性好和基体影响小，已被美国环境保护署（EPA）列为标准方法。

近年来，吹扫蒸馏法（用于提取易挥发性有机化合物）、超临界流体提取法（SFE）都发展很快。尤其是 SFE 法由于其快速、高效、安全性（不需有机溶剂），是具有很好发展前途的提取法。

（2）无机污染物的提取。土壤中易溶无机物组分和有效态组分可用酸或水提取。

3. 净化和浓缩

土壤样品中的欲测组分被提取后，往往还存在干扰组分，或达不到分析方法测定要求的浓度，需要进一步净化或浓缩。常用净化方法有层析法、蒸馏法等，浓缩方法有 K-D 浓缩器法、蒸发法等。

土壤样品中的氰化物、硫化物常用蒸馏 - 碱溶液吸收法分离。

五、土壤污染物分析

（一）土壤重金属污染物分析

1. 铅、镉

铅和镉是动物、植物非必需的有毒有害元素，可在土壤中积累，并通过食物链进入人体。其测定方法多用原子吸收光谱法和原子荧光光谱法。

2. 铜、锌

铜和锌是植物、动物和人体必需的微量元素，可在土壤中积累，当其含量超过最高允许浓度时，将会危害生态系统。测定土壤中的铜和锌广泛采用火焰原子吸收分光光度法（GB/T 17138—1997）。

3. 总铬

由于各类土壤成土母质不同，铬含量差别很大，我国土壤铬含量背景值一般为 20 ~ 200mg/kg。铬在土壤中主要以三价和六价两种形态存在，三价铬和六价铬可以相互转化，其存在形态和含量取决于土壤 pH 和污染程度等。六价铬化合物迁移能力强，其毒性和危害大于三价铬。

土壤中铬的测定方法主要有火焰原子吸收光谱法、分光光度法和等离子发射光谱法等。

4. 镍

土壤中的镍为植物生长所需元素，也是人体必需的微量元素之一。当土壤中镍累积至含量超过允许量后，会使植物中毒。某些镍的化合物如羟基镍毒性很强，具有强致癌性。

土壤中镍的测定方法有火焰原子吸收光谱法、分光光度法和等离子发射光谱法等，其中火焰原子吸收光谱法应用较为普遍。

5. 总汞

天然土壤中汞含量很低，一般为 0.1 ~ 1.5mg/kg，其存在形态有单质汞、无机化合态汞和有机化合态汞，其中，挥发性强、溶解度大的汞化合物易被植物吸收，如氯化甲基汞、氯化汞等。汞及其化合物一旦进入土壤，绝大部分被耕层土壤吸附固定。被测汞超过《土壤环境质量农用地土壤污染风险管控标准（试行）》（GB 15618—2018）风险管控值（最高允许风险浓度）时，原则上这种土壤不可进行作为农作物或果实的生产活动。当汞的浓度介于风险筛选值与风险管控值时，应采取农艺措施，减小汞的土壤浓度或减少其向农作物体内的输运，并加强食品检测，确保农作物的产品中汞的含量在食品标准的范围内。

土壤中汞的测定方法广泛采用冷原子吸收光谱法和冷原子荧光光谱法。

6. 总砷

土壤中砷的背景值一般在 0.2 ~ 40mg/kg，而受砷污染的土壤，砷的质量浓度可高达 550mg/kg。砷在土壤中以五价和三价两种价态存在，大部分被土壤胶体吸附或与有机物络合、螯合，或与铁、铝或钙等离子形成难溶性砷化合物。砷是植物强烈吸收和积累的元素，土壤砷污染后，农作物中砷含量必然增加，从而危害人和动物健康。

土壤中砷的测定方法有二乙胺基二硫代甲酸银分光光度法、新银盐分光光度法和氢化物发生－非色散原子荧光光谱法等。

（二）土壤营养物质污染物分析

土壤中能直接或经转化后被植物根系吸收的矿质营养成分，包括氮、磷、钾、钙、镁、硫、铁、硼、钼、锌、锰、铜和氯等 13 种元素。土壤营养物质主要来源于土壤矿物质和土壤有机质，其次是大气降水、坡渗水和地下水；耕作土壤中，营养物质还来源于施肥和灌溉。

为了提高蔬菜和粮食作物产量而大量施用化肥。氮磷肥用量在一些地区已远超农作物的需求，农田土壤已出现明显的氮磷累积现象，从而导致农作物营养失调、硝酸盐含量超标、品质下降，并引起土壤理化性状恶化、地下水硝酸盐污染及地表水富营养化等一系列环境问题。

1. 土壤氮素分析

土壤是作物氮素营养的主要来源。土壤中的氮素包括无机态氮和有机态氮两大类，其中 95% 以上为有机态氮，主要包括腐殖质、蛋白质、氨基酸等。小分子的氨基酸可直接被植物吸收，有机态氮必须经过矿化作用转化为铵，才能被作物吸收利用。

土壤全氮中无机态氮含量不到 5%，主要是铵和硝酸盐，亚硝酸盐、氨、氮气和氮氧化物等很少。大部分铵态氮和硝态氮容易被作物直接吸收利用，属于速效氮。

土壤中无机态氮含量变化很大，以其作为土壤氮素丰缺指标不够确切。而土壤有机态氮相比较稳定，也是不断矿化供给作物利用的氮素主要来源，其含量基本上接近全氮，故常常采用全氮含量作为土壤氮素丰缺指标。

（1）土壤全氮的测定。土壤全氮的测定主要有重铬酸钾 – 硫酸消化法、高氯酸 – 硫酸消化法、砸粉 – 硫酸铜 – 硫酸消化法等。开氏法为目前统一的标准方法，此法容易掌握，测定结果稳定，准确率较高。

开氏法测氮的原理：在盐类和催化剂的参与下，用浓硫酸消煮，使有机氮分解为铵态氮。碱化后蒸馏出来的氨用硼酸吸收，以酸标准溶液滴定，求出土壤全氮含量（不包括硝态氮）。含有硝态和亚硝态氮的全氮测定，在样品消煮前，需先用高锰酸钾将样品中的亚硝态氮氧化为硝态氮后，再用还原铁粉使全部硝态氮还原，转化为铵态氮。其中硫酸钾在消煮过程中可提高硫酸沸点，硫酸铜起催化作用，以加速有机氮的转化。砸粉是高效催化剂，可缩短转化时间。但此法操作烦琐，测定一个样品需要 40 ~ 60min，不适合大批量样品分析，也不适合处理固定态氮和硝态氮含量较高的土壤。

（2）无机氮测定。

①铵态氮的测定。目前一般采用 KCl 溶液提取法，其原理是将吸附在土壤

胶体上的 NH_4^+ 及水溶性 NH_4^+ 浸提出来，再用 MgO 蒸馏。此法操作简便，条件容易控制，适于含 NH_4^+-N 较高的土壤。

称取土样 10g，放入 100mL 三角瓶中，加 2mol/L KCl 溶液 50mL，用橡皮塞塞紧，振荡 30min，立即过滤于 50mL 三角瓶中（如土壤 NH_4^+-N 含量低，可将土液比改为 1:25）。吸取滤液 25mL 放入半微量氮蒸馏器中，把盛有 5mL2% 硼酸指示剂溶液的三角瓶放在冷凝管下，然后再加 12% MgO 悬沖液 10mL 于蒸馏器中蒸馏。以下步骤同全氮测定，同时做空白实验。

②硝态氮的测定。土壤中硝态氮标准测定方法为酚二磺酸法，此法的灵敏度和准确率均较高。

方法原理：酚二磺酸与 HNO_3 作用生成硝基酚二磺酸，此反应物在酸性介质中为无色，在碱性条件下为稳定的黄色盐溶液。但土壤中如含 Cl^- 在 15mg/kg 以上时，需加 $AgNO_3$ 处理，待测液中 NO_3^--N 的测定范围为 0.10 ~ 2mg/kg。

称取 50g 新鲜土样放在 500mL 三角瓶中，加 0.50g$CaSO_4 \cdot 2H_2O$ 和 250mL 水，塞后振荡 10min。放置几分钟后，将上清液用干滤纸过滤。吸取清液 25 ~ 50mL 于蒸发皿中，加约 0.05g$CaCO_3$，在水浴上蒸干（如有色，可用水湿润，加 10%H_2O_2 消除），蒸干后冷却，并迅速加入 2mL 酚二磺酸试剂，将蒸发皿旋转，使试剂接触所有蒸干物，静置 10min，加水 20mL，用玻璃棒搅拌，使蒸干物完全溶解。冷却后，渐渐加入（1:1）NH_4OH，并不断搅拌，溶液呈微碱性（黄色），再多加 2mL，然后将溶解液定量地移入 100mL 容量瓶中，加水定容，在分光光度计上用光径 1mm 比色槽于 420nm 处进行比色分析。

③水解氮的测定。在酸、碱条件下，把较简单的有机态氮水解成铵，长期以来采用丘林的酸水解法，但此法对有机质缺乏的土壤及石灰性土壤，测定结果不理想，而且手续烦琐。碱解扩散操作简便，还原、扩散和吸收同时进行，适于大批样品的分析，且与作物需氮情况有一定相关性，所以目前推荐试用此法。

称取风干土（通过 1mm 筛）2g，置于扩散皿外室，轻轻旋转扩散皿，使土壤均匀铺平。取 2mLH_3BO_3 指示剂放入扩散皿内室，然后在扩散皿外室边缘露出一条狭缝，迅速加入 10mL 1mol/L NaOH 溶液（如包括 NO_3^--N，则测定时需加 $FeSO_4 \cdot 7H_2O$，并以 Ag_2SO_4 为催化剂，使 NO_3^--N 还原为 NH_4^+-N），立即加盖，用橡皮筋固定毛玻璃，随后放入（40±1）℃恒温箱中，24h 后取出，小心打开玻璃盖，用 0.0025mol/L H_2SO_4 滴定吸收液。与此同时进行空白实验。

④酰胺态氮的测定。凡含有酰胺基（—$CONH_2$）或在分解过程中产生酰胺基的氮肥都可用此法（如尿素）测定。测定原理：在硫酸铜存在下，在浓硫酸

中加热使试样中酰胺态氮转化为氨态氮，同时逸出 CO_2，最后加碱蒸馏测定氮的含量，尿素加酸水解的反应式如下：

$$CO(NH_2)_2 + 2H_2SO_4 + H_2O \rightarrow 2NH_4HSO_4 + CO_2 \uparrow$$

2. 土壤磷分析

土壤全磷量是指土壤中各种形态磷素的总和。我国土壤全磷的含量（以 P，g/kg 表示）大致为 0.44 ~ 0.85g/kg，最高可达 1.8g/kg，低的只有 0.17g/kg。南方酸性土壤全磷含量一般低于 0.56g/kg；北方石灰性土壤全磷含量则较高。

土壤中磷可以分为有机磷和无机磷两大类。大部分土壤中以无机磷为主，有机磷约占全磷的 20% ~ 50%。

土壤中无机磷以吸附态和钙、铁、铝等的磷酸盐为主，且其存在的形态受 pH 的影响很大。石灰性土壤中以磷酸钙盐为主，酸性土壤中则以磷酸铝和磷酸铁占优势。中性土壤中磷酸钙、磷酸铝和磷酸铁的比例大致为 1：1：1。酸性土壤特别是酸性红壤中，由于大量游离氧化铁存在，很大一部分磷酸铁被氧化铁薄膜包裹成为闭蓄态磷，磷的有效性大大降低。另外，石灰性土壤中游离碳酸钙的含量对磷的有效性影响也很大，例如，磷酸一钙、磷酸二钙、磷酸三钙等随着钙与磷的比例增加，其溶解度和有效性逐渐降低。因此，进行土壤磷的研究时，除对全磷和有效磷测定外，很有必要对不同形态磷进行分离测定。

（1）土壤全磷的测定。土壤全磷测定要求把无机磷全部溶解，同时把有机磷氧化成无机磷，因此全磷的测定，第一步是样品的分解，第二步是溶液中磷的测定。

样品分解有 Na_2CO_3 熔融法、$HClO_4$–H_2SO_4 消煮法、HF–$HClO_4$ 消煮法等，目前 $HClO_4$–H_2SO_4 消煮法应用最普遍。磷的测定常用的方法有钼酸铵分光光度法（钼黄法）和钼锑抗分光光度法（钼蓝法）。

样品消解：称取过 100 目筛烘干土壤样品 1.0000g 置于 50mL 三角烧瓶中，以少量水湿润，加入浓硫酸 8mL，摇动后再加入高氯酸 10 滴，摇匀。瓶口上放一小漏斗，置于电热板上加热消煮至溶液开始转白，继续消煮 20min。将冷却后的消煮液转入 100mL 容量瓶中，定容，过滤后待测。

钼锑抗分光光度法原理：在酸性环境中，正磷酸根和钼酸铵生成磷钼杂多酸络合物 $[H_3P(Mo_3O_{10})_4]$，在锑试剂存在下，用抗坏血酸将其还原成蓝色的络合物，在 700nm 处进行比色。

样品的测定：吸取滤液 5 ~ 10mL（含 P5 ~ 25 μg）于 50mL 容量瓶中，

加水稀释至 30mL，加 2 滴二硝基苯酚指示剂，调节 pH 至溶液刚呈微黄色，然后加入钼锑抗显色剂，摇匀，用水定容，在室温高于 15℃的条件下放置 30min，用分光光度计 700nm 比色，工作曲线法定童。结果计算如式（5-1）：

$$w(\text{P}) = \frac{\rho \times V \times t_s \times 10^{-6}}{m} \times 100 \qquad (5-1)$$

式中，w（P）为土壤全磷质量分数，%；ρ 为显色液中磷的浓度，mg/L；V 为显色液体积，mL；t_s 为分取倍数；m 为烘干土质量，g。两次平行测定结果允许误差为 0.005%。

（2）土壤有效磷的测定。土壤有效磷并不是土壤中某一特定形态的磷，而是指某一特定方法所测出的土壤中磷量，不具有真正"数 M"的概念，只是一个相对指标。但这一指标可以相对说明土壤的供磷水平，对于施肥有着直接的指导意义。

土壤中有效磷的测定方法很多，有生物方法、化学速测方法、同位素方法、阴离子交换树脂方法，等等。

土壤有效磷的测定，生物方法被认为是最可靠的，用同位素 32P 稀释法测得的值被认为是标准方法。阴离子交换树脂方法有类似植物吸收磷的作用，即树脂不断从溶液中吸附磷，是单方向的，有助于固相磷进入溶液，测出的结果也接近值。但应用最普遍的是化学速测方法，即用提取剂提取土壤中的有效磷。碳酸氢钠法测定土壤有效磷如下：

方法原理：$NaHCO_3$ 溶液（pH8.5）提取土壤有效磷，在石灰性土壤中，提取液中的 HCO_3^- 可与土壤溶液中的 Ca^{2+} 形成 $CaCO_3$ 沉淀，降低了 Ca^{2+} 活度而使活性较大的 Ca-P 被浸提出来；在酸性土壤中，因 pH 提高，Al^{3+}、Fe^{3+} 等离子的活度很低，不会产生磷地再沉淀，而溶液中 OH^-、HCO_3^-、CO_3^{2-} 等阴离子均能置换 $H_2PO_4^-$，有利于磷的提取。此法不仅用于石灰性土壤，也可用于中性和酸性土壤。

操作步骤：称取通过 2mm 筛的风干土样 5.00g 于 250mL 三角瓶中，加入无磷活性炭和 0.5mol/L 的 $NaHCO_3$（pH8.5）100mL，在 20℃～25℃下振荡 30min，取出后过滤，吸取浸出液 10～20mL（含 P5～25 μg）于 50mL 容量瓶中，加入 2 滴二硝基苯酚指示剂，调节 pH 至溶液刚呈微黄色，待 CO_2 充分逸出后，用钼锑抗分光光度法测定。同时做空白实验。

3. 土壤有机污染物分析

（1）六六六和滴滴本。环境激素是指环境中存在的能影响人体内分泌功能的物质。如 PCBs、四氯二苯并 –p– 二噁英（TCDD）、多氯二苯并呋喃（TCDF）、多氯二苯并噁英（PODD）、DDT、滴滴伊（DDE）等化学物质是非极性、难分解的，它们以激素的形式对生物体产生作用，使生物体出现内分泌失衡、生殖器畸形、精子数量减少、乳腺癌发病率上升等现象，并可能会对下一代产生不良影响。六六六和 DDT 等农药也表现出雌激素的作用。

土壤样品中的六六六和 DDT 农药残留量的分析可以采用气相色谱法（GBAT 14550-2003）：土壤样品经丙酮 – 石油醚提取，浓硫酸净化除去干扰物质，用电子捕获检测器（ECD）检测，根据色谱峰的保留时间定性，外标法定量。气相色谱法（GB/T 14550—2003）的检出限为 0.049 ～ 4.87 μg/kg。

①提取。准确称取 20g 土壤置于小烧杯中，加蒸馏水 2mL，硅藻土 4g，充分混匀，无损地移入滤纸筒内，上部盖一片滤纸，将滤纸筒装入索氏提取器中，加入 100mL 石油醚 – 丙酮（1∶1），用 30mL 石油醚 – 丙酮（1∶1）浸泡土样 12h 后在 75℃～ 95℃恒温水浴上加热提取 4h，待冷却后，将提取液移入 300mL 的分液漏斗中，用 10mL 石油醚分三次冲洗提取器及烧瓶，将洗液并入分液漏斗中，加入 100mL 硫酸钠溶液，振摇 1min，静止分层后，弃去下层丙酮水溶液，留下石油醚提取液待净化。

②净化。净化适用于土壤、生物样品。在分液漏斗中加入石油醚提取液体积的十分之一的浓硫酸，振摇 1min，静置分层后，弃去硫酸层（注意：用硫酸净化过程中，要防止发热爆炸，加硫酸后，开始要慢慢振摇，不断放气，然后再剧烈振摇），按上述步骤重复数次，直至加入的石油醚提取液二相界面清晰均呈无色透明为止。然后向弃去硫酸层的石油醚提取液中加入其体积量一半左右的硫酸钠溶液，振摇十余次，待其静置分层后弃去水层。如此重复至提取液呈中性时止（一般 2 ～ 4 次），石油醚提取液再经装有少量无水硫酸钠的筒型漏斗脱水，滤入适当规格的容量瓶中，定容，供气相色谱测定。

③测定。配制标准溶液后自动进样测定，根据标准溶液和样品溶液的气相色谱图中各组分的保留时间和峰高（或峰面积）分别进行定性和定量分析。外标法定量。

（2）苯并 [a] 芘。苯并 [a] 芘是多环芳烃类中致癌性最强的化合物。自然土壤中，这类物质的本底值很低，但当土壤受到污染后，便会产生严重危害。许多国家都进行过土壤中苯并 [a] 芘含量调查，得出其残留浓度取决于污染源的性质与距离，公路两旁的土壤中，苯并 [a] 芘含量为 2.0mg/kg；而在炼油厂附近土壤中为 200mg/kg；被煤焦油、沥青污染的土壤中，其含量高达 650mg/kg。土壤中苯并 [a] 芘的测定，对于评价和防治土壤污染具有重要意义。

续 表

土壤中苯并 [a] 芘的测定方法有紫外分光光度法、荧光光谱法、高效液相色谱法等。

紫外分光光度法：称取过 0.25mm 孔径筛的土壤样品于锥形瓶中，加入三氯甲烷，50℃水浴上充分提取，过滤，滤液在水浴上蒸发近干，用环己烷溶解残留物，制成苯并 [a] 芘提取液。将提取液进行两次氧化铝层析柱分离纯化和溶出后，在紫外分光光度计上测定 350 ~ 410nm 波段的吸收光谱，依据苯并 [a] 芘在 365、385 和 403nm 处有三个特征吸收峰进行定性分析。测量溶出液对 385nm 紫外线的吸光度，对照苯并 [a] 芘标准溶液的吸光度进行定量分析。该方法适用于苯并 [a] 芘质量浓度大于 5ng/kg 的土壤样品，若其质量浓度小于 5ng/kg 可采用荧光光谱法。

高效液相色谱法是以有机溶剂（如二氯甲烷）提取土壤样品（如索氏提取法、超声提取法、加速溶剂提取法等），提取液经净化、浓缩、定容后，以高效液相色谱仪测定，其检测器一般用荧光检测器。

第四节　光谱监测技术在土壤检测中的应用

一、化学测定土壤有机质统计分析

试验土壤样本取自江西南昌和吉安 4 个不同地区的表层深度 5 ~ 10cm 土层的土，土壤类型分别为水稻土 120 样本、砖红土 60 个样本和黄土 60 个样本，检查土壤样本确保没有小石块，如发现石块，人工把石块拣出并丢弃，取回的土壤样本拿回实验室经晾干、磨细、过筛和烘干水分处理。土壤样本采用上海精宏实验设备有限公司 DHG-9070 型电热恒温鼓风干燥箱内 60℃风干 12h 以上[①]，把每个土壤样本各取 6 ~ 10g 采用重铬酸钾法测定土壤样本有机质测定含量，试验样本土壤参数见表 5-3。

———————————
① 刘雪梅,柳建设. 基于 LS-SVM 建模方法近红外光谱检测土壤速效 N 和速效 K 的研究 [J]. 光谱学与光谱分析，2012(11): 3019-3023.

表5-3 试验样本有机质参数统计

指标	最大值	最小值	平均值	标准偏差
OM /g · kg⁻¹	20.4	49.6	39	7.89

二、采集土壤样本光谱和光谱预处理

使用美国 ASD 公司近地光谱仪采集土壤样本光谱，光谱波长范围 325 ～ 1075nm，采集原始光谱之前，打开光源，预热 30 分钟，这样确保光源更加稳定。然后将土壤样本放入透明玻璃培养皿中，光谱仪探头至土样表面距离为 12cm。测试中由于仪器噪声、样本粒径大小引起的散射会影响有效光谱信息的分析和提取。一个土壤样本采集 3 次光谱数据，为保证光谱数据具有代表性，将 3 次数据求平均，将平均值作为土壤样本最终的光谱数据。

去除 325 ～ 349nm 波长范围光谱数据以消除原始光谱开始波段的噪音，在此基础上每 5 个连续波长作一次平均以降低光谱维数，然后分别对光谱进行变量标准化（Standard Normal Variate，SNV）、多元散射校正（Multiplicative Scatter Correction，MSC）和一阶导数（1st Derivative）预处理，进行光谱预处理的目的在于比较分析不同光谱预处理方法对模型预测结果的影响，通过比较选取其中较优的一个预处理方法为原始光谱的预处理方法，为后续提高预测模型精度打下基础。

三、基于 SPA-LS-SVM 检测土壤有机质研究

所有土壤样本被分为建模集和预测集两组，180 个样本用于建模集，另一组 60 个样本用作预测集，如表 5-4 所示。

表5-4 土壤样本有机质建模集和预测集统计

	样本	最小值	最大值	平均值	标准偏差
标准值	OM /g · kg⁻¹	20.4	49.6	37.2	7.10
预测值	OM /g · kg⁻¹	24.6	44.7	36.5	7.02

最小二乘回归（Partial Least Square Regression，PLSR）是近年来在 PCR 基础上发展起来的一种新的多元统计方法。PCR 是将自变量矩阵（光谱矩阵）一次变换，获得具有正交特性的主元，以消除无用的噪声信息，然后再用主元

建立多元线性回归模型。而 PLSR 方法认为目标特性分析值矩阵 Y 中同样也会含有噪声信息。因此，在变换光谱矩阵 X 的同时考虑了对矩阵 Y 的影响。偏最小二乘回归（Partial Least Square Regression，PLSR）的基本思想是一种逐步添加光谱变量并提取主成分，逐步建立回归模型并检验其显著性的分析方法，当模型达到设定的显著性时终止计算。其优点既适用于小样本，也适用于大样本的多变量数据分析。基于各种不同的光谱预处理方法建立 PLSR 模型，结果详见表 5-5，由表 5-5 结果可知，本文特征波长提取在原始光谱平滑结合一阶导数预处理的基础上进行，因为一阶导数预处理结合 PLSR 模型结果最优。

表5-5　土壤样本PLS模型结果

指标	方法	标准值		预测值	
		R^2	RMSEC	R^2	RMSEC
OM /g·kg⁻¹	None	0.7701	3.7	0.7601	3.6
	SG 平滑	0.7802	3.4	0.7703	3.5
OM /g·kg⁻¹	SNV	0.7931	3.31	0.7820	3.49
	MSC	0.8014	3.22	0.7916	3.42
	SG+1st derivative	0.8125	3.02	0.8033	3.32

连续投影算法（Successive Projections Algorithm，SPA）能大大减少建模所用变量的个数，变量个数比使用蒙特卡罗无信息变量消除、遗传算法和小波算法等算法得到的变量更少且提高建模的速度和效率[1]。已被广泛用于选择近红外光谱特征波段。本研究探讨应用连续投影算法结合 LS-SVM 建模方法，进行土壤近红外光谱建模变量的优化选择方法的可行性，并通过 240 个土壤的实验样品，运用连续投影算法进行建模变量的选择与优化，并用优化后的样品建立了土壤的有机质含量预测模型。

（一）SPA 特征波长选择

贡献点波长选择是建立稳定的数学模型的基础，近红外光谱建模过程就是将建模集样品光谱和化学值构建数学关系。因此在建模集中选择贡献点波长是

---

① 郝勇，孙旭东，王豪．基于改进连续投影算法的光谱定量模型优化 [J]. 江苏大学学报（自然科学版），2013（1）：49-53.

建立稳健性和预测能力强的数学模型关键。本研究应用连续投影算法选择代表性变量，采用原始光谱建立预测模型，由于数据量大，导致模型计算量大，模型不够稳定，连续投影算法对原始光谱数据进行压缩，可大大减少模型的计算量，提高模型的稳定性及预测精度，该算法将优选出的波长按对试验样本贡献值的大小排序筛选，寻找原始光谱数据中含有最低限度冗余信息的波长数据，使得被选出的各波长数据点避免了信息重叠，同时去除冗余信息。图 5-6 表示使用连续投影算法对土壤的光谱数据进行压缩后，筛选得到的贡献点波长，在图中以黑色棱形表示，波长数量为 9 个，分别为 362，392nm，422，437，537，652，702，742，1062nm。

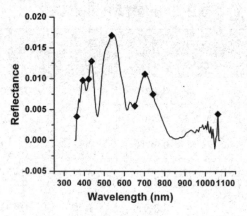

图 5-6　连续投影算法得到的贡献波长点位置

（二）SPA-LS-SVM 模型

LS-SVM 作为一种非线性建模方法，结合近红外光谱技术在土壤营养成分检测中得到广泛应用，并取得了不错的效果。由于连续投影算法能高度概括绝大多数样品光谱的信息，大大地减少了光谱维数。但是基于 SPA 选择法 LS-SVM 检测土壤有机质的研究报道还很少。故本研究利用 SPA 结合 LS-SVM，建立基于特征波长的土壤的有机质含量近红外光谱检测数学模型，并分别对 60 个未参与建模土壤的有机质含量进行预测。

（三）结果分析

表 5-6 为 SPA-LS-SVM 模型对土壤样品有机质含量决定系数、预测均方误差的结果，土壤样本有机质的测量值和预测值对比以及有机质的预测决定系数如图 5-7 所示，从图可以看出，有机质模型预测结果都较好，没有欠拟合及过拟合现象发生，这个结果和多数参考文献是一致的，无论采用何种建模方法，

土壤样本的有机质预测效果都较好，因为土壤营养参数有机质相对于来说，有机质含有 C—C 键、C—H 键、N—H 键以及这些键的组合，如 702nm 波长与有机基团羟基（ROH）和甲基 CH$_3$ 有关，742nm 波长与有机基团次甲基 CH 有关，1062nm 波长与有机基团芳烃 ArCH 有关，这些基团在近红外光谱波长范围 325 ～ 2500nm 内有直接相关性，目前模型精度总体不高，原因可能是基于多种不同区域土壤类型，由于土壤受母质、气候、生物、地形等因素影响以及成土年龄的差异，加上人类活动的影响，其理化特性具有明显差别[①]。为提高模型精度，可从以下几方面着手，如设计更加稳定的光源，光源的稳定度是保证测量系统分析精度及重复性的重要环节，同时把环境温度、土壤含水率等因素考虑进去，还有增加建模样品数量，使模型更加稳定可靠。

表5-6　SPA-LS-SVM模型预测土壤样品结果

指标	标准值		预测值	
	R^2	RMSEC	R^2	RMSEC
OM /g·kg^{-1}	0.8703	2.82	0.8602	2.98

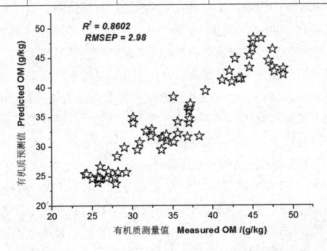

图 5-7　SPA-LS-SVM 模型对表 5-6 中土壤样品有机质含量的预测结果

（四）结论

本文中原始光谱经平滑结合一阶微分预处理后，然后采集连续投影算法确

---

① 刘磊,沈润平,丁国香. 基于高光谱的土壤有机质含量估算研究[J]. 光谱学与光谱分析,2011(03): 762-766.

定特征波长，作为建模集和预测集的光谱数据即有效波长。本文基于 SPA 结合 LS-SVM 检测土壤有机质的研究，得出以下结论：

采用 SPA-LS-SVM 模型预测结果优于 PLS 模型预测结果，通过连续投影算法降低了 LS-SVM 模型的计算量，提高了模型的稳定性和精度；连续投影算法从大量原始光谱数据中提取少数几列数据，高度概括了绝大多数样品光谱的信息，避免了信息重叠，同时去除了冗余信息，简化了模型。由于土壤营养成分有机质含有 C—H 共价键组合，其与近红外光谱波段更有相关性，故有机质的预测精度较高，这一点和采用何种建模方法预测土壤营养成分没有相关性，从其他参考文献也可得到验证。

四、基于近红外光谱的不同建模方法检测土壤有机质研究

可见（visible，vis）和近红外（Near Infrared Reflectance，NIR）漫反射反射光谱技术越来越吸引研究人员是由于该技术相比于土壤分析的实验室参照方法有更好的被认可的优点。虽然 vis-NIR 光谱允许快速、低成本、密集取样，但是研究人员承认仪器不稳定的缺点与外界环境、不同仪器间刻度的可转移性、模型规模对准确度的影响以及其他的原因有关。在原位测量条件下用非移动的或移动仪器仪表，再加上不同的土壤含水量、质地、色彩、严酷的现场条件、灰尘、石头和过多的残留物和表面粗糙度带来的附加挑战都影响着 vis-NIR 光谱研究法的测量精度。为了补偿或克服一个或更多的这些困难，研究者建议并实施了一些解决方案。这包括在其他方法中，选择适当的仪器如分光光度计、光配件和光学探头的设计，提高了光谱滤波和预处理，更好的控制环境条件和多元统计分析的成功选择。可能最值得推荐的提高 vis-NIR 对土壤特性测量精度的一个解决方案是校正模型的成功发展。

常用估测土壤养分的建模方法有主成分回归（PCR）、偏最小二乘回归（PLSR）、逐步多元回归、反向传播神经网络（BPNN）和最小二乘支持向量机（LS-SVM）等，但这些方法却表现出不同的预测精度，预测结果差异较大。研究拟解决的关键问题是如何针对某些具体土壤养分（如有机质含量）来选择最优建模方法和建模因子还需进一步研究明确，从而为开发土壤参数便携式仪器打下坚实基础。本研究采用近红外光谱技术提取土壤养分信息，在此基础上采用主成分回归（PCR）、偏最小二乘回归（PLSR）、反向传播神经网络（BPNN）和最小二乘支持向量机（LS-SVM）建模方法分析测量土壤有机质（OM）含量，

并对不同建模方法进行了比较，以期为土壤参数测定便携式仪器的开发奠定基础。

（一）建模集和预测集的划分

由于土壤样品地理分布区域较大，为验证各种建模方法的稳定性，240个样品随机分为两组，一组为90%用于建模集，采用留一法交互验证建立校正模型，另一组10%。用作预测集。采用建模集（90%）和预测集（10%）这种分组方法随机重复三次，以验证模型稳定性，表5-7中列出了每次交互校验集（建模集）和预测集的样品统计情况。分别应用PCR，PLSR，BPNN and LS-SVM建模方法建立模型，以探讨模型稳定性。

表5-7　建模集和预测集重复三次有机质含量的统计结果

指标 （g·kg⁻¹）	属性	数量	最小值	最大值	平均值	标准偏差
有机质	建模集 1 Set 1	200	20.4	45.5	39.0	7.87
	建模集 2 Set 2	200	23.5	49.6	37.5	7.08
OM	建模集 3 Set 3	200	21.3	45.7	36.7	7.95
有机质	预测集 1 Set 1	20	22.8	43.8	35.7	7.55
	预测集 2 Set 2	20	22.9	43.73	34.3	8.92
OM	预测集 3 Set 3	20	24.1	44.6	37.0	7.42

（二）PCA变量和PLSR潜在变量的获取

PCA是经典的特征抽取和降维技术之一，它可以在不具备任何相关知识背景的情况下对未知样品进行主成分信息提取。采用PCA对土壤样品近红外漫反射光谱数据进行分析后，前3个主成分样品的得分见图5-8。PC1×PC2×PC3的散点图是不同类型的土壤样品特征信息，可以用来解释集群化，通过散点分析，不同土壤类型分布分别在三维区域内。

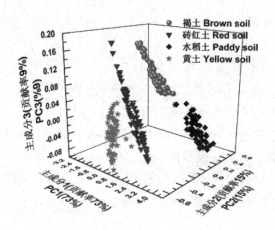

图 5-8　主成分分析 (PCA) 处理后不同土壤样品在 3 个主成分的得分

从图 5-8 中可以看出，4 个典型土壤具有明显的聚类趋势，且前三个主成分可以表达原始光谱 97% 的信息，其中 PC1 为 73%，PC2 和 PC3 分别为 15% 和 9%。对原始光谱进行主成分分析（PCA）得到的前 6 个主成分（PCs）和 PLSR 建模得到的 6 个潜变量（LVs）分别作为反向传播神经网络（BPNN）和偏最小支持向量机（LS-SVM）的输入，之所以取前 6 个是因为这样几乎可以 100% 表达原始光谱有用信息，且降低模型复杂度，提高模型运行速度和精度。PLS 方法将光谱数据与变量进行线性回归，其分析过程为：

（1）建立校正集样本变量。

（2）进行校正集样本变量与光谱数据的 PLS 分析，建立校正集样本变量和光谱数据间的 PLS 校正模型。

（3）根据校正集建立的 PLS 校正模型对预测集样品进行预测验证。通过 PCA 和 PLSR 获取主成分变量和潜在变量。

（三）不同模型的建立方法

模型分别采用完全交互验证和外部验证对其性能进行评价，由决定系数（R^2）、验证均方差（RMSEC）和预测均方差（RMSEP）进行评价。在建模分析中，R^2 偏高为好，RMSEC 和 RMSEP 偏小为好，建模方法的选取一定要适当，避免出现过拟合现象，又要保证预测具有较高的精度，RMSEP 要小。

1.PCR

PCR 的主成分分析是一种常见的建模方法，在早期的光谱分析应用进十分广泛，后来随着 PLS 和非线性建模方法如 BP 神经网络和偏最小二乘支持向量积的完善发展应用，目前用于光谱建模分析相对较少，它也是 Unscamble 软件附带的一个建模方法，同 PLS 建模方法一样，是一种线性建模方法，如果样品参数中含量非线性因素，预测结果就不一定有 BP 神经网络和偏最小二乘支持向量积模型好。

2.PLSR

Viscarra Rossel 等认为建模方法如多元线性回归分析及逐步多元线性回归、多元自适应回归插值、主成分回归（PCR）、偏最小二乘回归（PLSR）等性能比较 PLSR 表现最好。虽然线性 PCR 和 PLSR 分析是光谱校正和预测的最普遍的技术，PLSR 是最准确的。PLSR 方法将光谱数据与变量进行线性回归，其分析过程为：

（1）建立建模集和预测集样本变量。

（2）对建模集样本变量与光谱数据进行 PLSR 分析，建立建模集样本变量与光谱数据间的 PLS 校正模型。

（3）根据建模集建立的 PLSR 校正模型对预测集样品进行分析。

3.BPNN-PCs 和 BPNN-LVs

非线性建模技术如人工神经网络（ANN）很少被关注并且在土壤科学的光谱分析中很少被探究与传统方法相比，到目前为止没有文献被探索到是关于将 PLSR 与 BPNN 结合进行土壤特性分析的和将 PLSR 与全方位可见－近红外光谱相结合，BP 神经网络已经被用于其他多种应用程序。它可以被用作检测方法为它的监督式学习能力提供好的结果。BPNN 建模方法的具有信息处理能力强，不依赖统计特性的特点，使用了一个标准的三层前馈网络，它由一个输入层（主成分数或潜变量），一个隐藏变量层和一个输出层（一个节点）组成。人工神经网络中各节点，代表了一个"神经元"，它和传递函数相联系，这个传递函数总结了那个节点的所有输出并在网络中把它们传递到下一层。在隐藏变量域和输出层中分别采用了这个传递函数和一个线性函数。训练结束后，调整隐藏变量域节点数来获得最好结果。为了避免过度装配，采用了交叉验证的选择。在文献里能够找到关于人工神经网络途径数学背景的其他一些细节，其中包括输入层、隐含层、输出层 3 层的详尽论述。本研究中，网络输入层节点数为 7、隐含层节点数为 5，输出层节点数为 1。目标误差为 0.001，网络指定参数中学习速率为 0.2，设定训练迭代次数为 100 次。本研究选用 PCR 处理后得到的前 6 个主成分变量（PCs）以及 PLSR 处理后得到的 6 个潜变量（LVs）作为 BPNN 输入变量进行建模，所得模型分别命名为 BPNN-PCs、BPNN-LVs。

BPNN 输入向量和相应的目标向量用来训练网络，直到它能接近于一个函数，把输入向量和特定的输出向量联系起来，或者将输入向量合理分类，使它能够与任何有限个间断点的函数接近。过长的训练时间和过拟合是使用未加工红外光谱数据点作为输入时 BPNN 校准的两个主要难题。在"MatLab 神经网络工具箱用户指南"中能找到详细的网络训练程序。BP 神经网络的输入可能或者是由主成分分析获得的主成分，或者是由 PLSR 中获得的潜变量。采用主成分数或者潜变量作为 BP 神经网络的输入是减少计算资源和提高 ANN 校验的有效途径。在这次研究中对两种可能性都做了测试，即 BP 神经网络 – 主成分组合和 BP 神经网络 – 潜变量组合。选主成分数作为 BP 神经网络的输入是基于解释数据变化的累积百分比。在这个研究中前 N 个主成分被看成是输入，这个试验显示它们能解释近 100% 的变化。潜变量数作为 BP 神经网络组合的输入是从残余方差第一个最小值中获得的最优数量，Brown 等人解释（2005 年）。在主成分分析和偏最小二乘法过程中主成分数和潜在变量数的不同选择，都归因于BPNN 分析过程提供最好结果这个事实。

4. 最小二乘支持向量机（LS-SVM）

通过非线性映射函数 $\phi(x)$ 建立回归模型，将输入变量映射到高维特征空间；然后将优化问题改成等式约束条件。利用拉格朗日算子求解最优化问题，对各个变量求偏微分[①]。根据 Mercer 条件，存在映射函数 $\phi(x)$ 和核函数 $K\left(x_i,\ x_j\right)$ 使得

$$\varphi(x_k)^T\varphi(x_l)=K(x_k,x_l);k,l=1,\cdots,n \tag{5-1}$$

核函数为满足 Mercer 条件的任意对称函数，常用的有：线性核函数、多项式核函数、径向基函数（Radial Basis Function，RBF）、多层感知核函数等。本文采用 RBF 作为核函数，其表达式为

$$K(x_k.x_l)=exp(-\left|x_k.x_l\right|^2/(2\sigma^2)) \tag{5-2}$$

从而得到 LS-SVM 的函数估计为

$$y(x)=\sum_{k=1}^{n}\alpha_k K(x,x_k)+b \tag{5-3}$$

式中，α_k 为拉格朗日算子，b 为偏差。LS-SVM 需要调节的参数为核参数 σ^2 和惩罚系数 γ。惩罚系数 γ 主要是控制对错分样本惩罚的程度，实现在错分样本

---

① 刘雪梅，章海亮. 基于 DPLS 和 LS-SVM 的梨品种近红外光谱识别 [J]. 农业机械学报，2012(9): 160–164.

的比例与算法复杂度之间的折中。RBF 核函数的核参数 γ 的选择对模型的准确度起到很大的作用，选的太小则会造成过学习，选的太大会造成欠学习。LS-SVM-PCs 和 LS-SVM-LVs。LS-SVM 建模方法通过非线性映射函数 $\phi(x)$ 建立回归模型，具体步骤为：首先将输入变量映射到高维特征空间，然后将优化问题转化为等式约束条件进行分析，一般利用拉格朗日算子求解最优化问题，对各个变量求偏微分。LS-SVM 需要调节的参数为核参数 σ^2 和惩罚系数 γ。惩罚系数 γ 主要是控制对错分样本惩罚的程度，实现在错分样本的比例与算法复杂度之间的折中。本研究选用 PCR 处理后得到的前 6 个主成分变量（PCs）以及 PLSR 处理后得到的 6 个潜变量（LVs）作为 LS-SVM 输入变量，并进行建模，所得模型分别命名为和 LS-SVM-PCs、LS-SVM-LVs。LS-SVM-PCs、LS-SVM-LVs。

（四）结果与分析

1. 建模集和预测集中土样有机质含量的统计

由于数量相对较少的土壤样品且样品分布地理区域较大，总数量为 240 的样品数据，被随机分为两组分别为 90% 和 10%。前组是校准组（交叉验证组），用于在留一法交叉验证技术的基础上建立校正模型。后者是验证组（预测组），用于独立验证所建的模型。交叉验证组（90%）和预测组（10%）这种分组方法重复三次，并且对这三次分组都进行四种分析（PCR，PLSR，BPNN-PCs and BPNN-LVs）。这样做是为了检测已经研究土壤特性预测的校验模型稳定性。建模集和预测集中土样有机质含量的统计结果见表。由表 5-8 可知，有机质 3 次建模集均值范围 $36.7 \sim 39g \cdot kg^{-1}$，预测集均值范围 $34.3 \sim 37g \cdot kg^{-1}$。

2. 测定土样有机质含量的不同建模方法的比较及评价

为了比较不同建模方法对土壤样品有机质含量测定的效果，对 PCR、PLSR、BPNN-PCs、BPNN-LVs、LS-SVM-PCs 和 LS-SVM-LVs6 种建模方法对所得结果进行评价，结果见表 5-8。由表 5-6 可知，在测定土壤样品有机质含量时，无论是在建模集还是在预测集中，LS-SVM-LVs 的 R^2 值均最高、RMSE 值均最小。表明在测定土壤有机质时，LS-SVM-LVs 模型优于 PCR、PLSR、BPNN-PCs、BPNN-LVs 和 LS-SVM-PCs 模型。此外，每种建模方法重复 3 次所得到的 SD 相对原始测量值均很小，表示每种建模方法相对稳定。

表5-8　不同建模方法预测的有机质含量的R^2、$RMSE$和SD结果

有机质 OM				
建模方法	计算值 / g·kg⁻¹	标准方差 SD/ g·kg⁻¹	计算值 / g·kg⁻¹	标准方差 SD/ g·kg⁻¹
建模集 PCR	0.8388	0.0026	3.60	0.0494
建模集 PLSR	0.8441	0.0056	3.57	0.0497
建模集 BPNN–PCs	0.8517	0.0104	3.19	0.1743
建模集 BPNN–LVs	0.8843	0.0172	3.46	0.0529
建模集 LS–SVM–PCs	0.9014	0.0107	3.29	0.03
建模集 LS–SVM–LVs	0.9016	0.0057	2.83	0.0901
预测集 PCR	0.8081	0.0093	3.75	0.0558
预测集 PLSR	0.8297	0.0086	3.66	0.0537
预测集 BPNN–PCs	0.8482	0.0174	3.29	0.1743
预测集 BPNN–LVs	0.8691	0.0161	3.47	0.0953
预测集 LS–SVM–PCs	0.8589	0.01	3.37	0.1596
预测集 LS–SVM–LVs	0.8734	0.0152	2.92	0.100

　　由表 5-8 还可知，在建模集中，对于有机质的 LS–SVM–LVs 模型，其 R^2 为 0.9016，在预测集中，对于有机质的 LS–SVM–LVs 模型，其 R^2 为 0.8734，表明 LS–SVM–LVs 模型对有机质预测性能较好。分析原因主要是因为相对土壤其他营养成分而言，土壤有机质含有 C—H+C—H，C—H+C—C 和 N-H 键组合，其对近红外光谱反应更灵敏。

　　从图 5-9 可以看出，基于 LS–SVM–LVs 模型得到的有机质含量的预测值与实测值的拟合效果均较好，说明构建的有机质的预测模型不存在过拟合和欠拟合现象，构建的 LS–SVM–LVs 模型具有一定的稳定性和适应性。

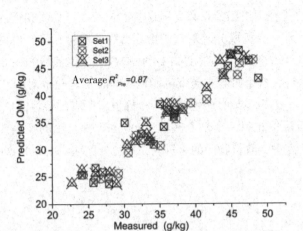

图 5-9　基于 LS-SVM-LVs 模型所得土壤样品有机质含量的预测值与实测值的拟合结果

图 5-10 为对交叉验证和预测数据集进行来自主组分回归（PCR），偏最小二乘回归（PLSR），反向传播神经网络主成分分析（BPNN-PCs）和反向传播神经网络潜变量分析（BPNN-LVs）的 R^2 平均值（三个重复分组的平均值）标准偏差分析和均方根误差分析结果。基于 4 种方法共 6 个回归模型对土壤样品有机质和速效 P 含量的 R^2、$RMSE$（建模集对应 $RMSEC$，预测集对应 $RMSEP$，Cal 表示校正集 Calibraton，Pre 表示预测集 Prediction，其余类推）及标准方差结果。从图 5-10 可以看出，每种建模方法三次建模得到的标准方差相对原始测量值很小，表示每种建模方法相对稳定。从有机质的 PLSR 模型的回归曲线也可以看出，如图 5-11 所示为应用偏最小二乘法得到的有机质回归曲线。

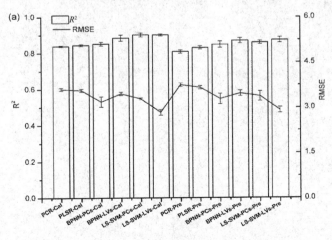

图 5-10　应用不同建模方法得到有机质（OM）结果

　　在整个波长范围内回归系数显示这些波长都在可见光和近红外区域内因于土壤中色彩、水、有机成分及黏土矿物等引起的能量吸收。可见光范围内的两个峰值在大约 490 和 640，它们与在 450 左右的蓝色区域和在 680 左右的红色区域有关。据说，这个吸收光谱带也能在 450nm 时通过成对的和单个的三价 Fe 离子转移到一个更高能态时产生。这两个峰值对所有的特性的作用都非常相似。在近红外区域峰值在第三个倍音区域（960nm）中与水的吸收带有关。在有机质化学特性研究中，有机物中的有机碳在近红外区域有直接光谱响应。

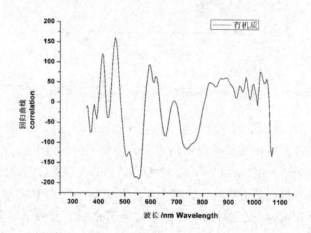

图 5-11　应用偏最小二乘法得到的有机质回归曲线

第六章　生物污染监测与应用

第一节 生物污染监测基本知识

一、概述

生物监测，又称"生物测定"，是利用生物对环境污染物的敏感性反应来判断环境污染的一种手段。生物监测可补充物理、化学分析方法的不足，如利用敏感植物监测大气污染；应用指示生物群落结构、生物测试及残毒测定等方法，反映水体受污染的情况。

生物污染监测，是指对环境的生物要素受污染的程度进行监测的工作。即生物污染监测的对象是生物体，监测内容是生物体内所含环境污染物。

由于生物的生存与大气、水体、土壤等环境要素息息相关，生物从这些环境要素中摄取营养物质和水分的同时，也摄入了环境污染物并在体内蓄积。因此，生物污染监测结果可在一定程度上反映生物体对环境污染物的吸收、排泄和积累情况，从侧面反映与生物生存相关的大气污染、水体污染及土壤污染的积累性与传递性作用程度。

生物监测的重点在于利用生物个体、种群或群落的状况和变化及其对环境污染或变化所产生的反应，阐明环境污染状况。而生物污染监测的重点在于监测生物体内环境污染物。二者有一定的联系，其研究对象都是生物，生物污染监测是生物监测的内容之一（生物污染监测的内容在生物监测中常称为"生物材料检测"）。

二、生物监测的原理

一定条件下，水生生物群落和水环境之间互相联系、互相制约，保持着自然的、暂时的相对平衡关系。污染物进入水环境后，必然作用于水生生物个体、种群和群落，影响水生生态系统中固有生物种群的数量、物种组成及其多样性、稳定性、生产力及生理状况；反之，上述各种不同响应是不同水体污染状况的反映。这种互相作用的结果直观表达或通过一定的数理统计方法使受污染作用的生物反应呈现某些规律性，这就是水体污染生物监测的基本原理。

三、生物监测的分类与特点

（一）生物监测的分类

生物监测的方式很多，可以从以下几方面分类：

（1）按监测生物的层次来分，主要包括形态结构监测、生理生化监测、遗传毒理监测、分子标记方法及生物群落监测等。

（2）按监测生物的种类来分，包括动物监测、植物监测和微生物监测等。

（3）按环境介质的种类来分，包括水体污染的生物监测、大气污染的生物监测和土壤污染的生物监测等。

（4）按监测生物的来源来分，包括被动生物监测（PBM）和主动生物监测（ABM）两种形式。PBM是利用生态系统中天然存在的生物体、生物群落或部分生物体对污染环境的响应来指示和评价环境质量变化；ABM是在控制条件下将生物体（放于合适容器中）移居至监测点进行生态毒理学参数测试。

（二）生物监测的特点

1. 生物监测的优点

（1）能综合、真实地反映环境污染状况，对环境污染做出科学评价。环境污染通常不仅由单一污染物引起，而是多种污染物同时存在形成的复合污染。因此，生物监测可以更真实、更直接地反映出多种污染物在自然条件下对生物的综合影响，从而可以更加客观、全面地评价各种环境状况。

（2）灵敏度高，能发现早期环境污染。某些监测生物对一些污染物非常敏感，它们能够对精密仪器也难测出的一些微量污染物产生反应，并表现出相应的受害反应。此外，有些生物具有很强的富集环境污染物的能力。因此，可以利用这些高敏感、高蓄积生物作监测生物，及时检测出环境中的微量污染物，作为早期环境污染的报警器。

（3）能连续监测污染史，反映长期的污染效果。理化监测结果只能代表取样期间的某些瞬时污染情况，而生活于一定区域内的生物却可以将该区域长期的污染状况反映出来。

（4）成本低廉，简单易行。生物监测很少要求价格昂贵的仪器，因此，生物监测能用较少的资源（人力和经费）便能达到监测环境污染的目的。

2. 生物监测的局限性

生物监测不可避免地会受到监测生物所处环境、监测生物本身的生物学参数及监测人员专业水平等因素的影响。

（1）监测生物易受各种环境因素的影响。监测生物所处环境的物理、化学和生物等因素均能使其产生各种反应，这些反应易与人为胁迫引起的反应相互混淆。因此，监测人员有时很难从监测数据区分自然环境的影响和人为胁迫的影响。

（2）可能受到监测生物本身的生物学参数影响。监测生物不同个体间对同一种人为胁迫的反应可能在某种程度上存在差异，这些差异的产生除了受遗传背景影响外，还可能来源于个体的生理状况及发育期不同等因素影响。

（3）费时且难确定环境污染物的实际浓度。监测生物对污染物的反应通常必须在污染物达到其靶位点（器官、组织或细胞），造成生物的正常生理代谢功能紊乱并产生可检测症状（或效应）时才表现出来，这个过程需要一定的时间。此外，在没有精确确定浓度‑反应曲线的条件下，仅根据监测生物的反应不能确定特定环境污染物的实际浓度，而只能比较各个监测点（含对照点）之间的相对污染水平。

（4）对生物监测人员专业水平要求较高。监测人员的专业水平，尤其是生物分类基础要扎实，并且具有丰富的实践经验方可成功进行监测。生物分类是生物监测的基础，生物分类的成败影响监测结果的准确性。

四、生物对污染物的吸收与体内分布

污染物进入生物体内的途径主要有表面黏附（附着）、生物吸收和生物积累三种形式，由于生物体各部位的结构与代谢活性不同，进入生物体内的污染物分布也不均匀，因此，掌握污染物进入生物体的途径和迁移过程，以及在各部位的分布特征，对正确采集样品、选择测定方法和获得正确的测定结果是十分重要的。

1. 植物对污染物的吸收及在体内的分布

空气中气态和颗粒态的污染物主要通过黏附、叶片气孔或茎部皮孔侵入方式进入植物体内。例如，植物表面对空气中农药、粉尘的黏附，其黏附量与植物的表面积大小、表面性质及污染物的性质、状态有关。表面积大、表面粗糙、有绒毛的植物比表面积小、表面光滑的植物黏附量大；脂溶性或内吸传导性农药，可渗入作物表面的蜡质层或组织内部，被吸收、输导分布到植株汁液中。这些农药在外界条件和体内酶的作用下逐渐降解、消失，但稳定的农药直到作物收获时往往还有一定的残留量。

气态污染物如氟化物，主要通过植物叶面上的气孔进入叶肉组织，首先溶解在细胞壁的水分中，一部分被叶肉细胞吸收，大部分则沿纤维管束组织运输，在叶尖和叶缘中积累，使叶尖和叶缘组织坏死。

　　土壤或水体中的污染物主要通过植物的根系吸收进入植物体内，其吸收量与污染物的含量、土壤类型及植物品种等因素有关。污染物含量高，植物吸收的就多；在沙质土壤中的吸收率比在其他土质中的吸收率要高；块根类作物比茎叶类作物吸收率高；水生作物的吸收率比陆生作物高。

　　污染物进入植物体后，在各部位分布和积累情况与吸收污染物的途径、植物品种、污染物的性质及其作用时间等因素有关。从土壤和水体中吸收污染物的植物，一般分布规律和残留量的顺序是：根＞茎＞叶＞穗＞壳＞种子。也有不符合上述规律的情况，如萝卜的含 Cd 量顺序是地上部分（叶）＞直根；莴苣是根＞叶＞茎。

　　从空气中吸收污染物的植物，一般叶部残留量最大。表 6-1 列出某氟污染区部分蔬菜不同部位的含氟量。

表6-1　某氟污染区部分蔬菜不同部位的含氟置（单位：Hg/g）

品种	番茄	茄子	黄瓜	菠菜
叶片	149.0	107.0	110.0	57.0
根	32.0	31.0	50.0	18.7
茎	19.5	9.0	—	7.3
果实	2.5	3.8	3.6	—

　　植物体内污染物的残留情况也与污染区的性质及残留部位有关。表 6-2 列出了不同农药在水果中的残留情况。可见，渗透能力强的农药多残留于果肉；渗透能力弱的农药多残留于果皮。$p, p'-$DDT、敌菌丹、异狄氏剂、杀螟松等渗透能力弱，95% 以上残留在果皮部位，而西维因渗透能力强，78% 残留于苹果果肉中。

表6-2　不同农药在水果中的残留情况

农药	品种	果皮中残留比例 /%	果肉中残留比例 /%
$p, p'-$DDT	苹果	97	3
西维因	苹果	22	78
敌菌丹	苹果	97	3
倍硫磷	桃	70	30

农药	品种	果皮中残留比例 /%	果肉中残留比例 /%
异狄氏剂	柿子	96	4
杀螟松	葡萄	98	2
乐果	橘子	85	15

2. 动物对污染物的吸收及在体内的分布

环境中的污染物一般通过呼吸道、消化管、皮肤等途径进入动物体内。空气中的气态污染物、粉尘从口鼻进入气管，有的可到达肺部，其中，水溶性较大的气态污染物，在呼吸道黏膜上被溶解，极少进入肺泡；水溶性较小的气态污染物，绝大部分可到达肺泡。直径小于 5 μm 的尘粒可到达肺泡，而直径大于 10 μm 的尘粒大部分被黏附在呼吸道和气管的黏膜上。

水和土壤中的污染物主要通过饮用水和食物摄入，经消化管被吸收。由呼吸道吸入并沉积在呼吸道表面的有害物质，也可以从咽部进入消化管，再被吸收进入体内。

皮肤是保护肌体的有效屏障，但具有脂溶性的物质，如四乙基铅、有机汞化合物、有机锡化合物等，可以通过皮肤吸收后进入动物肌体。动物吸收污染物后，主要通过血液和淋巴系统传输到全身各组织，产生危害。按照污染物性质和进入动物组织类型的不同，大体有以下五种分布规律：

（1）能溶解于体液的物质，如钠、钾、锂、氟、氯、溴等离子，在体内分布比较均匀。

（2）镧、锑、钍等三价和四价阳离子，水解后生成胶体，主要积累于肝或其他网状内皮系统。

（3）与骨骼汞和性较强的物质，如铅、钙、钡、锶、镭、铍等二价阳离子在骨骼中含量较高。

（4）对某一种器官具有特殊汞和性的物质，则在该种器官中积累较多，如碘对甲状腺，汞、铀对肾有特殊的汞和性。

（5）脂溶性物质，如有机氯化合物（六六六、滴滴涕等），易积累于动物体内的脂肪中。

上述五种分布类型之间彼此交叉，比较复杂。一种污染物对某一种器官有特殊汞和作用，但同时也分布于其他器官。例如，铅离子除分布在骨骼中外，也分布于肝、肾中。同一种元素，由于价态和存在形态不同，在体内积累的部位也有差异。水溶性汞离子很少进入脑组织，但烷基汞不易分解，呈脂溶性，可通过脑屏障进入脑组织。有机污染物进入动物体后，除很少一部分水溶性强、相对分子质量小的污染物可以原形排出外，绝大部分都要经过某种酶的代谢（或转化），增强其水溶性而易于排泄。通过生物转化，多数污染物被转化为惰性物质或解除其毒性，但也有转化为毒性更强的代谢产物，例如，乙基对硫磷（农药）在体内被氧化成对氧磷，其毒性增大。

无机污染物，包括金属和非金属污染物，进入动物体后，一部分参与生化代谢过程，转化为化学形态和结构不同的化合物，如金属的甲基化和脱甲基化反应、络合反应等；也有一部分直接积累于细胞各部分。各种污染物经转化后，有的排出体外，也有少量随汗液、乳汁、唾液等分泌液排出，还有的在皮肤的新陈代谢过程中到达毛发而离开肌体。

第二节　环境污染监测方案

一、监测目的和要求

（一）水体污染生物监测的目的和要求

对水体环境进行生物监测的主要目的是通过监测，掌握因水环境中理化因素变化导致水生生物个体行为、生理功能、形态、遗传特性等的改变或生物种群、群落和生态系统等结构和功能的改变，进而评价污染对水环境质量的影响、危害程度和变化趋势及对人体健康的潜在影响，为制订污染控制措施、维持水生生态系统健康进而维护人类健康提供科学依据。水体的生物监测是反映水环境质量状况的标准和依据，它直接反映了水环境质量变化对水生生物的影响和危害程度。

目前我国生物监测的实验方法标准化程度还不高，现有的科研成果还不足以提供可对比的、可重复的、可靠而有意义的实验数据。因此，生物监测过程中，在依据现有国家级或地方性监测标准基础上，一定要根据实际情况与当地生物分布和敏感性，在结合参考资料提供的方法基础上，选择合适的监测生物和监测指标开展生物监测。最终达到生物监测数据既能客观真实地综合反映水体环境状况和污染对水生生态系统的影响，又能为后续工作及其他同类项目的生物监测提供科学的理论依据。

（二）生物监测站位（断面）的布设原则

生物监测具有自身的局限性，在实际应用中应将其与理化监测配合运用，互为补充，即在理化监测的同时进行生物监测。因此，在生物监测过程中，监测站位（断面）的布设尽可能与理化监测断面相一致，并考虑水环境的整体性、监测工作的连续性和经济性等原则。下面分别以我国已出台的《水环境监测规范》（SL 219-2013）和《近岸海域环境监测规范》（HJ 442—2008）为例介绍生物监测站位（断面）的布设原则。

1. 淡水水生生物监测采样垂线（点）布设应遵循的原则

（1）按各类水生生物生长与分布特点，布设采样垂线（点），并与水质监测采样垂线尽可能一致。

（2）在激流与缓流水域、城市河段、纳污水域、水源保护区、潮汐河流潮间带等代表性水域，应布设采样垂线（点）。

（3）在湖泊（水库）的进出口、岸边水域、开阔水域、汊湾水域等代表性水域，应布设采样垂线（点）。

（4）根据实地查勘或预调查掌握的信息，确定各代表性水域采样垂线（点）布设的密度与数量。

2. 近岸海域海洋生物监测站位布设应遵循的原则

（1）监测站位应覆盖或代表监测海域，以最少数量的监测站满足监测目的需要和统计学要求。

（2）监测站位应考虑监测海域的功能区划和水动力状况，尽可能避开污染源。

（3）除特殊需要（因地形、水深和监测目标所限制）外，可结合水质或沉积物站位，采用网格式或断面式等方式布设。

（4）开阔海区监测站可适当减少，半封闭或封闭海区监测站可适当增多。

（5）监测站位一经确定，不应轻易更改，不同监测航次的监测站位应保持不变。

二、生物样品采集与制备

（一）植物样品的采集和制备

1. 样品的采集原则

（1）代表性。采集的样品应能代表一定范围的污染情况。这就要求对污染源的分布、污染的类型、植物的特征、灌溉情况等进行综合考虑，选择合适的采样区，采用适宜的方法布点，采集有代表性的植株。为使采集的样品具有代表性，不要在住宅、路旁、沟渠、粪堆附近设采样点。

（2）典型性。采集植株部位要能充分反映通过监测所要了解的情况。如要了解六六六、滴滴涕在植物根、茎、叶、果实中的分布情况，就必须根据要求采集植株的不同部位，不可将各部分随意混合。

（3）适时性。根据监测的目的和具体要求，在植物不同生长发育阶段、施药或施肥前后，适时采样监测，以掌握不同时期植物的污染状况。

2.采样点布设

根据现场调查与收集的资料，先选择好采样区，然后进行采样点位的布设。常用梅花形布点法或平行交叉布点法确定有代表性的植株，如图6-1和图6-2所示。

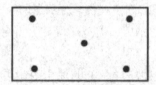　　　　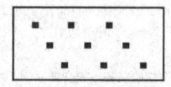

图6-1　梅花形布点法　　　　图6-2　平行交叉布点法

当农作物监测与土壤监测同时进行时，农作物样品应与土壤样品同步采集，农作物采样点就是农田土壤采样点。

3.采样方法

植物样品一般应采集混合样，除特殊研究项目外，不能以单株作为监测样品。对于小型果实作物，在每个小区的采样点上采集10 ～ 20个以上的植株混合组成一个代表样；对于大型果实作物，采集5 ～ 10个以上的植株混合组成一个代表样。采集样品时应注意以下问题。

（1）采样时须注意样品的代表性。水果类样品的采集要注意树龄、株型、生长势、坐果数量以及果实着生部位和方位。

（2）采样时间应选择在无风晴天时，雨后不宜采样。采样应避开病虫害和其他特殊的植株。如采集根部样品，在清除根上的泥土时，不要损伤根毛。

（3）同时采集植株根、茎、叶和果实时，应现场分类包装，避免混乱。

（4）新鲜样品采集后，应立即装入聚乙烯塑料袋，扎紧袋口，以防水分蒸发。

（5）对水生植物应采集全株。从污染严重的河、塘中捞取的样品，需用清水洗净，挑去水草、小螺等杂物。

（6）采集好的样品应贴好标签，注明编号、采样地点、植物种类、分析项目，并填写采样登记表。

4. 采样量和保存

采样量一般为待测试样量的 3 倍。一般来说，谷物、油料、干果类采集 500g，水果、蔬菜采集 1kg，水生植物采集 500g，烟草和茶叶等可酌情采集。

样品带回实验室后，若测定新鲜样品，应立即处理和分析。当天不能分析完的样品，暂时放于冰箱中保存。若测定干样品，则将鲜样放在干燥通风处晾干或在鼓风干燥箱中烘干、备用。

5. 样品的制备

（1）鲜样的制备。新鲜样品用干净纱布轻轻擦去样品上的泥沙等附着物后，直接用组织捣碎机捣碎，混合均匀成待测试样。含纤维较多的样品，如根、茎秆、叶子等不能用捣碎机捣碎，可用不锈钢剪刀剪成小碎片，混合均匀成待测样品。

（2）干样的制备。粮食样品用干纱布擦净样品上的泥尘等附着物后直接磨碎；带皮粮食应用清水冲洗、晾干，去皮后磨碎；根、茎、叶、果、蔬菜等样品，应切剪成 0.5 ～ 1cm 大小的块状、条状，在晾干室内摊放于晾样盘中风干。为加快干燥，也可将切碎的样品在 85℃～ 90℃烘箱中鼓风烘干 1h，再在 60℃～ 70℃通风干燥 24 ～ 48h 成为风干样品。将上述两种风干样品用玛瑙研钵或玛瑙碎样机、石磨、不锈钢磨研磨，使样品全部通过 40 ～ 60 目尼龙塑料筛，混合均匀成待测样品。

6. 植物样品测定结果的表示

植物样品中污染物质的分析结果常以干重为基础表示（mg/kg 干重），以便于各样品中某一成分含量高低的比较。为此，还需要测定样品的含水量，对分析结果进行换算。含水量常用重量法测定，即称取一定量新鲜样品或风干样品，在 100℃～ 105℃烘干至恒重，由失重计算含水量。对含水量高的蔬菜、水果等，最好以鲜重表示计算结果。

（二）动物样品的采集和制备

动物的尿液、血液、唾液、胃液、乳液、粪便、毛发、指甲、骨骼和组织等均可作为检验样品。

1. 尿液

由于肾脏是进入体内的污染物及代谢产物的主要排出途径，因此尿检在动物污染监测和临床上应用都比较广泛。采集尿液的采样器一般由玻璃、聚乙烯、陶瓷等材料制成。采样器使用前应用稀硝酸浸泡，再用自来水、蒸馏水洗净、烘干。由于尿液中的排泄物早晨浓度较高，因此定性检测尿液成分时，应采集晨尿。也可收集 8h 或 24h 的尿液，测定结果为收集时间内尿液中污染物的平均含量。

2. 血液

血液主要用来检验铅和汞等重金属、氟化物、酚等。

采集血液样品时，除急性中毒外，一般应禁食 6h 以上或在早餐前空腹采血。通常是采集静脉血或末梢血。实验室常将血液分为全血、血清及血浆三部分。当血液从身体抽出后，静置于管内让血液凝固，此时上清液部分称为血清；若在血液收集瓶中加入适当的抗凝剂以防止血液凝集，称为全血；全血经离心沉淀血细胞后，上清液部分称为血浆。

3. 毛发和指甲

蓄积在毛发和指甲中的污染物质残留时间较长，即使已与污染物脱离接触或停止摄入污染物，血液和尿液中污染物含量已下降，在毛发或指甲中仍容易检出。头发中的汞、砷等含量较高，样品容易采集和保存，故在医学和环境分析中应用较广泛。

人发样品一般采集 2～5g，男性采集枕部发，女性原则上采集短发。采样前两个月禁止染发和使用有待测化学品的护发制品。采样后，用中性洗涤剂洗涤，去离子水冲洗，最后用乙醚或丙酮洗净，室温下充分晾干后保存和备用。

剪取指甲，用热碱水洗去污垢，再用清水冲洗至净，干燥备用。

4. 组织和脏器

采用动物的组织和脏器作为检验样品，对调查研究环境污染物在体内的分布和积累、毒性和环境毒理学等方面的研究都有重要意义。

肝、肾、心、肺等组织本身均匀性不佳，最好能取整个组织，否则应确定统一的采样部位。如采集肝脏样品时，应剥去被膜，取右叶的前上方表面下几厘米纤维组织丰富的部位做样品；采集肾脏样品时，剥去被膜，分别取皮质和髓质部分做样品，避免在皮质和髓质结合处采样。

5. 水生生物

水生生物如鱼、虾、贝类等是人们常吃的食物，其体内含有的污染物可通过食物链进入人体。

从对人体的直接影响考虑，一般只取水生生物的可食部分进行检测。对于鱼类，先按种类和大小分类，取其代表性的尾数（大鱼 3～5 条，小鱼 10～30 条），洗净后沥去水分，去除鱼鳞、鳍、内脏、皮、骨等，分别取每条鱼的厚肉制成混合样，切碎后混匀，或用组织捣碎机捣碎成糊状，立即分析或贮存于样品瓶中，置于冰箱内保存备用。

三、生物样品的预处理

采集、制备好的生物样品中，常含有大量的有机物，而所测的有害物质一般都在痕量和超痕量范围，因此测定前必须对样品进行预处理，包括对样品的分解、对待测组分进行富集和分离、对干扰组分进行掩蔽等。

（一）消解

消解法又称湿法氧化或消化法，它是将生物样品与一种或两种以上的强酸一起加热，将有机物分解成二氧化碳和水。为加快氧化速率，常常要加入过氧化氢、高锰酸钾、五氧化二钒等氧化剂。常用的消解体系有硝酸 – 高氯酸、硝酸 – 硫酸、硫酸高锰酸钾、硝酸 – 硫酸 – 五氧化二钒等。

（二）灰化

灰化法又称燃烧法或高温分解法。灰化法分解生物样品不使用或少使用化学试剂，并可处理大量的样品，有利于提高测定微量元素的准确度。灰化温度一般为 450℃ ~ 550℃，因此不宜用来处理挥发性待测组分样品。对于易挥发的元素，如汞、砷等，应用氧瓶燃烧法。

氧瓶燃烧法是一种简易低温灰化方法，如图 6-3 所示。将样品包在无灰滤纸中，滤纸包钩挂在绕结于磨口瓶塞的铂丝上，瓶内加入适当吸收液（如测氟用 0.1mol/L 氢氧化钠溶液；测汞用硫酸 – 高锰酸钾溶液等），并预先充入氧气。将滤纸点燃后，迅速插入瓶内，盖严瓶塞，使样品燃烧灰化，待燃烧尽，摇动瓶内溶液，使燃烧产物溶解于吸收液中。

图 6-3　氧瓶燃烧灰化装置

（三）提取

测定生物样品中的农药、甲基汞、酚等有机污染物时，需用溶剂将待测组分从样品中提取出来，提取效果的好坏直接影响测定结果的准确度。常用的提取方法有振荡浸取、组织捣碎提取、直接球磨提取、索氏提取器提取等。

1. 振荡浸取

蔬菜、水果、粮食等食品样品都可使用这种方法提取。将切碎的生物样品置于容器中，加入适当溶剂，放在振荡器上振荡浸取 10 ～ 30min，滤出溶剂后，再用溶剂洗涤样品滤渣或再浸取一次，合并浸取液，供分离或浓缩用。

2. 组织捣碎提取

取定量切碎的生物样品，放入组织捣碎杯中，加入适当的提取剂，快速捣碎，过滤，滤渣再重复提取一次，合并滤液备用。该方法提取效果较好，特别是从动植物组织中提取有机污染物质比较方便。

3. 直接球磨提取

用己烷作提取剂，直接在球磨机中粉碎和提取小麦、大麦、燕麦等粮食样品中的有机氯及有机磷农药，是一种快速的提取方法。

4. 索氏提取器提取

索氏提取器又称脂肪提取器，常用于提取生物、土壤样品中的农药、石油、苯并 [a] 芘等有机污染物质。

（四）分离

在提取样品中被测组分的同时，也把其他干扰组分同时提取出来，如用石油醚提取有机磷农药时，会将脂肪、色素等一同提取出来。因此在测定之前，还必须进行杂质的分离，也就是净化。常用的分离方法有萃取法、色谱法、低温冷冻法、磺化法和皂化法等。

1. 萃取法

利用物质在互不相溶的两种溶剂中的分配系数不同，达到分离净化的目的。如农药与脂肪、蜡质、色素等一起被提取后，加入一种极性溶剂（如乙腈）振摇，由于农药的极性大，在乙腈中的分配系数大，可被乙腈萃取，与脂肪等杂质分离，从而达到净化的目的。

2. 色谱法

色谱法分为柱色谱法、薄层色谱法、纸色谱法，其中柱色谱法在处理生物样品中应用较多。如在测定粮食中的苯并 [a] 芘时，先用环己烷提取，然后将提取液倒入氧化铝 - 硅镁型吸附剂色谱柱中，提取物被吸附剂吸附，再用苯进行洗脱，这样就可将苯并 [a] 芘从杂质中分离出来。

3. 低温冷冻法

利用不同物质在同一溶剂中的溶解度随温度不同而不同的原理进行分离。如在 –70℃的低温下，用干冰 – 丙酮作制冷剂，可使生物组织中的脂肪和蜡质在丙酮中的溶解度大大降低，以沉淀形式析出，农药则残留在丙酮中，从而达到分离的目的。

4. 磺化法和皂化法

磺化法是利用脂肪、蜡质等与浓硫酸发生磺化反应的特性，生成极性很强的磺酸基化合物，随硫酸层分离，再经脱水便得到纯化的提取液。该方法常用于有机氯农药的分离，不适用于易被酸分解或与之起反应的有机磷、氨基甲酸酯类农药。

皂化法是利用油脂等能与强碱发生皂化反应，生成脂肪酸盐而将其分离的方法。例如用石油醚提取粮食中的石油烃，同时也将油脂提取出来，如果在提取液中加入氢氧化钾 – 乙醇溶液，油脂就会反应生成脂肪酸钾盐进入水相，而石油烃仍留在石油醚中，实现了石油烃和油脂的分离。

（五）浓缩

生物样品的提取液经过分离净化后，其中被测组分的浓度往往太低，达不到分析需要，必须对样品进行浓缩才能进行测定。常用的浓缩方法有常压蒸馏或减压蒸馏法、蒸发法、K-D 浓缩器浓缩法。

K-D（Kuderna-Danish）浓缩器法是浓缩有机污染物的常用方法，如图 6-4 所示。早期的 K-D 浓缩器在常压下工作，后来加上了毛细管，可进行减压浓缩，提高了浓缩速度。生物样品中的农药、苯并 [a] 芘等毒性大、有致癌性的有机污染物含量都很低，其提取液经分离净化后，可用该方法浓缩。为防止待测物损失或分解，加热 K-D 浓缩器的水浴温度一般控制在 50℃以下，最高不超过 80℃。千万不要将提取液蒸干，若需进一步浓缩，需用微温蒸发，如用改进的微型 Snyder 柱再浓缩可将提取液浓缩至 0.1 ~ 0.2mL。

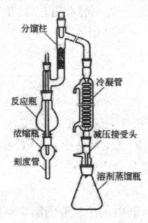

图 6-4　K-D 浓缩器

四、生物样品中污染物的测定

（一）作物中苯并 [a] 芘的测定

1. 荧光分光光度法

样品先用有机溶剂提取，或经皂化后提取，再将提取液经液－液分配或色谱柱净化，然后在乙酰化滤纸上分离苯并 [a] 芘。苯并 [a] 芘在紫外光照射下呈蓝紫色荧光斑点，将分离后有苯并 [a] 芘的滤纸部分剪下，用溶剂浸出后，用荧光分光光度计测定荧光强度，与标准比较定量。

样品经提取、净化后，先在乙酰化滤纸上分离，然后在 365nm 或 254nm 紫外灯下观察，找到标准苯并 [a] 芘及样品的蓝紫色斑点，剪下此斑点分别放入小比色管中，用苯浸取。

将样品及标准斑点的苯浸出液移入荧光分光度计的石英皿中，以 356mn 为激发光波长，以 356 ~ 460nm 波长进行荧光扫描，所得荧光光谱与标准苯并 [a] 芘的荧光光谱比较定性。

在样品分析的同时做试剂空白，分别读取样品、标准及试剂空白于波长 401nm、406nm 和 411nm 处的荧光强度，计算苯并 [a] 芘的相对荧光强度，对照标准苯并 [a] 芘的相对荧光强度计算出样品中苯并 [a] 芘的含量。

该法适用于蔬菜、粮食、油脂、鱼、肉、饮料、糕点类等食品中苯并 [a] 芘的测定。

目测法按荧光分光光度法对样品进行提取、净化、浓缩，然后吸取不同体积的样品浓缩液和苯并 [a] 芘标准使用液，点于同一条乙酰化滤纸上，在展开槽中展开，取出晾干，于暗室紫外灯下目测比较样品中苯并 [a] 芘的含量。

吸取 5、10、15、20 μL 浓缩液和苯并 [a] 芘标准使用液（0.1 μg /mL），点于同一乙酰化滤纸上，在展开槽中展开，取出晾干，于暗室紫外灯下目测比较，找出相当于标准斑点荧光强度的样品浓缩液体积。

该法适用于食品中苯并 [a] 芘的测定。

2. 食品中氟的测定

食品中氟的测定有三种方法，分别为扩散－氟试剂分光光度法、灰化蒸馏－氟试剂分光光度法和氟离子选择性电极法。

（1）灰化蒸馏－氟试剂分光光度法。样品经硝酸镁固定氟，经高温灰化后，在酸性条件下蒸馏分离，蒸出的氟被氢氧化钠溶液吸收，氟与氟试剂、硝酸镧作用，生成蓝色三元配合物，在620mn处测定吸光度。

分别吸取标准系列蒸馏液和样品蒸馏液各10.00mL于25mL带塞比色管中，分别加入茜素氨羧配合剂溶液、缓冲液、丙酮、硝酸镧溶液，再加水稀释至刻度，混匀，放置20min，在620nm处测定吸光度。根据测定结果绘制标准曲线，并计算样品中氟化物的含量。

该法适用于粮食、蔬菜、水果、豆类及其制品、肉、鱼、蛋等食品中氟的测定。

（2）氟离子选择性电极法氟离子选择性电极的氟化镧单晶膜对氟离子产生选择性的对数响应，氟电极和饱和甘汞电极在被测试液中，电位差可随溶液中氟离子活度的变化而改变，电位变化规律符合能斯特方程。

测定时，称取适量粉碎并通过40目筛的样品，置于50mL容量瓶中，加盐酸密闭浸泡提取1h。提取后加柠檬酸溶液，用水稀释至刻度，混匀备用。用氟离子选择性电极测定。

能与氟离子形成配合物的 Fe^{3+}、Al^{3+} 等干扰测定，其他常见离子无影响。用柠檬酸溶液作总离子强度缓冲剂，控制测量溶液的pH为5~6，可以消除干扰离子的影响。

该法适用于蔬菜、水果、粮食中氟的测定。

第三节　生物一体化处理在石化废水处理中的应用

石化废水主要包括三个方面：采油废水、炼油废水和石油化工废水。大型石化公司开采出的原油经过脱水处理后排出石化废水，该类废水含有大量溶解盐类，其具体成分与生产工艺、原油质量和地质条件有关。石化企业排出的废水主要成分由含油污水、含硫污水和含碱污水组成。含油污水是炼油厂废水中含量最常见的废水之一，主要含有石油，并含有一定量的苯酚、丙酮、芳烃等；含硫污水会产生大量的恶臭气体，危害健康，同时具有严重的腐蚀性，损害设备的使用寿命；含氢氧化钠的碱性废水，往往夹带大量的油和相当量的苯酚和硫，pH值可达11~14。石油化工废水成分复杂。裂解过程中产生的废水基本上是相同的炼油废水。除了石油，一些中间产品可能混合，有时含有氰化物。由于产品种类繁多，工艺流程不同，废水的组成十分复杂。总的特点是少量的悬浮物、溶解性有机物或大量的有机物质，通常含有油和有毒物质，有时还含有杂质如硫、酚等杂质。

一、臭氧催化氧化－一体化 O_3-BAF 深度处理含油污水的试验研究

（一）概述

石油化工企业在生产过程中排出的高浓度废水，水质水量波动大，污染物浓度高、毒性强，成分复杂，含有大量的难降解有机物。采用传统或改进型的隔油、气浮、生化处理工艺处理难以满足新的环保标准和政策要求以及石化企业对废水回用的要求[①]。因此，在石化废水二级处理的基础上，采用臭氧催化氧化－曝气生物滤池的联合工艺进行深度处理，具有较高的环境效益和经济效益。

臭氧催化氧化技术在处理高浓度、难降解有机废水有广泛的应用[②]，该技术是臭氧在特殊高活性稳定性的催化作用下，达到多相催化氧化的目的。臭氧其特点具有极强的氧化性能，很强的消毒杀菌作用，在催化剂的作用下，提高了臭氧的氧化利用效率，可以氧化去除水中的难降解物质，有效地提高了废水的可生化性[③]。经臭氧催化氧化后的废水经过曝气生物滤池，滤池中装填一定量粒径较小的粒状滤料，滤料表面附着生长着生物膜，滤池内部曝气，污水流经时，利用滤料上高浓度生物膜的强氧化降解能力对污水进行快速净化，完成生物氧化降解过程[④]。

本试验采用自行设计的臭氧催化氧化－曝气生物滤池联合处理工艺对炼油废水的处理进行了研究，考察了臭氧投加量、pH 等对工艺去除 COD 和氨氮的影响，以期为该技术在炼油废水处理领域的应用和发展提供技术支持。

（二）进水水质及来源

进水原水为某石化企业污水处理厂二沉池出水，经深度处理系统处理后的出水，须达到污水综合排放标准，设计进出水水质为如表 6-3 所示，本试验设计水量为 $1.0m^3/h$。

① 陈珊珊，刘勇健．催化臭氧化反应动力学研究及机理探讨 [J]．环境科学与技术，2015（1）：39-43.

② 中国环境监测总站．GB/T 7488-1987　水质　生化需氧量的测定 [S]．北京：中国环境出版社，2013.[Z].

③ 中国环境监测总站．HJ 535-2009　水质　氨氮的测定 [S]．北京：中国环境出版社，2013.[Z].

④ Lin S H, Lai C L. Kinetic characteristics of textile wastewater ozonation in fluidized and fixed activated carbon beds[J]. Water Research,2000,34（3）:763-772.

表6-3　进出水水质指标

指标	pH	COD(mg/L)	氨氮（mg/L）	SS（mg/L）	油（mg/L）
进水	6～9	≤ 250	≤ 15	≤ 50	≤ 3
出水	6～9	≤ 50	≤ 5	≤ 5	≤ 1

（三）实验流程与装置

实验装置图见图 6-5。炼油废水的二沉池出水进入到中间水池，通过潜水泵提升至臭氧接触塔，臭氧的最大发生量为 50g/h，臭氧发生器以空气为气源制备臭氧，控制一定的流量的臭氧经过臭氧接触塔底部的曝气头进入反应器内与废水以及固定在载体上的催化剂混合参与反应，催化剂为复合型贵金属化合物，由活性组分和载体组成，活性组分为铜、钴、镍中一种或几种的氧化物，载体为膨胀石墨；反应后的废水自流到缓冲池，在缓冲池中去除残留于水中的臭氧。经臭氧催化氧化后的废水经提升泵进入 BAF 池，该 BAF 采用球形轻质陶粒，陶粒的主要性能参数见表 6-4。

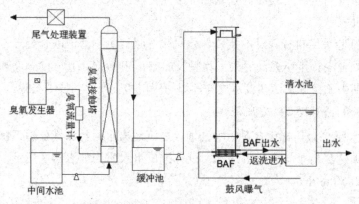

图 6-5　实验装置工艺流程图

表6-4　球形轻质陶粒的主要性能参数

项目	粒径 mm	堆积密度 (g·cm⁻³)	密度 (g·cm⁻³)	比表面积 (m²·g⁻¹)	内部孔隙率	外部孔隙率
数值	3～6	0.89	1.56	4.11	0.09	0.339

（四）分析指标与方法

采用五日生化培养法测定 BOD，采用重铬酸钾法测定 COD，采用纳氏试剂光度法测定氨氮，采用雷磁 PHS-3C 型 pH 计测定温度和 pH 装置。

（五）运行与调试

对水量进行调节，将水量逐步调至设计水量，在设计工艺条件下，将臭氧调节到合适数值，随后调整 pH、温度以及其他，以确定最佳设计值。培养微生物最适宜温度为 25℃～35℃，当温度高于或低于此温度时，对其进行保温和降温措施。pH 控制在 6～9 之间，臭氧在碱性条件下有利于催化氧化的进行，BAF 池氨氮偏高时，微生物硝化反应会降低 pH 值，需加碱调节 pH。系统挂膜期间控制较小的曝气量，维持溶解氧在 2～3mg/L。当进水负荷提升到设计负荷时，维持溶解氧 3～5mg/L。挂膜期间，填料表面生物膜较薄，生物量少，需定期投加 P、糖等营养物以提高污泥浓度，待系统稳定运行后，可增加进水减少营养物，待系统内生物量达到 1g/L 左右时需反冲洗 BAF 池，以防止堵塞和保证适量微生物。

（六）结果与讨论

1. 臭氧催化氧化单元臭氧投加量对 COD 去除效果的影响

进水流量为 1m³/h，逐步增加臭氧投加量，监测每个臭氧投加量下的进出水 COD 并计算其去除率，以期找到最佳臭氧投加量。图 6-6 为不同臭氧投加量、COD 进水浓度和臭氧投加量之比以及 COD 去除率。分析结果表明，COD 进水浓度在 154.0～248.9mg/L 浮动，调节的臭氧投加量在 36～149mg/L 之间，其中 36～61.9mg/L 区间内的去除效果不佳，去除率低于 40%，在 61.9～149mg/L 区间内的去除率在 40% 以上。通过对 COD 进水浓度和臭氧投加量之比研究得出，从趋势 1 和趋势 2 可以看出，COD/O₃ 比值近于 2∶1 时，COD 去除率在 50% 左右，COD/O₃ 偏离 2∶1 时，COD 去除率相应的下降。因此 COD/O₃=2∶1 时的臭氧浓度即为臭氧最佳投加量。

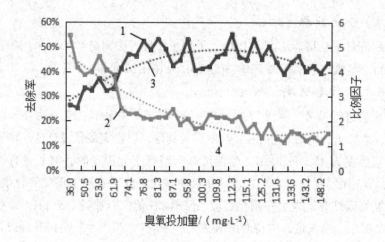

1—去除率；2—COD/O₃；3—趋势1；4—趋势2

图 6-6　臭氧投加量对 COD 去除效果的影响

2. 臭氧催化氧化单元 pH 对 COD 去除效果的影响

图 6-7 为 COD/O₃ 不同比例，不同 pH 条件下对 COD 出水去除效果的趋势图。可以看出，COD 去除率会随 pH 值升高而升高，从臭氧催化氧化的机理来看 COD/O₃ 不同比例，不同 pH 条件下对 COD 出水去除效果的趋势图，一般而言，酸性条件下不利于自由基的产生，臭氧直接氧化对污染物选择性强，不利于对 COD 的去除，在碱性条件更有利于自由基的产生，自由基能够氧化大部分物质，所以对 COD 的去除效果更好。进一步分析可得，pH 在 9 ～ 11 区间，去除率增加渐缓，考虑 pH 对后续 BAF 池的影响以及成本控制，笔者认为，COD/O₃=2，控制 pH 范围在 7 ～ 9 之间，COD 的去除率能保持在 40% 以上，即臭氧催化氧化的最佳 pH 范围为 7 ～ 9 之间。

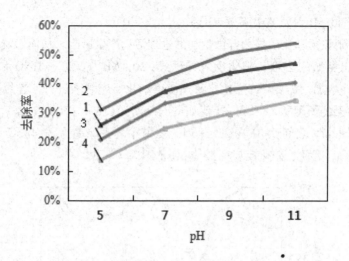

1—COD/O$_3$=1；2—COD/O$_3$=2；3—COD/O$_3$=3；4—COD/O$_3$=4

图 6-7　不同 COD/O$_3$，不同 pH 条件下对 COD 去除效果的影响

3.BAF 段 pH 对 COD 去除效果的影响

连续 20 天调试运行，监测进出水 COD 和 pH 值，COD 去除率和 pH 的关系如图 6-8 所示，可以看出，pH 在 5 ~ 9 范围波动，COD 去除率在 25.67% ~ 72.15% 之间。pH < 7 时，去除率下降明显，平均值为 34.26%。pH > 7 时，去除率平均值为 65.74%，最大去除率为 72.15%。因此，在实际运行过程中，注意避免水质呈酸性，及时调节 pH 值。

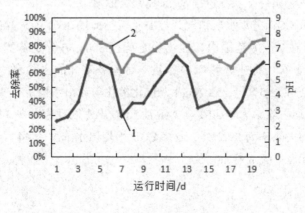

1—去除率；2—pH

图 6-8　BAF 段 pH 对 COD 去除效果的影响

4.BAF 段 pH 对氨氮去除效果的影响

pH 对硝酸菌和亚硝酸菌等微生物的生理活动产生影响，从而影响到硝化反应的进行、氨氮的去除。硝化反应方程式：$2O_2 + NH_4^+ + OH^- \rightarrow HNO_3 + 2H_2O$，反应过程酸性增加，需要调节 pH 至碱性使得硝化反应顺利进行。连续统计的调试运行 20 天的氨氮去除率和 pH 值如图 6-9 所示，5 < pH < 7 时，氨氮去除率在 50% ~ 60% 之间，pH 在 7 ~ 8 时，氨氮平均去除率为 77.48%，最大去除率为 83.36%。因此，硝化反应的最佳 pH 范围为 7 ~ 8。

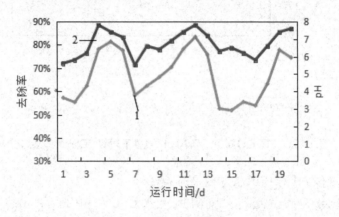

1—去除率；2—pH

图 6-9 BAF 段 pH 对氨氮去除效果的影响

5. 最佳工艺条件下系统进出水 COD 及去除效果

根据每天 COD 进水水质情况，控制臭氧投加量在 61.9 ~ 149mg/L 范围内，控制系统 pH 在 7 ~ 8 范围内，连续稳定运行 30d，并分别监测系统催化氧化单元和 BAF 池单元的进出水 COD 浓度，计算各单元的去除率，绘制图 6-10。COD 进水浓度在 155.8 ~ 253.7mg/L，催化氧化单元出水稳定在 96.2 ~ 122 mg/L，该单元平均去除率为 46.48%。BAF 池 COD 出水浓度稳定在 39 ~ 50.5 mg/L，该单元的平均去除率为 59.23%。最终 COD 平均出水浓度为 44.1 mg/L 达到了污水综合排放标准一级 A 标准。

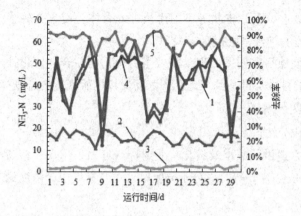

1—催化氧化进水 NH$_3$-N；2—催化氧化出水 NH$_3$-N；3——BAF 出水 NH$_3$-N；4—催化氧化 NH$_3$-N 去除率；5—BAF 池 NH$_3$-N 去除率

图 6-10　最佳工艺条件下系统进出水氨氮及去除效果

（七）试验结论

采用臭氧催化氧化 - 曝气生物滤池处理炼油废水，在其进水 COD 与臭氧投加量比为 2，pH 值为 7 ～ 9 范围内，催化氧化单元的 COD 去除效果最佳。曝气生物滤池单元，pH 在 7 ～ 8 时，有利于氨氮和 COD 的去除。在最佳工艺条件下，系统 COD 浓度和氨氮浓度均达到污水综合排放标准一级标准。

二、生物处理一体化装置在处理恶臭气体中的应用

（一）概述

在废水处理运行过程中，其废水处理站的调节罐、隔油池、一级涡凹气浮、二级溶气气浮、缺氧池、污泥脱水间、污油脱水罐、污泥脱水罐、油泥浮渣浓缩罐工序会相应产生难闻的恶臭气体。废水处理工艺过程产生的臭味物质主要由碳、氮和硫元素组成，大多数是有机物。通过对生产过程中物料平衡以及参考同行业废水处理站运行情况，可以判断所产废气的主要成分包括烷烃类、醛类、醇类、酮类、羧酸类、酯类、醚类、苯类、烯烃类、多环芳烃类、卤素类化学物质以及硫化物（包含 H$_2$S、硫醇、硫醚）、NH$_3$ 和 VOCs 等。

以上混合气体若不采取有效治理措施，任凭其四处逸散，势必影响废水处理站区和周边环境的空气质量，尤其在东北平原地区，受季风气候影响，其扩散影响范围会进一步放大。这些气体具有强烈的刺激性异味，对人体的危害极

大，可经呼吸道、眼、皮肤等不同途径进入人体，使人头昏、难受，长期置身其中，对人体的神经系统损害极大。

为此，该项目采用预处理＋高效生物净化的联合一体化处理方法，以确保处理后废气的排放标准达到当地及国家环保部门所规定的排放标准。

（二）设计标准

1. 臭气成分浓度

根据甲方提供的数据及石化行业的特点可知，污水处理场产生的废气主要为 VOCs 含 H_2S、NH_3 等，成分十分复杂。主要臭气成分浓度见表 6-5。

表6-5　臭气成分浓度一览表

序号	臭气成分	浓度
1	$H_2S/$（$mg\ m^{-3}$）	≤ 50mg m⁻³
2	$NH_{3/}$（$mg\ m^{-3}$）	≤ 10mg m⁻³
3	VOCs/（$mg\ m^{-3}$）	≤ 50mg m⁻³
4	臭气浓度	5000 ～ 8000

2. 臭气排放标准

治理后排放气体达到《恶臭污染物排放标准》（GB 14554—93）二级排放标准（表 6-6），厂内臭气消除，周围环境明显改善。

表6-6　《恶臭污染物排放标准》排放标准

控制项目	一级	二级		三级	
		新扩改建	现有	新扩改建	现有
$NH_{3/}$（$mg\ m^{-3}$）	1.0	1.5	2.0	4.0	5.0
$H_2S/$（$mg\ m^{-3}$）	0.03	0.06	0.10	0.32	0.60
臭气浓度	10	20	30	60	70

（三）工艺流程

针对污水处理场废气的来源和组分情况，结合我司工程技术人员的相关设计及施工经验，分别对两股废气采用预处理＋高效生物净化的联合一体化处理方法，工艺流程图如图6-11所示。

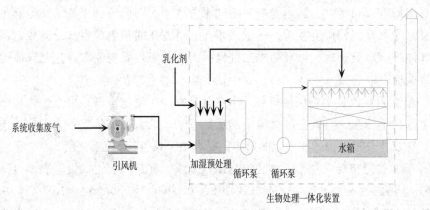

图6-11　工艺流程图

各单元废气经密封加盖收集后经引风机送入加湿预处理系统，该预处理主要采用雾化喷嘴和大水气比，将水充分雾化后与气流充分混合，同时视情况适当在喷淋液中添加一定浓度的乳化剂，其能最大限度地减少液体的表面张力，迅速使待处理的气体中的固体颗粒、可溶成分、油珠微粒和轻质烃类组分由气相移到液相，提高臭气以及洗涤废液的可生化性，为后续生物处理创造条件，之后恶臭有机废气高效生物净化装置进行深度脱臭处理。该恶臭废气高效生物净化技术是根据各种有毒恶臭气体的生化特点，采用微生物选育，能有效处理含多种成分有毒恶臭废气的高效生物净化装置。采用本装置只需在装置微生物驯化前期投加少量的诱导性营养源，待系统启动后不需要添加其他任何化学物质。该技术可用于降解废气中的挥发性有机物和恶臭物质，且其在实际应用中具有明显的性价比优势，不仅解决了其他废气净化装置运行费用高、维护管理麻烦等问题，而且对恶臭废气的减量及达标排放具有优良的效果。在实际运行过程当中，当含有气、液、固三相混合的多种化合物、挥发性有机物等有毒有害有臭废气经密封加盖收集并通过管道导入本高效生物净化装置，通过培养生长在生物净化床层内的专属微生物形成的生物膜，此生物膜一方面以废气中的污染物为营养源进行生长繁殖，另一方面对废气中有毒恶臭物质及挥发性有机物进行生物分解和脱臭处理，将其降解成为二氧化碳和水等无毒无味的物质后再排出，以达到净化废气之目的。

（四）生物除臭系统及设计参数

1. 预处理部分

预洗装置是生物滤池除臭系统的重要处理单元，要使生物过滤装置内生物填料保持高效的活性，其本身有一定的水分要求，一般不低于95%，为满足生物过滤除臭系统的湿度要求，防止气体在通过滤床时填料自身水分流失，需要对气体进行增湿处理，以准确控制气体的湿度。根据系统要求，控制气体湿度保持在到设定范围。

预洗装置内装生物洗涤填料，本身就是一个生物洗涤器，可在生物洗涤填料上形成生物膜，有效去除气体中的致臭分子，大大增加整个系统的抗冲击负荷，有效地减轻生物过滤单元的负担，提高整个系统运行稳定性。

预洗装置布置在整个一体化除臭系统前端，在预洗装置的臭气表面负荷为$600 \sim 1500m^3 \cdot m^{-2} \cdot h^{-1}$，根据臭气的性质，其表面负荷为962和947$m^3 \cdot m^{-2} \cdot h^{-1}$，则其尺寸:（隔油、气浮区）1#：ZX-YX-2.5K：3.0m（长）×1.0m（宽）×3.0m（高），数量：1座；（生化区）2#：ZX-YX-25K：6.0m（长）×5.5m（宽）×3.0m（高），数量：1座。

臭气通过气体分布器将臭气送到ZX-YX预洗装置，ZX-YX预洗装置采用雾化喷嘴，将水充分雾化后与气流混合，迅速使待处理的气体湿度达到饱和状态，臭气由上而下穿过生物填料层，臭气在穿过生物填料的过程中，致臭分子和填料表面的生物膜作用，被生物分解，为生物过滤工序的稳定运行创造了良好的条件。

净化后的气体进入下一深度处理单元。

为保证ZX-YX预洗装置的正常运行，需要及时补充系统消耗的水分，同时对塔底流出含有脱落生物膜的溶液进行过滤，防止溶液补充和循环装置堵塞，过滤后的出水循环使用。

2. 深度处理部分

生物滤池装置是整个除臭系统的最关键的深度处理单元。该段的表面负荷一般在$200 \sim 500m^3/m^2 \cdot h$，根据臭气的性质，其表面负荷为417$m^3 \cdot m^{-2} \cdot h^{-1}$，则其尺寸:（隔油、气浮区）1#：ZX-SG-2.5K：3.0m（长）×2.2m（宽）×3.0m（高），数量：1座；（生化区）2#：ZX-SG-25K：6.0m（长）×10.0m（宽）×3.0m（高），数量：1座；

生物滤池装置由过滤器壳体、支架、气体分布器、微加湿装置、生物填料等组成。

生物过滤装置设置在系统后段，气体进入该系统后，经引风机引到排气管排放。

经预洗后的臭气经气体分布器由下而上进入 ZX-SG 生物滤池装置，增湿水由生物过滤装置上部雾化后均匀地分布到填料层上面，并由上而下进入填料表面，在气体由下而上运动时，气体中的异味分子穿过填料层，与填料表面形成的生物膜充分接触，被微生物氧化、分解，致臭分子被转化为二氧化碳、水、无机盐、矿物质等，从而达到异味净化的目的。

3. 主要设备参数

1# 部分：1 台循环水泵：Q=15m³/h⁻¹；H=20m，数量 4 台；玻璃钢风机风量 3500m³/h⁻¹，P=2500Pa，带变频 1 台。

2# 部分：循环水泵 Q=50m³/h⁻¹；H=20m，数量 4 台；玻璃钢风机量 25000m³/h⁻¹，P=2500Pa，带变频 1 台。

4. 加盖密封收集部分

（1）一级气浮废气收集。一级气浮池由于行车式刮渣机在上面行走，故宜采用不锈钢为骨架、上覆耐力板的局部密封形式（图 6-12）。

图 6-12　密封形式图

采用该种密封形式与整体密封相比具有如下优点：不锈钢骨架和耐力板耐腐蚀性好，经久耐用，寿命长；该密封罩维护简便。

（2）平流隔油池及生化单元。综合考虑各种密封形式的耐久性、美观性和工程经济性之后，本方案中平流隔油池、二级气浮、污泥斗及生化单元设计采用玻璃钢拱形板密封对池体进行密封（图 6-13）。密封罩设计充分考虑雨雪，选择适当的拱高和覆盖板厚度，在密封罩的适当位置预留检修口，以方便日常的观察、检修和不影响污水处理设备的正常运行。

图 6-13　密封罩

5. 臭气输送管线部分

集气系统主要包括密封罩与集气管路。针对隔油池、气浮池、污泥间及 A/O 池各个不同的臭气源，采取不同的密封与集气方式，汇总至集气总管送入废气处理设备。

本项目管道输送管道采用玻璃钢材质，所有工艺管道连接所需的管架、紧固件、垫片及必要的阀门等均在供货范围内；同时提供与所有阀门相连接所需的紧固件；此外我方还负责各处理构筑物的工艺管道系统检验、试压和正常运行。

同时考虑到隔油池、气浮池所输送废气含有油气，存在爆炸危险，在输送此两处废气时，管线考虑静电接地。

（五）结果与分析

1. 除臭系统主要影响因素

（1）pH 值。污水处理场除臭系统的 pH 不需要进行刻意调整，由于混合气体中硫化氢浓度相对较高，运行过程的 pH 维持在 2.0 ～ 4.0 之间，其中硫化氢和氨的去除一直较高且在稳定范围内波动。同时，pH 值降低，氨去除率会提高，而对硫化氢的去除率没有影响。分析认为，氨的去除主要因素是化学吸收和吸附作用。所以在对氨去除效果需要更高的要求时，可以采取降低 pH 值来提高去除效果。

（2）填料湿度。填料湿度对生物滤池影响较大，填料湿度影响到微生物的附着、代谢和地物与微生物之间的传质作用，工程所采用 PP 球、树皮、竹炭混合填料，其适宜湿度为 40% ～ 60% 之间，运行经验得出，阀门开度为 0.3 即可保证系统的正常运行，喷淋周期选择一个星期最佳。

（3）温度。温度的控制涉及微生物的培养，因此保证适宜的温度以确保除臭系统的稳定运行效果。最适宜微生物生存的温度为20℃～40℃，当环境温度低于10℃以下时，臭气去除效率下降，环境温度低于0℃以下就不适于微生物的生长，由于辽宁冬天气候原因，为保证运行效果，为除臭系统建造钢构房，冬天供暖保证温度不低于10℃以下。

2. 系统对硫化氢的去除效果

系统调试合格后，连续监测30d硫化氢的进出气质量浓度及其去除率的变化，结果如图6-14所示。分析表明，运行期间1#处理单元进气硫化氢浓度在 15.7 ～ 34.1mg/m^{-3}，出气浓度在 0.129 ～ 0202 mg/m^{-3} 之间，平均去除率为99.3%。2#处理单元进气硫化氢浓度在 31.6 ～ 47.7 mg/m^{-3}，出气浓度在 0.251 ～ 0.346 mg/m^{-3} 之间，平均去除率为99.3%。系统对硫化氢的去除率在99%以上，硫化氢出气浓度达到了 GB 14554—93 的二级厂界标准（0.06 mg/m^{-3}）。

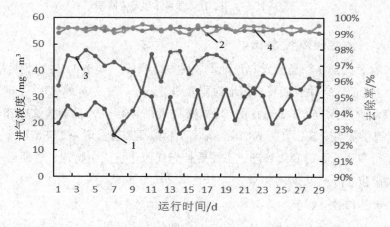

1—1#进气硫化氢浓度；2—1#去除率；3—2#进气硫化氢浓度；4—2#去除率

图6-14　硫化氢进气质量浓度及其去除率

3. 系统对氨气的去除效果

系统调试合格后，连续监测30d氨气的进出气质量浓度及其去除率的变化，结果如图6-15所示。分析表明，运行期间1#处理单元进气氨浓度在 4.3 ～ 8.4 mg/m^{-3}，出气浓度在 0.801 ～ 0.999 mg/m^{-3} 之间，平均去除率为85.5%。2#处理单元进气硫化氢浓度在 6.3 ～ 9.3 mg/m^{-3}，出气浓度在 1.101 ～ 1.397 mg/m^{-3} 之间，平均去除率为87.2%。系统对硫化氢的去除率在85%以上，氨气出气浓度达到了 GB 14554—93 的二级厂界标准（1.5 mg/m^{-3}）。

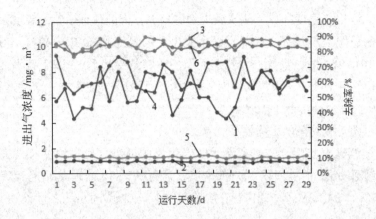

1—1# 进气氨；2—1# 出气氨；3—1# 去除率；4—2# 进气氨；5—2# 出气氨；6—2# 去除率

图 6-15　氨进、出气质量浓度及去除率

（六）主要经济技术指标

占地面积，该除臭装置总占地面积为 385.15m²，其中 1# 生物脱臭塔占地面积为 297m²，2# 生物脱臭塔占地面积为 88.15m²。

该工程总投资 556.16 万元，其中密封盖供货与安装投资为 292.78 万元，输送管道供货与安装投资为 68.78 万元，生物除臭装置投资为 194.6 万元。

运行费用：不需专人管理，不需要补充任何化学或生物剂，后期运行费用仅为水费和电费。

（七）结论

（1）该工艺对 H_2S、NH_3-N、VOCs、气味的去除效果远远高于设计排放标准。

（2）控制温度在 20℃～40℃、pH 在 2.0～4.0、填料湿度在 40%～60%，以确保装置稳定运行。

（3）此装置具有运行费用低，占地面积少等优点。

第七章　光谱检测与应用

第一节　光谱检测概述

一、光谱检测技术

（一）近红外光谱

1. 基本原理及方法

近红外光是一种在可见和中红外间的电磁波，其波长在 780 ～ 2526nm 以内，是人类最早认识的非可见光。近红外光谱在波谱中的位置如图 7-1 所示。

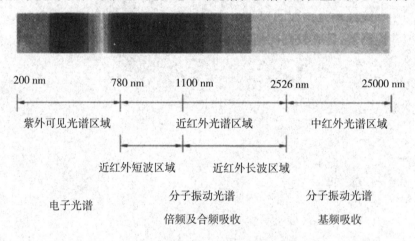

图 7-1　近红外光谱所在位置示意图

近红外光谱区主要是通过有机分子含氢基团（C—H、N—H、O—H 等）的伸缩振动的各级倍频及其伸缩振动与弯曲振动的合频吸收产生的，几乎包括了有机物中所有含氢基团的信息，蕴含着分子的结构、组成状态等信息，信息量极为丰富，从而为近红外光谱检测技术分析样品的物理性质（如物质的密度、黏度、粒度、硬度等）及化学成分（如蛋白质、氨基酸、脂肪、淀粉、水分及其他营养成分等）提供了可能。

近红外光谱检测技术，主要是利用当近红外光照射到水果表面时，水果内部成分引起光的吸收、反射和散射等现象，从而确定水果组成成分的一种技术手段，其具有快速检测、成本低、无须预处理、无损测量等突出特点，所以在水果品质检测应用中越来越广泛。

近红外光谱分析技术的基本原理主要依托于样品在某些谱区，光的吸收强度与吸收的光粒子数之间存在的关系，同时通过衡量样品中所吸收的光粒子数与通过样品中的总光粒子的关系来定量分析的。

2. 系统组成

近红外光谱检测仪器主要由光源、分光系统、检测器、测样附件和数据处理系统组成。根据光的分光方式，其可分为滤光片型、光栅扫描型和傅里叶变换型近红外光谱检测仪。

（1）滤光片型近红外光谱检测仪。滤光片型近红外光谱检测仪主要作为专用分析仪器，如烟草水分测定仪、油品专用分析仪。为提高测定结果的准确性，现在的滤光片型仪器往往装有多个滤光片供用户选择。此类仪器可自带微处理器，还可带有 RS-232 串行接口，用于从计算机接收校正方程和将光谱数据传送至计算机中。这类仪器的优点是采样速度快、比较坚固，可做成实时分析的手提式仪器；缺点是建立的模型不强大，适用性差，只能在单一波长或少数几个波长下测定，灵活性差。

（2）光栅扫描型近红外光谱检测仪。光栅扫描型近红外光谱检测仪是最常用的仪器类型，采用全息光栅分光、PbS 或其他光敏元件作检测器，具有较高的信噪比。由于仪器中的可动部件（如光栅轴）在连续高强度的运行中可能存在磨损问题，从而影响光谱采集的可靠性，不大适合于在线分析。这类仪器的光源为带石英外壳的钨卤素灯，在 360～3000nm 的区域提供高能量的输出。用于反射和透射仪器的检测器通常有：用于 360～1000nm 的硅检测器及用于 900～2600nm 的 PbS 检测器。为克服硫化铅的温度漂移，常采用带制冷的 PbS 检测器。这类仪器的优点是扫描速度快、可扩展扫描范围，缺点是光栅或反光镜的机械轴长时间连续使用容易磨损，影响波长的精度和重现性，不适合作为过程分析仪器使用。

（3）傅里叶变换型近红外光谱检测仪。傅里叶变换型近红外光谱检测仪是目前近红外光谱仪器中的主导产品，具有较高的分辨率和扫描速度。最近推出的 FT-NIRS 仪器对干涉仪部分做了改进，减少了对振动、温度和湿度的敏感性。此类仪器以迈克尔逊干涉仪为核心，其光源采用钨灯，分束器有石英、CaF、KBr-Ge 等，检测器有在低温液氮下工作的 InSbJnGaAs，还有常温下工作的 Si、PbS 等。这类仪器的优点是扫描速度快、波长精度高、分辨率好；缺点是由于干涉仪中动镜的存在，使仪器的在线长久可靠性受到一定的限制，另外对仪器的使用和放置环境也有较高的要求。

（二）高光谱诊断技术

1. 基本原理及方法

光谱分辨率在 10 的数量级范围内的光谱图像称为高光谱图像。高光谱是近三十年来基于非常多窄波段的影像数据技术发展起来的，包括了光学、电子学、光电子学、信息处理、计算机科学等众多领域的先进知识，是一种传统的二维成像和光谱学有机融合的新兴学科。

高光谱成像技术是在多光谱成像的基础上，在从紫外到近红外（200 ～ 2500nm）的光谱范围内，利用成像光谱仪，在光谱覆盖范围内的数十或数百条光谱波段对目标物体连续成像。在获得物体空间特征成像的同时，也获得了被测物体的光谱信息。在农业方面，高光谱具有广阔的应用前景，通过作物的光谱特性产生的光吸收的生理特性，以及形成的反射和透射特点，分析它们的生理信息，然后利用农产品的光谱信息得出农产品的品质特性、病理特征和生长状况等有效信息。

高光谱成像仪的扫描过程：用面阵 CCD 探测器在光学焦面的垂直方向上做横向排列完成横向扫描（x 方向），横向排列的平行光垂直入射到透射光栅上时，形成光栅光谱。这是一列像元经过高光谱成像仪在 CCD 上得到的数据。它的横向是 $*r$ 方向上的像素点，即扫描的一列像元；它的纵向是各像元所对应的光谱信息。同时，在检测系统输送带前进的过程中，排列的探测器扫出一条带状轨迹从而完成纵向扫描 O 方向。综合横纵向扫描信息就可以得到样品的三维高光谱图像数据。

2. 系统组成

高光谱成像技术的硬件组成主要包括光源、光谱相机（成像光谱仪 +CCD）、装备有图像采集卡的计算机。光谱范围涵盖了 200 ～ 400nm、400 ～ 1000nm、900 ～ 1700nm、1000 ～ 2500nm。光谱相机的主要组成部分有：准直镜、光栅光谱仪、聚焦透镜、面阵 CCD。高光谱图像检测系统如图 7-2 所示。

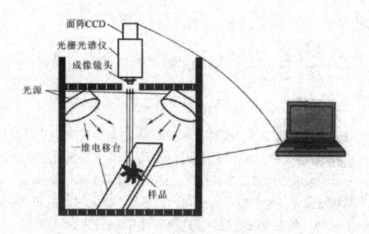

图7-2 高光谱图像检测系统

二、土壤光谱数据挖掘技术

（一）光谱预处理方法

1. 平滑算法

分析土壤反射光谱发现，光谱曲线并不是光滑的，这说明光谱数据带有噪声，引起的原因有样品不均匀，暗电流和外界环境引影响等。因而需对光谱数据进行平滑处理。数据平滑的基本思路是在平滑点的前后各取若干点来进行"平均"或"拟合"以求得平滑点的最佳估计值。在原始光谱的基础上应用平滑预处理算法是最为常用的一种光谱预处理方法，在 Unscramble 软件中有四种平滑预处理算法可供选择：

（1）移动平均是一种经典的平滑方法，替换每个相邻的观测对象（包括其本身）作为一个平均值。观测的数量大小是用户选择的"段大小"为参数。

（2）S-G（Savitzky-Golay）平滑算法适合作多项式运算，将每个连续的曲线段取代了原来的值。可以选择的平滑段（如右侧和左侧的点）长度和多项式的阶数由用户选定。这种平滑方法是一个非常有用的方法，有效地去除噪声谱峰值，而化学信息可以保存下来。S-G 平滑并对原始光谱数据进行卷积平滑处理。式（7-1）是二项式拟合的表达式

$$\hat{X}_i = a_0 + a_1\lambda_i + a_2\lambda_i^2 \tag{7-1}$$

式中，a_0, a_1, a_2 是由中心点 i 左右给定窗口 $[i-n, i+n]$ 内的原始光谱数值 X_j，$j = i-n, \cdots, i, \cdots, i+n$，建立的二项式系数。$\hat{X}_i$ 为建立二次拟合曲线后中心点位

置得到的拟合值。采用最小二乘法求取待定二项式系数

$$\varepsilon = \sum_{j=i-n}^{i+n} (\hat{X}_j - X_j)^2 = \sum_{j=i-n}^{i+n} (a_0 + a_1\lambda_j + a_2\lambda_{j2}^2 - X_j)^2$$

（7-2）

令 $\dfrac{\partial \varepsilon}{\partial a_i} = 0$，并联立求解方程组，可得到二项式系数。

S-G 平滑窗口宽度为 5，此时得到窗口内各点加权求平均时权重为 [-3，12，17，12，-3]。本文采用 S-G 平滑预处理算法作为光谱预处理算法进行分析。

（3）中值滤波取中间数作为替换值，这种平滑用的相对较少。

（4）高斯滤波是一种加权移动平均，其中每个点的平均值相差较大，运算时，离参数 σ^2 越远的变量系数越小，这种平滑方法较移动平滑常用一些。

2. 多元散射校正

多元散射校正提供了一种减弱由光在不均匀性样本表面散射引起较大光谱变化差异的特殊光谱变换方法。MSC 是一种常用的光谱数据变换方法，用于补偿光谱数据的分散效果，减少基线漂移情况的发生。在多元散射校正对话框中选择样本和变量集矩阵大小以确定校正的数据范围领域。

多元散射校正方法目的是为了补偿或者消除光谱数据的分散效果，校正光谱基线漂移，校正过程如下：

（1）平均光谱

$$\bar{A}_j = \frac{1}{n}\sum_{i=1}^{n} A_{ij}$$

（7-3）

其中，j 为波长位置，n 为样本数。

（2）线性回归

$$A_i = a_i\bar{A} + b_i, i=1,2,\cdots,n$$

（7-4）

（3）MSC 校正

$$\hat{A}_i = \frac{A_i - b_i}{a_i}, i=1,2,\cdots, n$$

（7-5）

式中，A 是校正集的光谱矩阵，$\bar{A}_j$ 是第 j 个波长处的光谱平均值，$\hat{A}_i$ 为第 i 个样本散射校正后得到的光谱，a_i 和 b_i 是第 i 个光谱 A_i 与平均光谱 $\bar{A}$ 的线性回归参数。光谱矩阵 A 应该为原始光谱反射率或透射率经过 log（1/R）或 Kubelka-Munk 变换后得到的光谱数据。

3. 标准正态变量

标准正态变量是一种面向行的数学转换函数，在原始光谱数据基础被变换

的数据值根据下式计算：

新值 =（现值 – 均值）/ 标准方差

标准正态变量也是 Unscamble 软件自带的一个常用且效果比较明显的光谱预处理方法，对于应用近红外光谱检测土壤养分，由于土壤颗粒大小不一，投射到土壤表面的光发生散射，引起光谱误差，SNV 可以消除因土壤颗粒大小引起的光程变化和校正土壤基线漂移。

4. 导数算法

微分 / 导数是光谱分析常见的一种光谱预处理算法，可以把微弱的、隐藏的有效光谱信息放大，被广泛应用在光谱检测分析中。因为一些可能更容易被透露的信息"隐藏"在频谱上，采用原始光谱数据运算时，这些有用信息由于各种原因如噪声影响不能被有效提取出来，这时进行一阶微分或者二阶微分，这些有用信息被充分挖掘出来，因此应用十分广泛。Unscramble 软件中包括三种微分算法，它们分别是：（1）Norris Gap；（2）Gap-Segment；（3）Savitzky-Golay。

本文采用 Savitzky-Golay 微分处理土壤原始数据。一阶、二阶微分光谱可由波长差为 $\Delta\lambda = 2k\delta$（δ 为光谱波长分辨率）的差分近似，

$$dA_i = A_{i+k} - A_{i-k} \tag{7-6}$$

$$d^2 A_i = A_{i+2k} + 2A_i - A_{i-2k} \tag{7-7}$$

（二）特征变量提取方法

利用光谱系统采集到的光谱数据信息具有波段数多、噪声多和数据量大等特点，在建模分析中，往往是先采用某种数学方法，从大量的原始光谱数据中挑选出可以用来建模的波段数据，我们称这些被挑选出来的少数的波段数据为特征波长或者特征变量，所采用的方法称为特征变量提取方法，这些方法包括：连续投影算法[1]、无信息变量消除[2] 和遗传算法[3] 等，这些特征波长提取方法哪个比较适合提取土壤养分通过比较分析才能知道，同一条光谱针对不同的养分，采用同样的特征变量提取方法提取到的特征波长或者特征变量有可能也是不一样的。有的时候，将挑选出的特征变量作为建模方法的输入得到的结果

---

[1]　郝勇，孙旭东，王豪 . 基于改进连续投影算法的光谱定量模型优化 [J]. 江苏大学学报（自然科学版），2013（1）：49-53.

[2]　吴迪，吴洪喜，蔡景波，等 . 基于无信息变量消除法和连续投影算法的可见 – 近红外光谱技术白虾种分类方法研究 [J]. 红外与毫米波学报，2009（6）：423-427.

[3]　孙珂，陈圣波 . 基于遗传算法综合 Terra/Aqua MODIS 热红外数据反演地表组分温度 [J]. 红外与毫米波学报，2012(05)：462-468.

不一定最优。

1. 连续投影算法

土壤的近红外光谱主要反映养分如有机质的倍频和合频吸收，不同养分谱带信息重叠严重，使全波段光谱中含有大量冗余信息及噪声，从而影响了模型的预测性能。连续投影算法能够从光谱信息中充分寻找含有最低限度的冗余信息的变量组，使得变量之间的共线性达到最小。同时能大大减少建模所用变量的个数，提高建模的速度和效率。连续投影算法仅是一种波长选择方法，待选出特征波长以后，还需要结合建模方法进行成分的预测。可结合不同的光谱数据预处理算法（平滑、求导、SNV、MSC等）先进行预处理，再选择预处理后的特征波长，注意此时建模集和预测集的 X 应当为预处理后的光谱数据。采用的连续投影算法是基于 Matlab 语言连续投影算法工具箱，运行连续投影算法工具箱如图 7-1 和图 7-2 所示。

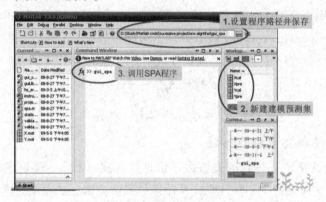

图 7-1　连续投影算法运行环境

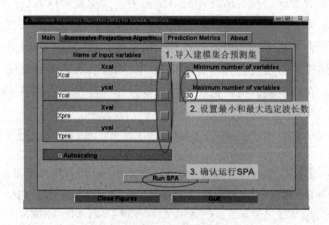

图 7-2　设置最大和最小波长数

2. 无信息变量消除（UVE）算法

在 PLSR 建模分析中，建模光谱数据 X 和理化值 Y 有如下对应关系：$Y=Xb+e$，式中，b 是系数向量，e 是误差向量。无信息变量消除把一定数量的随机变量导入到光谱建模矩阵中，应用留一法交叉验证建立 PLSR 模型，得到新的系数矩阵 B。计算系数向量 b 的均值和系数向量 b 的标准偏差比值 $t\_values=$mean（bi）$/SD$（bi），i 为建模光谱数据中第 i 列向量，这里的 t_values 作为稳定性评价指标。根据评价建模变量稳定性 t_values 的数值绝对值大小确定是否把第 i 列数据加入 PLSR 建模数据中。UVE 中生成的随机变量数量和应用 UVE 之前的光谱数据变量个数是一致的。UVE 确定的最优主成分数由 PLSR 交互验证决定。比如当主成分数为 12 时，$RMSEC$ 的值趋于稳定，此时 UVE 选择的建模变量用于进一步的建模分析。人工生成的图中两条水平虚线表示阈值上下限，中间对应的变量不用于建模，认为是无信息变量，应被去除，而位于虚线外的变量用来进行建模分析。原始光谱变量通过 UVE 的选择后建模变量数会减少二分之一以上。说明一点，UVE 工具体挑选的变量是按波长大小顺序排列的，而其他一些挑选建模变量算法如遗传算法工具体挑选的变量是按变量被选频率（即被选次数）大小顺序排列的。本文采用的无信息变量消除算法也是基于 Matlab 语言的无信息变量消除工具箱。

3. 遗传算法

光谱数据光谱重叠、信息冗余严重，如果能通过算法选择与待测组分最相关的波长以简化模型，提高模型运行效率。因此，波长选择的意义显得尤为重要。遗传算法自 20 世纪 90 年代以来应用研究显得格外活跃，重要原因是遗传算法是一种通过模拟自然进化过程随机搜索最优解的方法，它最早由美国密歇根大学 J.Holland 教授于 1975 年提出来。遗传算法中将问题的每个解看成是一个染色体，也被称为个体。染色体作为遗传物质的主要载体，由多个基因串接而成。因此，算法首先需要实现从一般变量到基因串的映射编码，一般采用的是二进制编码。本文波长优选研究当中，我们将不同波长点或波段视为不同的基因。当波长或波段被选中时用 1 表示，未被选择用 0 表示，由此构成一串二进制形式的染色体个体，实现光谱波长光择。基本的遗传算法的运算过程如下：

（1）随机生成 M 个潜在的解（个体）作为初始群体 P（0）。同时，初始化进化代数计数器（$t=0$）和设置最大进化代数 N（100–500）。

（2）根据适应度评价函数，计算群体 P（t）中所有个体的适应度。

（3）执行选择运算，把优化的个体直接遗传到下一代，最简单也是最常用方法是轮盘选择法，即个体的选择概率和其适应度值成比例。

（4）进行交叉替换运算，运算算子因其全局搜索能力而在遗传算法中作为主要算子，起到核心作用，如下例所示。

个体 A:1001 ↑ 111 → 1001000 新个体

个体 B:0011 ↑ 000 → 0011111 新个体

（5）运行变异操作，对群体中的个体串上某个基因座值作变更，加速向最优解收敛，因此变异鼻子又被称为遗传算法的辅助算子。然而，接近最优解邻域时的群体结构也容易因变异而遭到破坏，所以变异概率应取尽量降低。最基本的变异算子是指根据变异概率 P（受种群大小、染色体长度等因素的影响，一般取 0.001–0.1），对群体中的个体随机挑选一个或多个基因座并对其基因值做变动。

（6）遗传算法需要通过上述选择、交叉、变异之后产生下一代群体 $P(t+1)$，重复进行评价。

遗传算法具有自组织、自适应和自学习性，具体来讲包括：①直接对结构对象进行操作，定义域可以任意设定，算法应用范围大；②从问题解的串集开始搜索，而非单个解，覆盖面大，有利于全局寻优；③具有内在的隐并行性，同时对搜索空间中的多个解进行评估，减少了陷入局部最优解的风险；④采用概率化的寻优方法，能自适应地调整搜索方向；⑤利用进化过程中获得的信息自行组织搜索，个体适应度大则生存概率高，使基因结构更适应环境。

4. 竞争性自适应重加权算法

竞争性自适应重加权算法 Algorithm CARS 算法通过模仿达尔文进化理论中"适者生存"的原则，每次利用指数衰减函数和自适应重加权采样技术结合的方法优选出 PLS 模型中回归系数绝对值大的变量点，去除权重值较小的变量点，利用十折交叉验证选出 N 个 PLS 子集模型中 $RMSEC$ 最小的子集，该子集所包含的变量即为最优变量组合。CARS 方法进行变量选择主要包括 4 个步骤：

（1）基于蒙特卡罗采样法对模型取样。与无信息变量消除方法类似，在每次 CARS 采样中，都需要从样品集中随机抽取一定量的样品（本研究中设定为80%）作为校正集，建立 PLS 模型。

（2）基于指数衰减函数去除变量。假定所测样本光谱矩阵为 $X(m \times p)$，m 为样本数，p 为变量数，SSC 真实值矩阵为 $y(m \times 1)$，则存在 PLS 回归模型：

$$y=Xb+e \tag{7-11}$$

式中，b 表示是一个 p 维的系数向量；e 表示预测残差。其中，$b=Wc=\left[b_1, b_2, \cdots, b_p\right]^\mathrm{T}$（$W$ 表示得分矩阵和 X 的线性组合系数），b 中第 i 个元

素的绝对值 $|b_i|$（$1 \leqslant i \leqslant p$）表示第 i 个变量对 SSC 值的贡献。该值越大，表示所对应变量在 SSC 的预测中越重要。

利用指数衰减函数强行去除 $|b_i|$ 值相对较小的波长点。采用 MC 采样，在第 i 次采样运算后，变量点的保存率通过如下指数函数计算：

$$r_i = ae^{-ki} \tag{7-12}$$

式中，a 和 k 表示常数分别在第 1 次和第 N 次 MCS 时，样本集中全部 p 个变量和仅 2 变量参与建模，即 $r_1 = 1$ 且 $r_N = \dfrac{2}{p}$，从而 a 和 k 的计算公式如下：

$$a = (\frac{p}{2})^{1/(N-1)} \tag{7-13}$$

$$k = \frac{\ln(p/2)}{N-1} \tag{7-14}$$

式中，ln 表示自然对数。在本研究中，变量数 p 为 237，设定 MC 采样 50 次，因此，常数 a 和 k 分别为 1.1 和 0.1。

（3）基于 ARS 技术进一步对变量进行筛选。该技术模拟达尔文进化论中的"适者生存"的法则，通过评价每个变量点的权重 w_i 进行变量筛选。权重值的计算如下：

$$w_i = \frac{|b_i|}{\sum_{i=1}^{p}|b_i|}, i = 1, 2, 3, \cdots, p \tag{7-15}$$

（4）通过计算并比较每次产生的新的变量子集的 $RMSEC$ 值，$RMSEC$ 值最小的变量子集作为最优变量子集。

（三）多元校正计量学方法

将光谱数据和样品理化数据应用建模方法建立校正模型，我们称该建模方法为多元校正计量学方法，这些方法包括主成分回归、偏最小二乘回归、多元线性回归、最小二乘支持向量机和 BP 神经网络。这些建模方法被广泛应用于光谱建模分析中，并取得了较为理想的结果。

1. 主成分回归

主成分回归是将自变量矩阵（光谱矩阵）一次变换，获得具有正交特性的主元，以消除无用的噪声信息，然后再用主元建立多元线性回归模型[1]。这种法认为目标特性分析值矩阵 Y 中同样也会含有噪声信息。因此，在变换光谱矩阵

---

① 卢艳丽，白由路，杨俐苹，等. 基于主成分回归分析的土壤有机质高光谱预测与模型验证 [J]. 植物营养与肥料学报，2008（6）：1076-1082.

X 的同时考虑了对矩阵 Y 的影响。

2. 偏最小二乘法

偏最小二乘回归的建模策略建立在主成分信息分解与提取的基础上。它在多变量 $x_1, x_2, \cdots, x_p$ 中逐次提取综合成分 $t_1, t_2, \cdots, t_m$（$m < p$），这相当于对 $x_1, x_2, \cdots, x_p$ 中的信息进行重新组合与抽取，从而得到对 y 的解释能力最强，同时又最能概括自变量集合 X 中信息的主成分变量，进而实现回归建模[①]。偏最小二乘回归是近年来在 PCR 基础上发展起来的一种新的多元统计方法。PLSR 的基本思想是一种逐步添加光谱变量并提取主成分，逐步建立回归模型并检验其显著性的分析方法，当模型达到设定的显著性时终止计算。PLS 建模方法是 Unscramble 软件中最常用的一种建模方法，被广泛应用于光谱分析中，调用 PLS 建模方法需要注意三个问题，一是选择合适数量的建模集，二是确定合适数量的预测集，三是确定建模采用的因子数，一般选择 20 个建模因子即可以，此处的建模因子即为潜在变量。运行 PLS 建模方法时，应选择交互验证方式，这样建立的建模较为稳定。PLS 模型运行后会返回四个图形界面，左上角是各潜在变量的贡献率，也即潜在变量得分图，右上角为回归系数图，可以通过回归系数确定有效波长，有效波长可以用来建立模型，这在后文会详细予以介绍，左下角是残差图，随建模因子数变化而变化，一般开始时，因子数较少时，残差值较大，随着建模因子数的增加，残差值会逐渐变小，再随着建模因子数的增加，残差值会变的相对稳定，变化不大，这时我们认为，这时的建模因子数为最优建模因子数，因为此时继续增加建模因子数，会使模型变复杂，如果减少建模因子数，会使残差值变大，得到的模型不是最优模型。右下角的图最重要，因为这个图界面给出了模型评价指标值，它们分别是建模集和预测集的决定系数和标准预测方差，这两个指标非常重要。还有一个指标也很重要，相对分析误差，评价一个模型性能主要看这三个指标。

3. 多元线性回归

多元线性回归模型是基于最小二乘法的经典定量分析方法，对多元回归模型精度的评价通常采用 F 检验来评价因变量与自变量之间的线性关系程度；使用 t 检验来评价回归参数的显著性；同时使用复测定系数（多元线性回归）来评价所建立的预测模型的预测精度。实际光谱分析中，往往单独变量很难反映预测值的变化，需要考虑多变量因素，因此引入多元线性回归分析法。该方法

① 宋海燕，何勇. 基于 OSC 和 PLS 的土壤有机质近红外光谱测定 [J]. 农业机械学报，2007(12): 113-115.

又称之为逆最小二乘法，基本形式为

$$y = \beta_0 + \beta_1 x_1 + \beta_2 x_2 + \cdots + \beta_p x_p + \varepsilon \tag{7-16}$$

其中，y 是因变量；x_i，$i=1$，2，$\cdots$，p 是自变量；β_i，$i=0$，1，2，$\cdots$，p 是回归系数；p 等于变量个数；ε 为误差。多变量多样本的多元线性回归可表示为

$$Y = X\beta + E \tag{7-17}$$

式中

$$X = \begin{bmatrix} 1 & x_{11} & x_{12} & \cdots & x_{1p} \\ 1 & x_{21} & x_{22} & \cdots & x_{2p} \\ \vdots & \vdots & \vdots & & \vdots \\ 1 & x_{n1} & xn_2 & \cdots & x_{np} \end{bmatrix}, \quad Y = \begin{bmatrix} y_1 \\ y_2 \\ \vdots \\ y_n \end{bmatrix}, \quad \beta = \begin{bmatrix} \beta_0 \\ \beta_1 \\ \vdots \\ \beta_p \end{bmatrix}, \quad E = \begin{bmatrix} \varepsilon_1 \\ \varepsilon_2 \\ \vdots \\ \varepsilon_n \end{bmatrix}$$

采样样本值一定，即自变量阵 X 和因变量阵 Y 已知，使用最小二乘法，当 $X'X$ 满秩时，其逆矩阵 $(X'X)^{-1}$ 存在，由此可以确定公式中的回归系数估计值，从而建立多元线性回归模型。

$$\hat{\beta} = (X'X)^{-1} X'Y \tag{7-18}$$

Norris 等人早在 1976 年（Norris，1976）就将多元线性回归（MLR）模型运用于近红外光谱定量分析，并获得较好效果。

4. 最小二乘支持向量机

支持向量机是 Vapnik 等人于 1992 年提出的一类新型机器学习方法，是近年来机器学习研究领域的一项重大成果。依据 Vapnik&Chervonenkis 统计学习理论，如果数据服从某个分布，要使机器的实际输出与理想输出之间的偏差尽可能小，则机器应当遵循结构风险最小化原理，而不是经验风险最小化原理。也就是说，应当使错误概率的上限最小化。最小二乘支持向量机（Least Squares-Support Vector Machine，LS-SVM）是在 SVM 基础上发展而来，LS-SVM 模型演化利用了回归模型和径向基函数的内核，参数的最优组合 $gam(\gamma)$ 和 $sig^2(\sigma^2)$ 被选中，导致在较小的均方根误差（$RMSEC$）交叉验证[1]。网格搜索有两个步骤：第一步是粗搜索，第二步是为特定的搜索。LS-SVM 的算法描述如下[2]：

设训练集样本为 $D = \{(x^k, y^k) | k = 1, 2, \cdots, N\}, x^k \in R^n, y^k \in \{-1, 1\}$，其中 x 是输

---

[1] Shao Y N, He Y. Nitrogen, phosphorus, and potassium prediction in soils, using infrared spectroscopy[J]. Soil Research, 2011, 49（2）: 166-172.

[2] 陈双双. 基于光谱和多源波谱成像技术的植物灰霉病快速识别的方法研究 [D]. 浙江大学, 2012.

入向量，y 是目标值。

在权 w 空间中的函数估计问题可以描述为求解下面问题：

$$\min J(w,e) = \frac{1}{2}w^T + \frac{1}{2}\gamma\sum_{k=1}^{N}e_k^2 \tag{7-19}$$

约束条件为 $y_k = w^T\varphi(x) + b + e_k, k = 1,\cdots,N$，其中 $\varphi(x)$ 为 $R^n \to R^{nh}$ 的核空间映射函数，权向量 $w \in R^n$，误差变量 $e_k \in R$，b 是偏差量，γ 是可调超参数。

利用拉格朗日法求解这个优化问题，由以上可得拉格朗日函数为：

$$L(w,b,e,\alpha) = J(w,e) - \sum_{k=1}^{N}\alpha_k\{w^T\varphi(x_k) + b + e_k - y_k\} \tag{7-20}$$

其中，α_k（$k=1,2,\cdots,N$）是拉格朗日乘子。根据优化条件

$$
\begin{cases}
\dfrac{\partial L}{\partial w} = 0 \to w = \displaystyle\sum_{k=1}^{N}\alpha_k\varphi(x_k) \\[3em]
\dfrac{\partial L}{\partial b} = 0 \to \displaystyle\sum_{k=1}^{N}\alpha_k \\[3em]
\dfrac{\partial L}{\partial e_k} = 0 \to \alpha_k = \gamma e_k, k = 1,\cdots,N \\[3em]
\dfrac{\partial L}{\partial \alpha_k} = 0 \to w^T\varphi(x_k) + b + e_k - y_k = 0, k = 1,\cdots,N
\end{cases} \tag{7-21}
$$

可得

$$
\begin{bmatrix} 0 & \vec{1}^T \\ \vec{1} & \Omega + \gamma^{-1}I \end{bmatrix}
\begin{bmatrix} b \\ \alpha \end{bmatrix} =
\begin{bmatrix} 0 \\ y \end{bmatrix} \tag{7-22}
$$

式中，$y = [y_1,\cdots,y_N], \vec{1} = [1,\cdots,1], \alpha = [\alpha_1,\cdots,\alpha_N], \Omega = \{\Omega_{kl} \mid k,l = 1,\cdots,N\}$。

核函数 $\Omega_{kl} = \varphi(x_k)^T\varphi(x_l) = K(x_k,x_l), k,l = 1,\cdots,N$ 是满足 Mercer 条件的对称函数。

常见的核函数有线性核函数、多项式核函数、RBF（Radial Basis Function）核函数、多层感知核函数等，采用了 RBF 核函数：

$$K(x, x_k) = \exp(-\| x - x_{ki} \|^2 / \sigma^2) \tag{7-23}$$

最后可得 LS–SVM 拟合模型：

$$y(x) = \sum_{k=1}^{N} \alpha_k K(x, x_k) + b \tag{7-24}$$

5.BP 神经网络（BPNN）

BP 神经网络是基于误差反向传播算法的多层前向神经网络。神经网络由一个输入层、一个或多个隐含层和一个输出层构成。其中隐含层的神经元通常采用 Sigmoid 型传递函数，而输出层采用 Purelin 型传递函数。大量实践研究表明，一个三层的 BP 神经网络可以完成任意的 n 维到 m 维的映射[①]。

BP 算法是一种监督式的学习算法，算法采用工作信号正向传播，误差信号反向传播的学习过程。在正向传递过程中，输入信息从输入层经隐含层逐层计算向输出层传递，如果输出结果没有达到期望值，则计算输出层的误差变化，然后反向输入，修改各层神经元的权值，直到达到期望目标。

应用 Matlab 函数实现 BP 神经网络建模，基本步骤为以下几步。

（1）确定网络的输入函数、传递函数；

（2）初始化，用小的随机数对每一层的权值 w 和阈值 b 初始化，同时对期望误差（err_goal）、循环次数（max_epoch）和学习速率（I_r =0.01 ～ 0.7）进行初始化；

（3）循环训练网络：$for\ epoch=1:max\_epoch$；

（4）计算网络各层输出矢量 $A1$ 和 $A2$，设实测目标营养含量为 T，计算网络误差 E：

$A1$=tansig（$w1*p$，$b1$）；$A2$=purelin（$w2*A1$，$b2$）；$E=T–A2$；

（5）计算各层反向传播的误差变化 $D2$ 和 $D1$，并计算各层权值的修正值以及新的权值：

$D2$=deltalin $(A2,E)$；$D1$=deltatan $(A1,D2,w2)$；

$[dw1,db1]$=learnbp$(p,D1,Ir)$；$[dw2, db2]$=learnbp $(A1,D2,Ir)$；

$w1$=$w1$+$dw1$；$b1$=$b1$+$db1$； $w2$=$w2$+$dw2$；$b2$=$b2$+$db2$；

（6）再次计算修正后误差平方和：SSE=sumsqr（T–purelin（$w2*$tansig（$w1*p,b1$），$b2$）），检查 SSE 是否小于 err_goal，若是，训练结束；否则，继续。

---

① 余凡，赵英时，李海涛. 基于遗传 BP 神经网络的主被动遥感协同反演土壤水分 [J]. 红外与毫米波学报，2012(03): 283–288.

此外改进的 BP 神经网络算法进一步提高了神经网络的泛化能力，可以避免过拟合和过训练所导致的模型不稳定，包括弹性 BP 算法、共轭梯度学习算法和正则化算法等，可分别调用 Matlab 神经网络工具箱函数 trainrp、trainscg和 trainbr 实现。BP 神经网络原理图如图 7-3 所示。

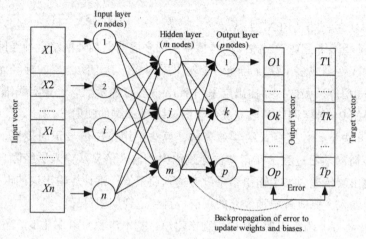

图 7-3 BP 神经网络原理图

（四）PCA 聚类分析

主成分分析（Principle Component Analysis，PCA）能够通过变换将多变量转化为相互无关的变量组。PCA 聚类分析是 Unscamble 软件中一个非常重要的功能，使用它可以清楚地知道各个主成分的得分贡献率，可以利用这些得到的主成分数作为模型的输入，建立预测模型，这样可以大大简化模型[1]。PCA 可以清楚地知道检测样品的聚类情况，在类别区分研究中应用广泛，PCA 运行原理如下：

$$\boldsymbol{X} = \begin{bmatrix} x_{11} & x_{12} & \cdots & x_{1p} \\ x_{21} & x_{22} & \cdots & x_{2p} \\ \vdots & \vdots & & \vdots \\ x_{n1} & x_{n2} & \cdots & x_{np} \end{bmatrix} \tag{7-25}$$

其中，$\boldsymbol{X}$ 为光谱矩阵，原变量记为 x_1，x_2，$\cdots$，x_p，经 PCA 得到的新变量为 z_1，z_2，$\cdots$，z_m，$(m \leqslant p)$，那么

---

① Wu D, Yang H, Chen X, et al. Application of image texture for the sorting of tea categories using multi-spectral imaging technique and support vector machine[J]. Journal of Food Engineering, 2008, 88（4）: 474-483.

$$\begin{cases} z_1 = l_{11}x_1 + l_{12}x_2 + \cdots + l_{1p}x_p \\ z_2 = l_{21}x_1 + l_{22}x_2 + \cdots + l_{2p}x_p \\ \qquad\cdots\cdots\cdots \\ z_m = l_{m1}x_1 + l_{m2}x_2 + \cdots + l_{mp}x_p \end{cases} \qquad (7-26)$$

其中，系数 l_{ij} 的确定原则为：

（1）z_i 与 z_j（$i \neq j$；i，j=1，2，$\cdots$，m）线性无关；

（2）z_1 是 x_1，x_2，$\cdots$，x_p 的一切线性组合中协方差最大者，z_2 是 x_1，x_2，$\cdots$，x_p 的一切线性组合中协方差第 2 大者；z_m 是 x_1，x_2，$\cdots$，x_p 的一切线性组合中协方差第 m 大者。新变量 z_1，z_2，$\cdots$，z_m 分别称为原变量 x_1，x_2，$\cdots$，x_p 的第 1，第 2，$\cdots$，第 m 主成分。

（五）模型评价标准

光谱数据分析过程中，仅建立校正模型并不能满足实际需求。因为有时模型会出现过拟合现象。即对原有数据能很好地预测，但对其他数据样本可能并不适用，缺乏普适性。因此，实际建模中应充分考虑样本的多样性，同时将原数据样本集划分成校正建模数据组和检验测试数据组。基于校正建模数据组建立模型后再使用检验测试数据组进行验证，并给出一定的标准来评价模型的优劣。评价包括可靠性，稳定性和适应性等方面，评价标准有决定系数（R^2）、校正均方根误差（$RMSEC$）、预测均方根误差（$RMSEP$）和相对分析误差（RPD）等。

1. 相关系数／决定系数

当只有一个自变量和一个因变量，建立的是一元线性回归方程，数学模型的相关系数为 R。具体可由两个变量的采样样本集，求方差和协方差获得，如下式所示：

$$R = \frac{\sum\limits_{i=1}^{n}(x_i - \overline{x})(y_i - \overline{y})}{\sqrt{\sum\limits_{i=1}^{n}(x_i - \overline{x})^2} \cdot \sqrt{\sum\limits_{i=1}^{n}(y_i - \overline{y})^2}} \qquad (7-27)$$

式中，n 表示采样样本集大小，x_i 和 y_i 为样本点实际测量值，$\overline{x}$ 和 $\overline{y}$ 为样本均值。相关系数绝对值越接近于 1，表示线性拟合程度越高越可靠，用于预测估计精度也越高。

当自变量较多时，建模方法多采用多元回归，主成分回归，或者偏最小二乘回归等。此时模型的相关性好坏一般采用决定系数 R^2 来表示。R^2 的计算式如下：

$$R^2 = 1 - \frac{\sum\limits_{i=1}^{n}(y_i - \hat{y}_i)^2}{\sum\limits_{i=1}^{n}(y_i - \overline{y})^2} \qquad (7-28)$$

式中，n 表示采样本本集大小，y_i 为样本点实际测量值，$\hat{y}_i$ 为建立回归模型后所得预测值，$\overline{y}$ 为样本均值。R^2 越接近于 1，表示模型预测能力越强。

2. 校正均方根误差

误差是评价模型拟合真实数据好坏的一个重要指标，衡量了数据的离散程度。误差值越小说明预测结果的稳定性越好。利用校正建模数据组进行模型预测能力检测，得到的误差称为校正均方根误差，计算公式如下：

$$RMSEC = \sqrt{\frac{1}{n_c - 1} \cdot \sum_{i=1}^{n_c}(y_i - \hat{y})^2} \qquad (7-29)$$

其中，n_c 为校正建模数据组大小，y_i 是该组中样本点实际测量值，$\hat{y}_i$ 为建立回归模型后所得预测值。

考虑到变量数大小，有时也会使用校正均方根误差修正值 $RMSEC$（Root Mean Square Error of Cross-Validation）评价模型误差，表达式如下：

$$RMSECV = \sqrt{\frac{1}{n_c - p - 1} \cdot \sum_{i=1}^{n_c}(y_i - \hat{y})^2} \qquad (7-30)$$

其中，p 为变量个数。显然 $RMSECV$ 要大于 $RMSEC$，实际评价时应该加以考虑。从文献分析看，通常忽略偏差（$BIAS$）影响，采用校正标准误差（SEC）来代替 $RMSEC$，采用的 $RMSECV$ 的指标等同于 $RMSEC$。

3. 预测均方根误差

用检验数据组对模型预测结果进行评价的指标是预测均方根误差（Root Mean Square Error of Prediction，$RMSEP$），其表达式如下所示：

$$RMSEP = \sqrt{\frac{1}{n_p - 1} \cdot \sum_{i=1}^{n_p}(y_i - \hat{y})^2} \qquad (7-31)$$

式中，为检验测试数据组大小，为该组中样本点实际测量值，为建立回归模型后所得预测值。$RMSEC$ 和 $RMSEP$ 越接近说明模型稳定性越好。同 $RMSEC$ 一样，通常也将公式（7-30）记作预测标准误差（SEP）对预测模型进行评价。

4. 相对分析误差

相对分析误差（Residual Predictive Deviation，RPD）可以用于对模型预测

效果和精度进一步评价，残余预测偏差是独立预测集中实验室测量值相对于均方根误差的标准偏差比率，相比于所有样品的平均成分，它是预测精度增加的一个因素。表达如下：

$$RPD = SD / RMSEP \qquad (7\text{-}32)$$

式中，SD 是指样本标准偏差，SEP 是预测标准误差。

比较已建立的不同校准方法，除了考虑独立预测集的均方根误差预测。评估每种校准的精确度还要考虑基于残余预测偏差 RPD。Viscarra Rossel 等人在 2006 年将残余预测偏差分类如下：残余预测偏差（RPD）低于 1.0 表明是非常劣等的模型或预测并且它们的使用时不被推荐的；RPD 在 1.0 ~ 1.4 之间表明是劣等的模型或预测，只有高值和低值可以区别出来；RPD 在 1.4 ~ 1.8 之间表明模型或预测是清楚的，可以用来评估和关联；RPD 值在 1.8 ~ 2.0 之间是好的模型，使定量预测成为可能；RPD 在 2.0 ~ 2.5 之间，是很好的模型，可以定量预测，大于 2.5 表明是极好的预测。在这个研究中采用此分类系统。

第二节　光谱检测技术的应用

一、化学测定土壤速效氮统计分析

试验土壤样本取自江西南昌和吉安 4 个不同地区的表层深度 5 ~ 10cm 土层的土，土壤类型分别为水稻土 120 样本、砖红土 60 个样本和黄土 60 个样本，检查土壤样本确保没有小石块，如发现石块，人工把石块拣出并丢弃，取回的土壤样本拿回实验室经晾干、磨细、过筛和烘干水分处理，在室温条件下放置 24h，采集的光谱信号不仅与样品的化学组分有关，而且与样品的颗粒大小、形状、密度等有关，为了消除土壤粒径大小对预测速效氮含量的影响，所有样本使用研钵将其磨碎，并分别通过孔径 0.5mm 的筛子，得到粒径相同的样本。土壤样本采用上海精宏实验设备有限公司 DHG-9070 型电热恒温鼓风干燥箱内 60℃风干 12h 以上，按照土壤属性理化分析国家标准方法，土壤碱解氮含量测定采用 1mol/L NaOH 碱解扩散法。土壤样品参数见表 7-1。

表7-1　土壤样品速效氮理化值统计

样品	最小值	最大值	平均值	标准差
Available N (mg kg^{-1})	60	213	168	34.20

二、采集土壤样本光谱和光谱预处理

　　土壤样品放入直径为 80mm，厚度为 15mm 的玻璃培养皿中，光谱仪置于土样上方距土样表面 12cm，采用漫反射方式进行样品光谱采样，光照入射角为 45°。测试中由于仪器噪声、样本粒径大小引起的散射会影响有效光谱信息的分析和提取。采集一个土壤样本光谱保存 3 次，为保证光谱数据具有代表性，将保存的 3 次数据求平均，将平均值作为土壤样本最终的光谱数据。首先将土壤光谱数减少到 350～1073nm，用于消除光谱边缘的噪音。噪音去除后，每 5 个连续波长作一次平均以减少光谱维度。光谱 325～350nm 范围噪声较明显，减少到 350～1073nm，350nm 前的噪声被消除，如图 7-4（a）所示，光谱然后进行 *SNV* 预处理，如图 7-4（b）所示。为了比较不同预处理对模型结果精度的影响，同时为了降低基线漂移、光散射、光程的变化、高频随机噪声等影响，在图 7-4（a）光谱基础上分别进行 *MSC* 和一阶微分预处理，如图 7-4（c）和图 7-4（d）所示。所有这些预处理都是在 UnscramblerV9.7 软件中进行。

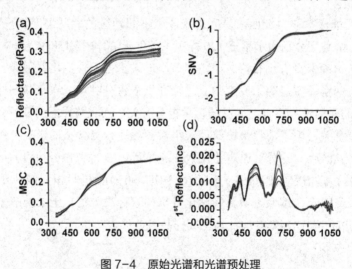

图 7-4　原始光谱和光谱预处理

　　对不同光谱预处理方法应用 PLS 建立校正模型，模型结果如表 7-2 所示。

通过比较分析可知，采用一阶微分后光谱建立的 PLS 回归模型速效 N 的 R^2_{cv} 和 *RMSEC* 分别为 0.80 和 16.82，优于另外 2 种预处理方法。

表7-2　应用PLS模型预测建模集和验证集结果

参数	方法	标准值		确定值	
		R^2	*RMSEC*	R^2	*RMSEP*
N(mg kg⁻¹)	None	0.76	17.89	0.74	18.29
	SNV	0.77	17.86	0.75	18.36
	MSC	0.78	17.50	0.76	17.80
	SG+1ˢᵗ derivative	0.80	16.82	0.79	17.02

三、基于 LS-SVM 建模方法近红外光谱检测土壤速效氮的研究

（一）主成分变量和潜在变量获取

向量机（Support Vector Machine，SVM）是数据挖掘技术中的一种新方法，能非常成功及高效率的处理回归问题，支持向量机在解决小样本、非线性及高维模式识别等问题中具有不可比拟的优势，最小二乘支持向量机（Least Squares Support Vector Machine，LS-SVM）就是一种 SVM 的改进技术。LS-SVM 需要调节的参数为核参数 σ^2 和惩罚系数 γ。惩罚系数 γ 主要是控制对错分样本惩罚的程度，实现在错分样本的比例与算法复杂度之间的折中。RBF 核函数的核参数 γ 的选择对模型的准确度起到很大的作用，选的太小则会造成过学习，选的太大会造成欠学习[①]。

最小二乘支持向量机（LS-SVM）输入分别包括主成分分析得到的主成分 PCs、PLS 建模得到的潜变量（LVs）和 PLSR 模型回归系数得到有效波长（EWs）。主成分分析（PCA）方法是经典的特征抽取和降维技术之一，它可以在不具备任何相关知识背景的情况下对未知样品进行主成分信息提取。4 个典型土壤具有明显的聚类趋势，且前三个主成分可以表达原始光谱 97% 的信息，其中 PC1 为 73%，PC2 和 PC3 分别为 15% 和 9%。

① 刘雪梅，柳建设. 基于 LS-SVM 建模方法近红外光谱检测土壤速效 N 和速效 K 的研究 [J]. 光谱学与光谱分析，2012(11): 3019-3023.

PLS 建模得到的 6 个潜变量（LVs）分别作为偏最小支持向量机（LS–SVM）的输入，之所以取前 6 个是因为这样几乎可以 100% 表达原始光谱有用信息，如表 7–3 所示，且降低模型复杂度，提高模型运行速度和精度。

表7-3　PLS模型前9个潜在变量贡献率

隐形变量法	1	2	3	4	5	6	7	8	9
N	78.2	89.3	94.5	96.5	98.2	98.5	98.6	8.7	98.8

此外，有效波长的选取根据光谱经过一阶微分预处理后 PLS 模型回归曲线确定，选择的主要标准是在一定波段范围内波长应该有一个最大的绝对回归系数的值，如回归曲线的波峰和波谷对应波长即为有效波长。如图 7–5 所示，选择 460，540，750 和 950 nm 作速效氮（N）的有效波长。因此，上述选择的有效波长（EWS）被用来作为 LS–SVM 的输入。

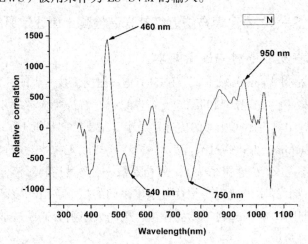

图 7-5　应用偏最小二乘法得到的速效 N 回归曲线

（二）数学模型验证及评价

模型分别采用完全交互验证和外部验证对其性能进行评价，由决定系数（R^2）、验证均方差（RMSEC）和预测均方差（RMSEP）进行评价。在建模分析中，R^2 偏高为好，RMSEC 和 RMSEP 偏小为好，建模方法的选取一定要适当，避免出现过拟合现象，又要保证预测具有较高的精度，RMSEP 偏小。

（三）结果与讨论

图 7-6 为三种输入对应的 LS-SVM 模型对土壤样品速效 N 含量的 R^2、
$RMSE$（建模集对应 $RMSEC$，预测集对应 $RMSEP$）及标准方差结果，图 7-7 为
采用 EWs–LS–SVM 模型对表 1 中土壤样品速效 N 含量的预测结果和 R^2_{Pre} 的值。

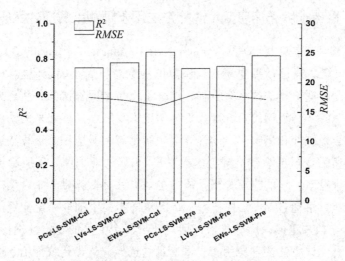

图 7-6　应用不同输入建模方法得到速效氮结果

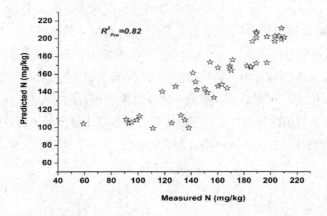

图 7-7　LS–SVM–LVs 模型对表 7-1 中土壤样品速效 N 含量的预测结果

从图 5-3 得知，对于速效 N 的 EWs–LS–SVM 模型，其 R2Cal 为 0.84，速
效 N 的 R2Pre 为 0.82，EWs–LS–SVM 模型对速效 N 预测性能最优，速效 N 模

型拟合效果较好，说明速效 N 的模型不存在过拟合和欠拟合现象，速效 N 校正模型的稳定性和适应性在实际应用中更加稳定与可靠。原因主要是因为土壤速效 N 相对来说，速效 N 含有 C—H+C—H，C—H+C—C and N—H 键组合，其对近红外光谱反应更灵敏。

四、蒙特卡罗无信息变量消除方法用于预测土壤速效氮研究

蒙特卡罗无信息变量消除（Monte Carlo Uninformative Variables Elimination，MC-UVE）算法通过计算建模变量稳定值的绝对值大小确定建模变量的数量，是无信息变量消除算法的一个变种，结合了蒙特卡罗算法的一些思想。蒙特卡罗算法是 20 世纪 40 年代随着计算机科学技术发展而发展起来的一种数学统计算法，在金融统计和量子热力学计算等领域都有大量应用。该算法通过设定域值来获取所需变量的个数，域值内的变量 *cutoff*，即去掉，保留稳定域值以外的变量，进行下一步的建模分析。该方法与 PLS 回归系数 *b* 结合用于波长变量的优选。该方法通过 MC 采样技术，每次从样本集中抽取一定比例的样本作为建模集进行 PLS 建模，执行 *N* 次，通过评价每个变量的稳定性进行变量优选，研究已经证明该方法能够应用于光谱变量的选择并优于传统无信息变量消除方法[①]。偏最小二乘回归（PLSR，Partial Least Square Regression）的建模策略建立在主成分信息分解与提取的基础上。它在多变量 x_1，x_2，$\cdots$，x_p 中逐次提取综合成分 t_1，t_2，$\cdots$，t_m（$m < p$），这相当于对 x_1，x_2，$\cdots$，x_p 中的信息进行重新组合与抽取，从而得到对 y 的解释能力最强，同时又最能概括自变量集合 X 中信息的主成分变量，进而实现回归建模[②]。将蒙特卡罗无信息变量消除算法获取到的建模变量作为偏最小二乘回归建模方法的输入，建立预测模型，同时对全谱变量作为输入应用偏最小二乘回归建立的模型进行比较分析，以此判定蒙特卡罗无信息变量消除是否可以用于近红外光谱检测土壤养分的建模分析中[③]。

模型评价指标主要为预测标准方差 *RMSEP*，如式 7–33 所示：

① 郝勇，孙旭东，潘圆媛，等 . 蒙特卡罗无信息变量消除方法用于近红外光谱预测果品硬度和表面色泽的研究 [J]. 光谱学与光谱分析，2011（5）：1225–1229.

② 宋海燕，何勇 . 基于 OSC 和 PLS 的土壤有机质近红外光谱测定 [J]. 农业机械学报，2007(12)：113–115.

③ 刘雪梅，柳建设 . 基于 MC-UVE 的土壤碱解氮和速效钾近红外光谱检测 [J]. 农业机械学报，2013, 44（3）：86–90.

$$RMSEP = \left[\frac{1}{n} \sum_{i=1}^{n} (y_i - \hat{y}_i)^2 \right]^{1/2} \qquad (7-33)$$

图 7-8 是采用全谱变量和蒙特卡罗无信息变量消除得到的变量建立 PLS 模型 $RMSE$ 结果，随着建模因子数的增加，$RMSE$ 值随之减小，当主成分数增加到 14 以后，$RMSEP$ 值均趋于稳定，对于土壤速效氮的模型，因子数选 14 时即满足计算要求。

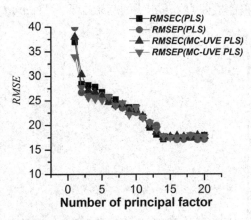

图 7-8　光谱经 PLS 和 MC-UVE PLS 方法建模后，模型的 $RMSE$ 随因子数的变化图

图 7-9 为速效氮变量稳定性选择分析，位于两条虚线之间的变量被认为稳定性绝对值较小，不适合被选择用来做预测模型的输入，被 *cutoff*，即去除两条虚线之间的变量，两条虚线之外的变量被保留下来，用于下一步建模分析。

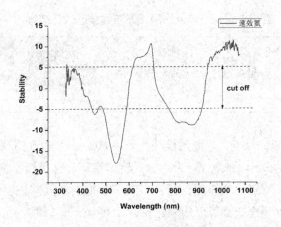

图 7-9　稳定性变量选择分布

在蒙特卡罗无信息变量消除选择建模变量的分析中，选择合适数量的变量是要有根据的，图 7-10 为建模过程中变量数目全谱每隔 10 个变量所得的 *RMSEP* 值。不难看出，起初建模变量较少时，*RMSEP* 值非常大，显然不适合用来建立预测模型，随着建模变量数量的增大，*RMSEP* 的值也急剧的减小，当建模变量数量增加到 210 个数量时，*RMSEP* 值为 17.1，且基本稳定在这个水平，说明无论建模变量如何增加，*RMSEP* 的值都不会有太大变化，这个时候的 *RMSEP* 值对应的稳定性值即为 *cutoff* 线的起始位置，即 *cutoff* 线的确定取决于 *RMSEP* 的值。

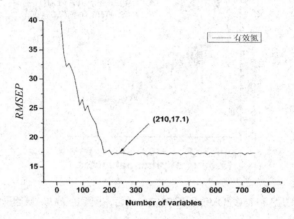

图 7-10　测试集的 RMSEP 随着保留变量数目的变化图

表 7-4 是采用 MC-UVE PLS 方法对土壤样品速效氮含量的预测结果。

表7-4　MC-UVE-PLS方法建模速效氮结果

分析指标及评价参数	速效氮			
	变量数目	RMSEC	R^2	RMSEP
MC-UVE PLS	210	17.58	0.84	17.1

由表 7-4 可知，对于速效氮的模型，采用 MC-UVE PLS 的预测结果，模型的预测决定系数为 0.84，*RMSEP* 为 17.1，模型稳定，且建模变量由起初的 751 个减少到 210，不便简化了模型，而且提高了模型的精度。说明蒙特卡罗无信息变量消除选择的建模变量可以用来建模，预测土壤速效氮含量。

对速效氮的预测结果综合对比分析后可知，速效氮模型拟合效果都较好，说明速效氮的模型不存在过拟合和欠拟合现象，速效氮校正模型的稳定性和适应性在实际应用中更加稳定与可靠。原因主要是因为土壤速效氮含有C—H+C—H，C—H+C—C and N—H 键组合，其对近红外光谱反应更灵敏。通过将 PLS 和 MC-UVE 方法相结合，并应用于土壤的速效氮的定量分析。MC-UVE PLS 方法可以得到较好的预测结果。模型用于预测速效氮是可行的，它是近红外区域内唯一与光谱预测有直接相关的特性。研究结果可为近红外漫反射光谱检测技术应用于土壤样品速效氮含量以外营养成分的分析提供参考。

五、基于遗传算法近红外光谱检测土壤速效氮研究

遗传算法（Genetic Algorithm，GA）也是光谱分析中常用一种变量选择方法[①]，本研究采用的遗传算法是基于 Matlab 语言开发，打开遗传算法工具箱，运行命令：[b, fin, sel]=gaplssp（data, 100）；100 也可以改为 1000 等。迭代次数越多，选出的波长数可能会少一些，也可能更稳定一些，但费时。在工具箱里 mangapls.pdf 文件对三个参数和遗传算法用法有较为详尽的表述，其中，参数 b 为选出的波长点，按频率排序，排第一的为被选择次数最多的波长点；参数 fin 为求出的最佳波长点；sel 为频率值，数值和参数 b 中的数值一一对应。其中遗传算法 fin 结果共有 4 行，第一行表示所用变量数 number of variables used，第二行表示对应第一行所用多少个变量能够达到的预测精度 response（% C.V. variance），第三行表示对应第一行所用多少个变量能够达到的预测精度时，所用的建模因子数 number of components，第四行表示预测误差 RMSEC。

（一）采用遗传算法选取代表性变量

建模变量的选择与优化是建立稳定的数学模型的基础，遗传算法选择建模变量的原理不同于无信息变量消除算法，无信息变量消除算法选择建模变量的方式是通过设定稳定值的域值范围来确定建模变量，只有大于设定稳定值的变量才能被选择成建模变量，而遗传算法是通过频率值来确定建模变量的数量，如图 7-11 所示，遗传算法运算完后会自动生成两条横线，下面那条线是经过运算，遗传算法认为是模型预测结果最优的，但这样被选择进来的变量数量也会相应增多，最上面那条线也是系统自动生成，被认为模型预测结果可以接受，且选择的建模变量数目变小了，这点从图 7-11 中很容易看出来。本文选择下面那条线所确定的建模变量数量来建立模型，本研究认为优先考虑模型预测精度，模型复杂度次之。

---

① 余凡，赵英时，李海涛 . 基于遗传 BP 神经网络的主被动遥感协同反演土壤水分 [J].
红外与毫米波学报，2012(03): 283-288.

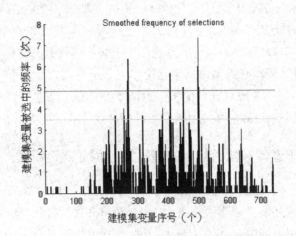

图 7-11　遗传算法优化建模集变量的柱状图

（二）结果与讨论

图 7-12 为三种输入对应的 LS-SVM 模型对土壤样品速效 N 含量的 R、$RMSE$（建模集对应 $RMSEC$，预测集对应 $RMSEP$）及标准方差结果从图 7-6 得知，对于速效 N 的 GA-LS-SVM 模型，其建模集 R 为 0.81，速效 N 预测集的 R 为 0.79，GA-LS-SVM 模型对速效 N 预测性能较好，从图 7-6 中将 GA-LS-SVM 模型对速效 N 的预测结果综合对比分析后可知，速效 N 模型拟合效果都较好，说明速效 N 的模型不存在过拟合和欠拟合现象，速效 N 校正模型的稳定性和适应性在实际应用中更加稳定与可靠。

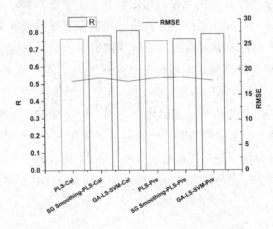

图 7-12　应用不同建模方法得到速效氮结果

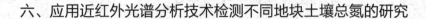

六、应用近红外光谱分析技术检测不同地块土壤总氮的研究

应用近红外光谱技术检测土壤总氮含量是可行的，本研究应用近红外光谱分析技术，比较各个不同地区的农田土壤样本独立预测模型和通用预测模型的预测稳定性和精度，探讨模型的评价指标如剩余预测偏差（RPD）值和土壤样本总氮含量值分区区间大小的关系，SD 值分布区间大小和模型决定系数（R^2）、均方根预测误差（$RMSEP$）之间的关系，通过比较和分析各模型评价指标参数，找出规律，为土壤总氮含量预测模型选择适合用于建模样本提供依据。

（一）试验样本

试验土壤样本取自江西 3 个不同地区的表层深度 5–10cm 土层的土，3 个不同地区分别为江西安福汪家村（27°　4′　50.44″ N, 114°　6′　40.87″ W）（WJ）、江西南昌昌东镇三联村（28°　39′　34.76″ N, 115°　59′　49.38″ W）（CD）和江西遂川东江村（26°　16′　10.17″ N, 114°　29′　10.19″ W）（DJ）各 60 个样本，采集的土壤样本确保没有小石块，如发现石块，人工把石块拣出并丢弃，把取回的土壤样本拿回实验室经晾干、磨细、过筛和烘干水分等处理，在室温条件下放置 24 h，采取干烧法测量土壤样本总氮含量。试验样本土壤参数见表 7–5。

表7–5　三个不同地区的土壤样本总氮统计分析

地区	样本中不存在	标准值				独立验证值			
		最小值	最大值	平均值	标准误差	最小值	最大值	平均值	标准误差
东江村	60	0.07	1.21	0.17	0.21	0.09	1.02	0.20	0.24
昌东镇三联村	60	0.06	0.39	0.14	0.12	0.08	0.39	0.17	0.06
福汪家村	60	0.11	0.23	0.17	0.02	0.11	0.23	0.15	0.03
通用样本	180	0.06	1.21	0.16	0.12	0.08	1.02	0.16	0.12

（二）采集土壤样本光谱和光谱预处理

使用光谱仪光谱波长范围 325 ～ 1075nm，型号为 ASD Field Hand 便携式光谱仪，采集原始光谱之前，关掉室内日光灯，打开近红外光源，预热 30min，这样确保光源更加稳定。然后将土壤样本放入透明玻璃培养皿中，光谱仪探头至土样表面距离为 12cm。每个土壤样本光谱数据采集三次平均后作为一个样本最终的光谱数据。主成分分析法是近红外光谱分析技术中常用的一种线性映算法，是一种很好的数据降维方法，本试验的样本采自三个不同地区，三个地区土壤样本原始光谱 PCA 图如图 7-13 所示。

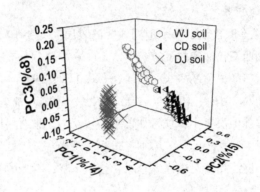

图 7-13　土壤样本 PCA 分析

从图 7-13 可以看出，三个地区的土壤样本 PCA 图有较好的聚类性，这是因为土壤样本取自三个不同的地区，由于不同地区的土壤样品颜色、纹理、质地、颗粒度、孔系度和表面粗糙度等因素不同，同一地区采集的土壤样本表现在光谱上就会体现出相应的聚类性。去除 325 ～ 349nm 波长范围光谱数据以消除原始光谱开始波段的噪音，在此基础上每 5 个连续波长作一次平均以降低光谱维数，然后对光谱进行多元散射校正（Multiplicative Scatter Correction，MSC）预处理以消除光谱基线漂移影响，为后续提高预测模型精度打下基础。

（三）偏最小二乘回归模型的建立

偏最小二乘回归（Partial Least Square Regression，PLSR）是一种有效的多元线性回归统计方法，实质上是一种基于特征向量的回归方法，在近红外光谱分析中得到了广泛应用。PLSR 将近红外光谱数据矩阵分解成多个主成分潜在变量（Latent Variable，LV），不同的潜在变量对模型的贡献率是不一样的，前三个潜在变量贡献率一般都会在 80% 以上。本文 PLSR 模型评价指标包括决定系数（R^2）、剩余预测偏差（RPD）和均方根预测误差（$RMSEP$），决定系数（R^2）

和剩余预测偏差（*RPD*）越大，均方根预测误差（*RMSEP*）越小，表明模型越稳定，预测误差越小，测量精度越高。

应用留一法交互验证偏最小二乘回归模型（PLSR）对三个不同地区土壤样本光谱数据建立总氮预测模型和所有土壤样本光谱数据（通用模型）建立总氮预测模型，各个地区土壤样本和所有土壤样本被分为建模集和独立验证集两组，各个地区70%样本用于建模集，各个地区30%样本用作独立验证集，通用模型的建模集由各个地区70%样本组成，通用模型的独立验证集由各个地区30%样本组成，各个地区土壤样本PLSR建模集结果和通用模型PLSR建模集结果见表7-6，各个地区土壤样本PLSR独立验证集结果和通用模型PLSR独立验证集结果见表7-7。

表7-6 建模集PLS模型交互验证结果

地区	LV[a]	R^{2b}	坡度	截取点	$RMSEP^c$	RPD^d
东江村	7	0.85	0.76	0.03	0.06	3.31
昌东镇三联村	5	0.80	0.85	0.02	0.02	2.59
福汪家村	9	0.61	0.59	0.05	0.02	1.48
通用样本	9	0.68	0.62	0.05	0.04	1.72

a：潜变量；b：可决系数；c：平方平均数预测误差；d：残差预测偏差（标准差/平方平均数预测误差）

表7-7 独立验证集PLS模型交互验证结果

地区	R^{2a}	坡度	截取点	$RMSEP^c$	RPD^d
东江村	0.81	1.16	0.02	0.06	3.01
昌东镇三联村	0.70	0.75	0.03	0.03	2.09
福汪家村	0.31	0.49	0.15	0.03	1.08
通用样本	0.72	0.82	0.02	0.05	2.23

a：可决系数；b：平方平均数预测误差；c：残差预测偏差（标准差/平方平均数预测误差）

（四）结果与讨论

从表7-6和表7-7可以看出，除了汪家地区总氮预测模型结果较差外，其他两个地区模型都取得了比较理想的结果。东江地区农田土壤样本总氮建模集模型的决定系数（R^2）为 0.85，剩余预测偏差（RPD）为 3.31，均方根预测误差（$RMSEP$）为 0.06，独立预测集的决定系数（R^2）为 0.81，剩余预测偏差（RPD）为 3.01，均方根预测误差（$RMSEP$）为 0.06，优于昌东地区土壤总氮预测模型，昌东地区农田土壤样本总氮建模集模型的决定系数（R^2）为 0.80，剩余预测偏差（RPD）为 2.59，均方根预测误差（$RMSEP$）为 0.02，独立预测集的决定系数（R^2）为 0.70，剩余预测偏差（RPD）为 2.09，均方根预测误差（$RMSEP$）为 0.03。通用模型建模集模型的决定系数（R^2）为 0.68，剩余预测偏差（RPD）为 1.72，均方根预测误差（$RMSEP$）为 0.04，独立预测集的决定系数（R^2）为 0.72，剩余预测偏差（RPD）为 2.23，均方根预测误差（$RMSEP$）为 0.05。而汪家地区农田土壤样本总氮建模集模型的决定系数（R^2）为 0.61，剩余预测偏差（RPD）为 1.48，均方根预测误差（$RMSEP$）为 0.02，独立预测集的决定系数（R^2）为 0.31，剩余预测偏差（RPD）为 2.23，均方根预测误差（$RMSEP$）为 0.05，综合表 7–5 ～表 7–7 得知，汪家地区土壤样本的总氮含量分布幅度空间为 0.12%，小于昌东和东江两个地区的总氮含量分布幅度空间，昌东为 0.31%，东江为 0.83%，比较研究发现，通用模型检测结果优于汪家和昌东两个地区，总氮理化值分布区间越大，R^2 和 RPD 也越大，且同时发现，样本理化值标准偏差（Standard Deviation，SD）越大，模型决定系数（R^2）和剩余预测偏差（RPD）也越大，但是模型的均方根预测误差（$RMSEP$）也越大。

　　图 7–14 为土壤样本的总氮含量分布幅度与 RPD 值相关关系图，图 7–15 为模型的决定系数（R^2）、均方根预测误差（$RMSEP$）和标准偏差（Standard Deviation，SD）相关关系图。从图 7–14 可以看出总氮含量分布幅度与 RPD 为正相关关系，同时从图 7–15 看出决定系数（R^2）、均方根预测误差（$RMSEP$）和标准偏差（Standard Deviation，SD）的关系也为正相关关系。从前面介绍得知，模型的决定系数（R^2）和剩余预测偏差（RPD）越大越好，同时均方根预测误差（$RMSEP$）越小越好，但是从图 7–15 可以清楚看出，通用模型的均方根预测误差（$RMSEP$）值大于汪家和昌东两个地区土壤总氮模型的均方根预测误差（$RMSEP$）值，这个结果或许是因为通用模型土壤样本的颜色、纹理和水分含量等因素，使得通用模型的均方根预测误差（$RMSEP$）值较大。因此，建模选择样本时，应确保模型的均方根预测误差（$RMSEP$）值较小的条件下，应尽量选择理化值分布区间大的样本用于建模，这样得到的模型达到最优。

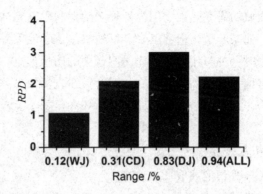

图 7-14　各个地区土壤样本总氮分布幅值范围和 *RPD* 关系

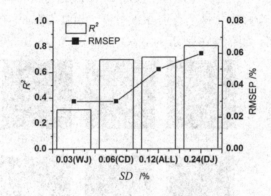

图 7-15　各个模型 R²、RMSEP 和 SD 关系

第三节　光谱检测技术在其他方面的应用

一、应用高光谱成像技术鉴别绿茶品牌研究

我国是茶叶消费大国，同时茶叶也是我国出国创汇的主要农产品之一。茶叶品牌多样，如何快速准确的鉴别茶叶品牌是茶叶从事业者一项重要任务。高光谱成像技术可以对生物对象的内外部属性进行可视化检测和表达，拥有光谱技术和图像处理技术的双重优势，高光谱成像技术在微观和农产品检测方面的应用研究仍处于探索阶段，但因其具有检测灵敏度高、抗干扰能力强、无损，以及能在恶劣环境下进行远距离在线、连续监测等优点，使得它成为当今食品

和农产品检测领域的研究热点。国内外很多学者利用高光谱成像技术进行了类别鉴别的研究，如茶叶、牛肉、玉米、草地早熟禾和油菜籽等。但是研究在解决类别区分问题时，都只用到了高光谱图像中的图像信息，而没有实现高光谱成像技术中光谱信息与图像信息的有机融合。在光谱信息和图像特征信息融合的基础上，结合最小二乘支持向量机（LS-SVM）进行了名优绿茶的类别鉴定研究。

（一）材料与方法

1. 样品来源及光谱的获取

试验用茶叶购于江西南昌茶叶专营店，类别为狗牯脑茶、井冈翠绿、庐山云雾、茉莉花茶、婺源毛尖和婺源绿茶等 6 个品牌名优绿茶。每个类别各 30 个样品，共计 180 个样本。全部样本按照 2∶1 的比例随机分成建模集和预测集，建模集有 120 个样本（每个类别各 20 个），预测集有 60 个样本（每个类别各 10 个），各样品如图 7-16 所示。

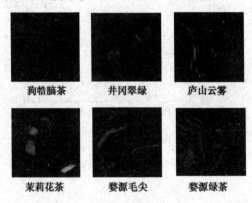

图 7-16 茶叶的伪彩图

2. 高光谱成像系统

试验系统包括芬兰 Specimen 公司的 ImSpectorV10E 高光谱摄像机，光谱采集范围 380 ~ 1023nm，光谱分辨率为 2.8nm，150W 的光纤卤素灯作为光源，光源高度和发出的光强度可以手动调节，一组由软件控制速度的输送装置和计算机等部件组成。高光谱仪光谱波段范围共有 512 个波段。

3. 高光谱成像数据采集

称取 20g 的茶叶均匀地平铺在规格为直径 10 cm、高 1cm 的培养皿中，作为一个样本，将样品放置于输送装置平台上。采集数据开始前，在输送平台上放置一枚一元硬币，调节镜头高度、曝光时间和平台运行速度以确保采用到的茶叶高光谱成像数据不变形。经过多次调试，高光谱图像数据采集参数为：曝光时间为 0.07s，输送平台运行速度为 3.1 mm/s，镜头高度为 40 cm。后续数据处理是基于 ENVI 4.6、分析软件为 Unscrambler 10.1、Matlab 2010 及 Origin8.5（OriginLab，USA）软件平台。校正后光谱采集 MNF 算法去除噪声，有关 MNF 去噪声算法可参阅文献[①]。本研究采用的 LS-SVM 工具是 Matlab 2010 自带的工具箱，两个参数设置是很重要的一步，一个是 gam 和 sig2，本研究 LS-SVM 采用网格搜索方式决定最优的 gam 和 sig2 值，LS-SVM 运行内核是 RBF_kerne[②]。

（二）试验结果与分析

1. 样本的可见/近红外漫反射光谱

图 7-17 为 6 个品牌绿茶在 380～1023 nm 范围内的曲线。由图 7-17 可以看出：

（1）茶叶在可见光波段范围内反射值小于短波近红外波段区域；

（2）绿茶样品在 700～1023nm 光谱区域内几乎呈单调递增趋势，这是因为茶叶的颜色、纹理特征在可见波段范围内吸收大于近红外波段范围的吸收；

（3）在 700nm 波段处表现出光谱吸收特征，800～1023nm 光谱范围婺源绿茶和婺源毛尖的反射率高于其他样品。

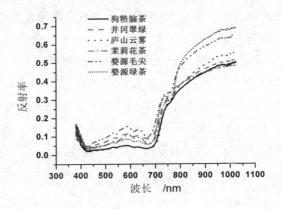

图 7-17 六个品牌名优绿茶的光谱

① Liu X , Gao L R , Zhang B ,et al. An improved MNF transform algorithm on hyperspectral images with complex mixing ground objects.LOS ALAMITOS: IEEE COMPUTER SOC, 2008. 479.

② Shao Y N , Zhao C J , Bao Y D ,et al. Food and Bioprocess Technology, 2012, 5(1): 100.

2. 主成分分析

主成分分析法（Principal Component Analysis，PCA）是模式识别分析中最常用的一种线形映射方法，主要沿着协方差最大的方向由高维数据空间向低维数据空间映射[①]。本研究应用PCA分别对456～1023 nm光谱进行主成分分析和456～1023nm光谱区所有波段图像进行主成分，以达到简化模型目的。图7-18表示在456～1023nm波段区间内所有波段图像经过主成分分析得到的三个主成分图像。之所以选456～1023nm光谱区是因为在这段区域内绿茶样本光谱差异最大，且能去除456nm波长之前的噪声。

图 7-18　主成分分析得到的前 3 个主成分图像

经过主成分分析得到的主成分图像由原始各个波段图像经过线性组合运算，得到代表绝大部分信息的主成分图像，这样做最大的好处就是简化运算，提高分类系统的运算速度。图 7-19 是第一个主成分图像在 500 ～ 650 nm 波段范围内的权重系数图。图中每一处局部极大或极小值都代表了一个特征明显的波段，该波段对应的图像对第一个主成分图像的贡献率较大。故认为 545 nm 和 611 nm 是第一个主成分图像的特征波长，图 7-20 为六个品牌名优绿茶在 545 nm 和 611 nm 单波长下的光谱图像，从每个特征波长图像中分别提取中值、协方差、同质性、能量、对比度、相关、熵、逆差距、反差、差异性、二阶距和自相关纹理特征参量，每个样本共获取 24 个特征变量。

① Lu Q , Tang M J. Detection of Hidden Bruise on Kiwi fruit Using Hyperspectral Imaging and Parallelepiped Classification.AMSTERDAM: ELSEVIER SCIENCE BV, 2012: 1172.

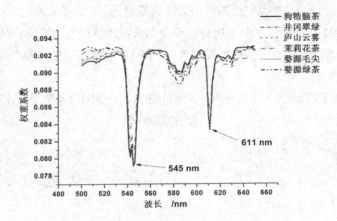

图 7-19　PC1 图像光谱曲线权重系数

图 7-20　茶叶样品在特征波长处的光谱图像

3. 基于光谱 PCA 和灰度共生矩阵 GLCM 建立 LS-SVM 类别预测模型

基于 GLCM 和 LS-SVM 的高光谱成像茶叶类别识别流程如图 7-21 所示。

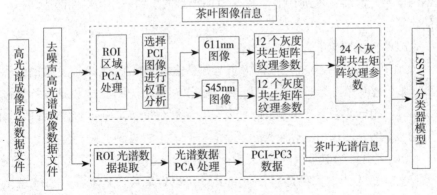

图 7-21　茶叶类别识别流程图

选取 456 ～ 1023nm 的波段作为输入建立 LS-SVM 类别预测模型，得到模型 1。得到的灰度共生矩阵纹理特征参量，每个样本共有 24 个特征变量，也作为输入建立 LS-SVM 类别预测模型，得到模型 2。最后将 456～1023nm 的波段作 PCA 处理，提取前 3 个主成分，融合图像纹理特征与光谱特征的前三个主成分，利用 LS-SVM 建模，建立模型 3。3 个模型的预测结果见表 7-8。

表7-8 基于(Ⅰ)光谱，(Ⅱ)灰度共生矩阵和(Ⅲ)光谱PCA结合图像分别建立识别模型的预测结果

样本	数量	准确率（%）		
		光谱	图像	光谱 PCA+ 图像
狗牯脑茶	10	80	80	100
井冈翠绿	10	100	100	100
庐山云雾	10	80	90	100
茉莉花茶	10	100	90	100
婺源毛尖	10	100	90	100
婺源绿茶	10	100	90	100
总计	60	93.3%	90%	100%

从表 7-8 中可以看到，模型在预测时，单独基于光谱和图像信息的模型准确率分别为 93.3% 和 90%，而图像信息结合光谱三个主成分信息作为 LS-SVM 模型的输入，识别率达到 100%。结果表明模型的识别率和稳定性都达到一个很高的水平。

4.ROC 曲线评价 LS-SVM 分类性能

在 ROC 器器中有 4 类可能的输出。如果输出的预测是 p，而真实的结果也是 p，那么这就称为真阳性（TP）；然而如果真实的结果是 n，则这就称为假阳性（FP）。相反的来说，一个真阴性发生在预测结果和实际结果都为 n 的时候，而假阴性是当预测输出是 n 而实际值是 p 的时候，如式 5-1 和式 5-2。

ROC 空间将 FPR 和 TPR 定义为 x 和 y 轴，这样就描述了真阳性（获利）和假阳性（成本）之间的博弈。而 TPR 就可以定义为灵敏度，而 FPR 就定义为（1- 特异度），因此 ROC 曲线有时候也称为"灵敏度和 1- 特异度"图像[①]。

---

① Li X L，Nie P C，Qiu Z J ，et al. EXPERT SYSTEMS WITH APPLICATIONS, 2011, 38(9): 11149.

为区分六个名优绿茶品牌，共需 3 个 ROC 分类器，即 LS–SVM 分类器 1、LS–SVM 分类器 2 和 LS–SVM 分类器 3。图 7-22（a）～（c）为六个名优绿茶品牌 LS–SVM 三个分类器的结果图，横坐标为分类阈值，纵坐标为分类准确率。从图 8（c）可以看出，第一、第二和第三分类器的分类结果（area=1，std=0）都优于图 7-22（a）和图 7-22（b），面积（area）表示分类曲线围成的面积，标准方差（std）表示分类曲线围成的面积标准方差。从图 7-22（a）～（c）可以清楚地看出，六个名优绿茶品牌 LS–SVM 三个分类器的准确率结果随阈值变化而变化的趋势。

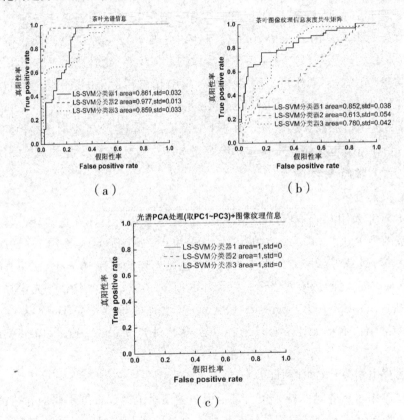

图 7-22　LS–SVM 三个分类器分类结果

注：(a) 基于光谱 LS–SVM 三个分类器结果，(b) 基于图像纹理 LS–SVM 三个分类器结果，(c) 结合光谱 PCA 处理和图像纹理 LS–SVM 三个分类器结果。

二、应用紫外可见光谱快速检测水体 COD 含量研究

水产养殖为保障食物供给、促进经济增长做出了巨大贡献，然而工业排放、生活废水和养殖环境本身等造成的水质污染问题也日益严重，不仅危害了鱼类的生存，人类食用遭受污染的水产品后，对身体健康也会有很大威胁。化学需氧量（Chemical Oxygen Demand，COD）是一项衡量水体有机物污染程度的重要指标。传统的 COD 测定方法包括重铬酸钾滴定法和快速消解分光光度法[①]等，电化学方法和流动注射分析法等新方法[②]也用于 COD 的测量，但这些方法都存在着分析时间长、需要消耗试剂、存在二次污染等风险。

紫外可见（UltraViolet/Visible，UV/VIS）光谱是一种快速、低成本、无损分析技术，近年来已广泛应用于水质检测和气体污染物检测等[③]。本研究利用 UV/VIS 光谱技术对水产养殖水体中的 COD 值进行检测，采用竞争性自适应重加权算法（Competitive Adaptive Reweighted Sampling，CARS）、SPA 和 GA-PLS 算法进行特征波长选择。分别基于特征波段光谱建立了反向传播神经网络（Back-Propagation Neural Network，BPNN）和 LS-SVM 的 COD 值快速检测模型。

（一）材料和方法

1. 仪器设备

本研究采用 Cary 60（Agilent，USA）紫外可见光谱分光光度计，其光谱扫描范围为 190 ~ 1100 nm。在室温（25±1）℃条件下对水样进行光谱扫描，采用去离子水做基线校正，水样的石英比色皿光程长度为 10 mm，采集样本在 200 ~ 400 nm 之间的吸收光谱，每个样本扫描 10 次，取平均值。光谱扫描软件是 Cary WinUV V5.0（Agilent，USA），光谱预处理软件是 The Unscrambler V9.7（CAMO，Norway），变量选择和建模软件是 Matlab 2009a（MathWorks，USA）。

2. 样本划分及 COD 测量

试验用水产养殖水样采集自某地甲鱼养殖示范区，根据不同的养殖密度，把采集水样分成 6 个实验组，连续采集 6 个月的实验数据，共采集 135 个养殖水体样本，合适的校正集选择方法能增强模型的预测能力，建模集选择方法有随机抽样（Random Sampling，RS）法、常规选择（Conventional Selection，CS）

---

① （朱剑平，蔡裕丰）《污染防治技术》，2013(03): 61.

② He Y，Wang X，Xu J，et al. Bioresource Technology, 2013, 133: 150.

③ Jollymore A，Johnson M S，Hawthorne I. Sensors, 2012, 12(12): 3798.

法、Kennard–Stone（KS）法、Sample set Portioning based on joint X–Y distance（SPXY）法等[①]，RS 法每次随机挑选校正集样本可能存在很大差异，不能保证所选样本的代表性。CS 法按照组分的化学测量值进行挑选，选择那些分布在两端即化学测量值最高或最低的样本作为建模集样本。KS 法选择欧氏距离或马氏距离最远的两个样本对进入建模集，计算剩余的候选样本中每个样本到建模集中每个已选样本的距离，找出最小距离值样本和最大距离值样本，加入建模集中，重复此步骤，直至建模集样本数目满足要求为止。SPXY 法是在 KS 法的基础上发展而来的，在样本间距离的计算时将光谱数据变量 x 和化学测量值变量 y 同时考虑在内，两样本间距离能有效地覆盖光谱数据 x 的多维向量空间和化学测量值 y 空间，基于样本间距离进行校正样本的选择能改善所建定量模型的预测能力。本研究中建模集和预测集样本采用 SPXY 方法划分。设定划分比例为 2 : 1，135 个样本用于模型的建立，90 个样本用于模型的评估。养殖水体的 COD 值测定根据快速消解分光光度法，使用的设备为美国 Hach 公司的 DRB 200 消解器和 DR 2800 分光光度计。

3. 光谱模型

（1）光谱噪声去除。由于仪器硬件和环境因素影响，采集的原始光谱数据通常包含噪声，需要采用光谱预处理的方法在去除噪声同时保留有用光谱信息。本文采用 SG 平滑算法，经验模态分解（Empirical Mode Decomposition，EMD）算法[②]和小波分析（Wavelet Transform，WT）去噪算法[③]等对光谱进行处理，并对 3 种去噪算法进行比较。

（2）特征波长选择。采集到的原始紫外可以光谱数据共有 201 个波长点，数据量较大，其中包括一些对检测 COD 含量无用的波长点信息，需要把有用的特征波长点信息提取出来，以简化模型，同时提高模型精度。采用 CARS 算法、SPA 算法[④]和 GA–PLS 算法[⑤]进行特征波长的选择。CARS 算法通过模仿达尔文进化理论中"适者生存"的原则，每次利用指数衰减函数（Exponentially Decreasing Function，EDP）和自适应重加权采样技术（Adaptive Reweighted

①　Huang Z R , Sha S , Rong Z Q ,et al. INDUSTRIAL CROPS AND PRODUCTS, 2013, 43: 654.

②　（张志勇，李刚，林凌 , et al）（光谱学与光谱分析）, 2012(10): 2815.

③　Milne A E , Haskard K A , Webster C P ,et al. JOURNAL OF ENVIRONMENTAL QUALITY, 2013, 42(4): 1070.

④　（刘国海，江辉，梅从立）（农业工程学报）, 2013(S1): 218.

⑤　Wedding B B , Wright C , Grauf S ,et al. POSTHARVEST BIOLOGY AND TECHNOLOGY, 2013, 75: 9.

Sampling，ARS）结合的方法优选出 PLS 模型中回归系数绝对值大的变量点，去除权重值较小的变量点，利用十折交叉验证选出 N 个 PLS 子集模型中 $RMSECV$ 最小的子集，该子集所包含的变量即为最优变量组合[①]。

（3）建模分析方法。本文采用三种建模方法进行建模分析，分别是偏最小二乘回归 PLS，BP 神经网络[②] 和偏最小二乘支持向量机 LS–SVM[③]。采用 PLS 建模方法时，使用全谱作为输入，使用 BP 神经网络和 LS–SVM 建模时，分别把 CARS，SPA 和 GA–PLS 三种特征波长提取方法提取到的特征波长作为输入，进行对比分析。BP 神经网络作为一种非线性建模分析方法，广泛应用于光谱建模分析中。偏最小二乘支持向量机是在经典支持向量机算法基础上作了进一步改进，能够同时进行线性和非线性建模分析，是解决多元建模的一种快速方法。

4.定量模型评价标准

（1）定量模型的评价指标主要有如下几个：

$$R^2 = \frac{\left(\sum_{i=1}^{n} \left(x_i - \overline{x} \right) \left(y_i - \overline{y} \right) \right)^2}{\sum_{i=1}^{n} \left(x_i - \overline{x} \right)^2 \sum_{i=1}^{n} \left(y_i - \overline{y} \right)^2}$$

（7–34）

式中，x_i 为样本测量值；$\overline{x}$ 为 x_i 的平均值；y_i 为预测值；$\overline{y}$ 为 y_i 的平均值；n 为样本数。

（2）均方根误差（Root Mean Square Error，$RMSE$）

$$RMSE = \sqrt{\frac{1}{n} \sum_{i=1}^{n} \left(y_i - x_i \right)^2}$$

（7–35）

二、结果与分析

1.紫外可见光谱光谱图及 COD 浓度的统计分析

图 7–23 为甲鱼养殖水样的紫外可见光谱原始光谱曲线，可以看出不同水样的光谱曲线的趋势比较类似，没有显著性差异，在波段 200 ～ 260 nm 之间，由于水体中硝酸盐、有机酸、腐殖质等物质对紫外光的强烈吸收，该区域的吸收度明显高于其他区域。样本 COD 值统计情况见表 7–9，建模集和预测集的 COD 值都涵盖了较大的范围，有助于建立稳定、准确和具有代表性的模型。

---

① Fan W，Shan Y，Li G Y，et al. FOOD ANALYTICAL METHODS，2012，5(3)：585.

② （徐璐璐，孙来军，刘明亮，et al)（中国农学通报），2013(09)：208.

③ （郭文川，王铭海，岳绒)（农业机械学报），2013(02)：142.

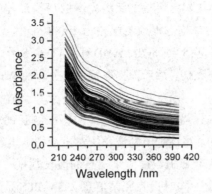

图7-23 水样原始紫外可见光谱曲线

表7-9 水样的COD值统计数据

数据组	样本号	平均值 （mg/L）	最小值 （mg/L）	最大值 （mg/L）	标准方差 （mg/L）
建模集	90	131.42	45.88	220.87	32.06
预测集	45	132.06	48.45	210.32	33.86
总计	135	131.54	45.88	220.87	32.33

2. 基于全波长的 PLS 模型

为了更好地分析三种消噪算法检测水体 COD 含量的性能，将对不同预处理方法获取的评价指标相比较，基于全谱的 PLS 模型的计算结果见表 7-10。

表7-10 PLS分析结果

预处理	建模建		预测建	
	R^2	$RMSEC$	r^2	$RMSEP$
SG	0.77	17.01	0.76	17.02
EMD	0.76	18.12	0.75	18.36
WT	0.79	15.89	0.78	15.92

基于小波算法（WT）去除噪声后的光谱取得了最佳的 PLS 分析结果，建模集的决定系数为 0.79，均方根预测误差为 15.89 mg/L，预测集的决定系数为 0.78，均方根预测误差为 15.92 mg/L。EMD 算法和 SG 平滑虽然部分去除了噪声，但建模效果并没有得到提高。故后面提取特征波分析在 WT 分析基础上进行。

3.选择特征波长

由表 7-10 可知，GA-PLS 算法所选择的特征波长的个数要多于 CARS 和 SPA 算法。CARS 和 SPA 将优选出的波长按对试验样本贡献值的大小排序筛选，寻找原始光谱数据中含有最低限度冗余信息的波长数据，使得被选出的各波长数据点避免了信息重叠，同时去除冗余信息。GA-PLS 是通过频率值来确定建模变量的数量，遗传算法运算完后会自动生成两条横线，下面那条线是经过运算，遗传算法认为是模型预测结果最优的，但这样被选择进来的变量数量也会相应增多，最上面那条线也是系统自动生成，被认为模型预测结果可以接受，且选择的建模变量数目变小了。选择下面那条线所确定的建模变量数量来建立模型，本研究认为优先考虑模型预测精度，模型复杂度次之。

表7-10　连续投影算法和遗传算法提取特征波长数

CARS	SPA	GA+PLS
9	7	18

4.BP 神经网络模型

由前所述，将表 7-10 中选出的特征波长分别作为 BP 神经网络模型的输入，模型的计算结果见表 7-11。

表7-11　基于特征波长BP神经网络分析结果

提取办法	建模建		预测建	
	R^2	$RMSEC$	r^2	$RMSEP$
CARS	0.82	15.76	0.81	16.68
SPA	0.80	16.82	0.80	16.75
GA-PLS	0.81	16.29	0.80	16.42

由表 7-11 可知，三种特征波长提取方法 CARS，SPA 和 GA-PLS，其中 CARS 结果最优，GA-PLS 次之。基于 CARS 提取的特征波长 LS-SVM 建模集的 R^2 为 0.82，*RMSEC* 为 15.76 mg/L，预测集的 r^2 为 0.81，*RMSEP* 为 16.68 mg/L。

5. 基于特征波长的 LS-SVM 模型

LS-SVM 模型预测结果见表 7-12。三种特征波长提取方法中，采用 CARS 提取的特征波长作为 LS-SVM 模型输入，得到的结果最优，这一点同上一节结果是一致的。基于 GA-PLS 的 LS-SVM 模型的模型预测结果要优于基于 SPA 的 LS-SVM 模型。尽管 GA-PLS 提取的特征波长数量多于 SPA 提取的特征波长数量，但是 GA-PLS 提取的特征波长包含了更多的有用信息，而 SPA 算法虽然极大地简化了模型，但也付出了代价，把部分有用的特征波长去除了。

表7-12　LS-SVM模型分析结果

提取办法	建模建		预测建	
	R^2	*RMSEC*	r^2	*RMSEP*
CARS	0.84	14.46	0.83	14.78
SPA	0.81	16.82	0.80	16.26
GA-PLS	0.82	15.29	0.81	15.72

三种建模方法的预测结果如图 7-24 所示，其中 PLS 模型的预测效果最差，LS-SVM 模型的效果最优，BP 神经网络模型的效果较优。在 LS-SVM 模型和 BP 神经网络模型中，基于 CARS 算法提取的特征波长作为输入，建立的 LS-SVM 模型取得了最优的效果。基于 SPA 算法提取的特征波长建立的模型中，BP 神经网络模型和 LS-SVM 模型的效果都较差，但优于全波长的 PLS 模型。基于 CARS 算法提取的特征波长建立的 LS-SVM 建模集的建模集的决定系数为 0.84，均方根预测误差为 14.46 mg/L，预测集的决定系数为 0.83，均方根预测误差为 14.78。

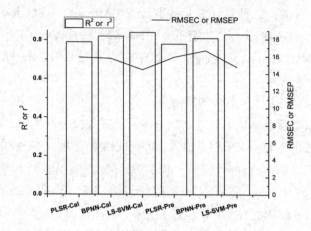

图 7-24　PLS 模型，BP 神经网络模型和 LS-SVM 模型结果

参考文献

[1] 周遗品 . 环境监测实践教程 . 武汉：华中科技大学出版社，2017，11.

[2] 中国环境监测总站 . HJ 535-2009 水质 氨氮的测定 [S]. 北京：中国环境出版社，2013.

[3] 中国环境监测总站 . GB/T 7488-1987 水质 生化需氧量的测定 [S]. 北京：中国环境出版社，2013.

[4] 余凡，赵英时，李海涛 . 基于遗传 BP 神经网络的主被动遥感协同反演土壤水分 [J]. 红外与毫米波学报，2012（03）：283-288.

[5] 余凡，赵英时，李海涛 . 基于遗传 BP 神经网络的主被动遥感协同反演土壤水分 [J]. 红外与毫米波学报，2012（03）：283-288.

[6] 于长江 . 生物炭复合材料的制备及其对重金属离子的吸附行为和机制研究 [D]. 昆明理工大学，2018.

[7] 奚旦立 . 环境监测 [M]. 北京：高等教育出版社，2019，01.

[8] 吴迪，吴洪喜，蔡景波，等 . 基于无信息变量消除法和连续投影算法的可见 - 近红外光谱技术白虾种分类方法研究 [J]. 红外与毫米波学报，2009（6）：423-427.

[9] 王姝凡 . 平菇改性生物吸附剂对六价铬的吸附性能研究 [D]. 湖南大学，2016.

[10] 王利军 . 蔗渣半纤维素化学改性及其吸附重金属的研究 [D]. 广西大学，2013.

[11] 王坤 . 环境监测技术 [M]. 重庆：西南师范大学出版社，2018，03.

[12] 孙珂，陈圣波 . 基于遗传算法综合 Terra/Aqua MODIS 热红外数据反演地表组分温度 [J]. 红外与毫米波学报，2012（05）：462-468.

[13] 孙成，鲜启鸣 . 环境监测 [M]. 北京：科学出版社，2019, 10.

[14] 隋鲁智，吴庆东，郝文 . 环境监测技术与实践应用研究［M］. 北京：北京工业大学出版社，2018，03.

[15] 宋海燕，何勇 . 基于 OSC 和 PLS 的土壤有机质近红外光谱测定 [J]. 农业机械学报，2007（12）：113-115.

[16] 卢艳丽, 白由路, 杨俐苹, 等. 基于主成分回归分析的土壤有机质高光谱预测与模型验证 [J]. 植物营养与肥料学报, 2008（6）: 1076–1082.

[17] 刘雪梅, 章海亮. 基于 DPLS 和 LS–SVM 的梨品种近红外光谱识别 [J]. 农业机械学报, 2012（9）: 160–164.

[18] 刘雪梅, 柳建设. 基于 MC–UVE 的土壤碱解氮和速效钾近红外光谱检测 [J]. 农业机械学报, 2013, 44（3）: 86–90.

[19] 刘雪梅, 柳建设. 基于 LS–SVM 建模方法近红外光谱检测土壤速效 N 和速效 K 的研究 [J]. 光谱学与光谱分析, 2012（11）: 3019–3023.

[20] 李广超. 环境监测 第 2 版 [M]. 北京: 化学工业出版社, 2017, 07.

[21] 蒋辽川, 江涛, 杨剑萍. 环境监测 [M]. 广州: 华南理工大学出版社, 2017, 05.

[22] 江志华. 环境监测设计与优化方法 [M]. 北京: 海洋出版社, 2016, 10.

[23] 郝勇, 孙旭东, 王豪. 基于改进连续投影算法的光谱定量模型优化 [J]. 江苏大学学报（自然科学版）, 2013（1）: 49–53.

[24] 郝勇, 孙旭东, 潘圆媛, 等. 蒙特卡罗无信息变量消除方法用于近红外光谱预测果品硬度和表面色泽的研究 [J]. 光谱学与光谱分析, 2011（5）: 1225–1229.

[25] 陈双双. 基于光谱和多源波谱成像技术的植物灰霉病快速识别的方法研究 [D]. 浙江大学, 2012.

[26] 陈珊珊, 刘勇健. 催化臭氧化反应动力学研究及机理探讨 [J]. 环境科学与技术, 2015（1）: 39–43.

[27] 陈丽湘, 韩融. 环境监测 [M]. 北京: 九州出版社, 2016, 09.

[28] Zhou B, Wang Z, Shen D, et al. Low cost earthworm manure–derived carbon material for the adsorption of Cu2+ from aqueous solution: Impact of pyrolysis temperature[J]. Ecological Engineering, 2017,98:189–195.

[29] Zhang J Z C W G. Reduction removal of hexavalent chromium by zinc–substituted magnetite coupled with aqueous Fe(II) at neutral pH value[J]. Journal of Colloid and Interface Science, 2017, 500: 20–29.

[30] Wu L W W S Z. Surface modification of phosphoric acid activated carbon by using non–thermal plasma for enhancement of Cu(II) adsorption from aqueous solutions[J]. Separation and Purification Technology, 2018, 197: 156–169.

[31] Wu D, Yang H, Chen X, et al. Application of image texture for the sorting of tea categories using multi–spectral imaging technique and support vector machine[J]. Journal of Food Engineering, 2008, 88（4）: 474–483.

[32] Wang Z B J P H. Kinetic and equilibrium studies of hydrophilic and hydrophobic rice husk cellulosic fibers used as oil spill sorbents[J]. Chemical Engineering Journal, 2015, 281: 961–969.

[33] Wang B, Li C, Liang H. Bioleaching of heavy metal from woody biochar using Acidithiobacillus ferrooxidans and activation for adsorption[J]. Bioresource Technology, 2013,146:803–806.

[34] Sutirman Z A S M M A. Equilibrium, kinetic and mechanism studies of Cu(II) and Cd(II) ions adsorption by modified chitosan beads[J]. Int J Biol Macromol, 2018, 116: 255–263.

[35] Shao Y N, He Y. Nitrogen, phosphorus, and potassium prediction in soils, using infrared spectroscopy[J]. Soil Research, 2011, 49（2）: 166–172.

[36] Rinanti A P R. Harvesting of freshwater microalgae biomass by\r, Scenedesmus\r, sp. as bioflocculant[J]. IOP Conference Series: Earth and Environmental Science, 2018, 106: 12087.

[37] Ren H, Gao Z, Wu D, et al. Efficient Pb(II) removal using sodium alginate – carboxymethyl cellulose gel beads: Preparation, characterization, and adsorption mechanism[J]. Carbohyd– rate Polymers, 2016,137:402–409.

[38] Mullick A M S B S. Removal of Hexavalent Chromium from Aqueous Solutions by Low–Cost Rice Husk–Based Activated Carbon: Kinetic and Thermodynamic Studies[J]. Indian Chemical Engineer, 2017: 1–14.

[39] Lin S H, Lai C L. Kinetic characteristics of textile wastewater ozonation in fluidized and fixed activated carbon beds[J]. Water Research,2000,34（3）:763–772.

[40] Li Y, Zhang J, Liu H. In–situ modification of activated carbon with ethylenediaminetetraacetic acid disodium salt during phosphoric acid activation for enhancement of nickel removal[J]. Powder Technology, 2018, 325: 113–120.

[41] Li H, Mu S, Weng X, et al. Rutile flotation with Pb2+ ions as activator: Adsorption of Pb2+ at rutile/water interface[J]. Colloids and Surfaces A: Physicochemical and Engineering Aspects, 2016,506:431–437.

[42] Igberase E O P. Equilibrium, kinetic, thermodynamic and desorption studies of cadmium and lead by polyaniline grafted cross-linked chitosan beads from aqueous solution[J]. Journal of Industrial and Engineering Chemistry, 2015, 26: 340-347.

[43] Hoseinian F S R B K E. Kinetic study of Ni(II) removal using ion flotation: Effect of chemical interactions[J]. Minerals Engineering, 2018, 119: 212-221.

[44] Ho S, Chen Y, Yang Z, et al. High-efficiency removal of lead from wastewater by biochar derived from anaerobic digestion sludge[J]. Bioresource Technology, 2017,246:142-149.

[45] Fan Zhang X C W Z. Dual-functionalized strontium phosphate hybrid nanopowder for effective removal of Pb(II) and malachite green from aqueous solution[J]. Powder Technology, 2017,25(031):86-119.

[46] Fan W C L L Z. Comparative study of carbonized peach shell and carbonized apricot shell to improve the performance of lightweight concrete[J]. Construction and Building Materials, 2018, 188: 758-771.

[47] Cheng X C H S Z. Effect of spent mushroom substrate on strengthening the phytoremediation potential of Ricinus communis to Cd- and Zn-polluted soil[J]. International Journal of Phytoremediation, 2019: 1-11.

[48] Cao Y, Gu Y, Wang K, et al. Adsorption of creatinine on active carbons with nitric acid hydrothermal modification[J]. Journal of the Taiwan Institute of Chemical Engineers, 2016, 66: 347-356.

[49] Bolisetty S P M M R. Sustainable technologies for water purification from heavy metals: review and analysis[J]. Chemical Society Reviews, 2019.

[50] Aydin Y A, Aksoy N D. Adsorption of chromium on chitosan: Optimization, kinetics and thermodynamics[J]. Chemical Engineering Journal, 2009, 151(1-3): 188-194.